涂料配方设计

第二版

姜佳丽　主　编

邓　昕　张旭升　副主编

化学工业出版社

·北京·

本书共分十三章，讲述涂料配方设计的知识，首先简单扼要地叙述了涂料基础知识、涂料配方设计的基本原理、配方设计中涉及的重要参数以及试验方法等，接下来重点介绍了涂料四种基本组成成分——成膜物质、溶剂、颜料及助剂等的种类、选择原则与方法，然后讲述了几种重要涂料种类——溶剂型涂料、乳胶漆、水性木器漆和粉末涂料的配方设计以及具体配方举例，最后增加了近期的研究热点——UV涂料和艺术涂料的配方设计。本书理论与实践相结合，力求浅显易懂。

　　本书可供涂料生产企业、涂料研究院所等从事涂料配方设计或相关工作的人员参考，也可作为高等职业院校涂料专业方向的教材。

图书在版编目（CIP）数据

　　涂料配方设计/姜佳丽主编. —2版. —北京：化学工业出版社，2019.3（2024.10重印）
　　ISBN 978-7-122-33753-5

　　Ⅰ.①涂⋯　Ⅱ.①姜⋯　Ⅲ.①涂料-配方-设计-教材
Ⅳ.①TQ630.6

　　中国版本图书馆 CIP 数据核字（2019）第 010645 号

责任编辑：刘心怡　陈有华　　　　　　　　装帧设计：刘丽华
责任校对：杜杏然

出版发行：化学工业出版社（北京市东城区青年湖南街 13 号　邮政编码 100011）
印　　装：北京七彩京通数码快印有限公司
710mm×1000mm　1/16　印张 16½　字数 353 千字　　2024 年 10 月北京第 2 版第 7 次印刷

购书咨询：010-64518888　　售后服务：010-64518899
网　　址：http://www.cip.com.cn
凡购买本书，如有缺损质量问题，本社销售中心负责调换。

定　　价：49.80 元　　　　　　　　　　　　　　　版权所有　违者必究

前言

　　涂料属于精细化工产品，同时也是一种配方产品，每种涂料产品中都包含多种原料，每种原料又有不同的种类，原料如何选择以及用量如何确定会对涂料的性能有非常重要的影响。换句话说，涂料能否实现它的价值就在于其配方是否合理，因此，涂料配方设计在涂料生产中十分重要。

　　本书共分十三章，首先简单扼要地叙述了涂料的基础知识、涂料配方设计的基本原理、配方设计中涉及的重要参数以及试验方法等，接下来重点介绍了涂料四种基本组成成分——成膜物质、溶剂、颜料及助剂等的种类、选择原则与方法，然后讲述了几种重要涂料种类——溶剂型涂料、乳胶漆、水性木器漆和粉末涂料的配方设计以及具体配方举例，最后增加了近期的研究热点——UV涂料和艺术涂料的配方设计。

　　本书在第一版《涂料配方设计》的基础上进行了修订，增加了UV涂料配方设计和艺术涂料配方设计的内容，此外，将第一章的参数和试验方案设计部分提出，单独成章。

　　本书新增加的内容编写情况如下：第二章、第三章由顺德职业技术学院姜佳丽编写，第十二章由顺德职业技术学院黄健光老师编写，第十三章由顺德职业技术学院冯才敏老师编写。全书其他章节由姜佳丽修订。

　　此外，本书在编写过程中，还参阅了相关的文献和专著，已将参考文献列于书后，在此向各位编者表示深切的谢意。

　　由于编者水平有限，书中疏漏之处在所难免，恳请专家学者和广大读者批评指正！

编者

2018 年 12 月

　　涂料属于一种配方产品，包含许多原料、每种原料又包含不同种类。原料如何选择以及用量如何确定对涂料的性能有非常重要的影响。换句话说，涂料能否实现它的价值就在于其配方是否合理，因此，涂料配方设计在涂料生产中十分重要。

　　本书共分九章进行讲述，首先简要地叙述了涂料基础知识、涂料配方设计的基本原理、配方设计中涉及的重要参数以及实验方法等；接下来重点讲述了涂料的四种基本组成成分——成膜物质、溶剂、颜料、助剂等的种类及选择原则与方法，最后的四章讲述了按涂料状态分的几种重要涂料——溶剂型涂料、乳胶漆、水性木器漆和粉末涂料的配方设计以及具体配方举例。

　　本书可供涂料生产企业、涂料研究院所等从事涂料配方设计或相关专业的人员参考，也可作为高职高专化工类专业涂料方向的教材。

　　本书由姜佳丽主编并进行统稿，第一章至第五章由姜佳丽编写，第六章由百丽池涂料有限公司的邓昕副总经理编写，第七章和第八章由鸿昌涂料有限公司的副总经理、技术总监曾晋编写，第九章由百丽池涂料有限公司的张旭升技术副总经理编写。

　　在此，感谢顺德涂料企业界人士和顺德职业技术学院应用化工技术系的全体老师在本书编写过程中提出的宝贵意见。

　　此外，本书在编写过程中，还参阅了相关的文献和专著，已将参考文献列于书后，在此向各位编者表示深切的谢意。

　　由于编者水平有限，书中疏漏之处在所难免，恳请专家学者和广大读者批评指正！

编者
2012 年 2 月

目录

第十二章　UV涂料配方设计　　234

第十三章　艺术涂料配方设计　　241

第一章
涂料配方设计总论

第一节　涂料基本知识

涂料是指用特定的施工方法涂覆到物体表面后，经固化在物体表面形成美观而有一定强度的连续性保护膜，或者形成具有某种特殊功能的涂膜的一类精细化工产品。涂料涂覆到物体表面可起到保护作用、装饰作用、标志作用及其他特殊用途。

一、涂料的分类

涂料的应用十分广泛，涉及日常生活、国民经济及国防建设等方方面面，目前涂料产品近千种。涂料的分类方法很多，通常有以下几种分类方法：

（1）按涂料的形态可分为水性涂料、溶剂型涂料、粉末涂料等；

（2）按成膜物质可分为醇酸树脂漆、环氧树脂漆、聚氨酯漆、酚醛树脂漆、氯化橡胶漆、硝基漆、过氯乙烯漆等；

（3）按功能可分为装饰涂料、防腐涂料、导电涂料、防锈涂料、耐高温涂料、示温涂料、隔热涂料、防火涂料、防水涂料等；

（4）按用途可分为建筑涂料、罐头涂料、汽车涂料、飞机涂料、家电涂料、木器涂料、桥梁涂料、塑料涂料、纸张涂料等；

（5）家用油漆可分为内墙涂料、外墙涂料、木器漆、金属用漆、地坪漆等；

（6）按施工方法可分为刷涂涂料、喷涂涂料、辊涂涂料、浸涂涂料、电泳涂料等；

（7）按施工工序可分为底漆、中涂漆（二道底漆）、面漆、罩光漆等。

在本书中，主要以涂料的形态分类进行配方设计的阐述。

二、涂料的组成

对涂料而言，除粉末涂料外，溶剂型涂料和水性涂料都由成膜物质、溶剂或分散介质、颜料及助剂组成，而粉末涂料中不含有液态的溶剂或分散介质。

1. 成膜物质

成膜物质是组成涂料的基础，故而又称为基料，是使涂料牢固附着于被涂物件表面上形成连续薄膜并黏结涂料中其他组分的主要物质，对涂料和涂膜的性质起决定性作用。早期的涂料以天然的植物油和漆树液为成膜物质，所以被称为油漆。近半个世纪以来，随着聚合物领域的发展，对聚合物的合成、性能和结构有了较系统深入的研究，合成树脂品种日益增多和成熟，合成树脂逐渐成为涂料主要的成膜物质。作为涂料成膜物质的合成树脂需具备的基本特征是能够经过施工形成薄层的涂膜，并为涂膜提供所需要的各种性能。此外，合成树脂还须与涂料中其他组分混溶，形成均匀的分散体。具备这些特性的化合物都可用为成膜物质。它们的形态可以是液态的，也可以是固态的。

用作涂料成膜物质的合成树脂种类越来越多，分类方法也较多，按成膜前后结构是否发生变化，合成树脂分为热塑性树脂和热固性树脂两类。

（1）热塑性树脂 合成树脂在涂料成膜过程中组成结构不发生变化，即在涂膜中可以检测出合成树脂的原有结构，这类合成树脂称为热塑性树脂。它们具有热塑性，受热软化，冷却后变硬，多具有可溶解性。由此类合成树脂构成的涂膜具有与原结构同样的化学结构，也是可溶可熔的。属于热塑性合成树脂的品种有：①天然树脂，包括来源于植物的松香（树脂状低分子化合物），来源于动物的虫胶，来源于矿物的天然沥青和来源于化石的琥珀、柯巴树脂等；②天然聚合物的加工产品，如硝基纤维素、氯化橡胶等；③合成的线型聚合物，如过氯乙烯树脂、氯乙酸乙烯树脂等。用于涂料的热塑性树脂与用于塑料、纤维、橡胶或黏合剂的同类品种，组成、分子量和性能都不相同，应按涂料的要求而制成。

（2）热固性树脂 合成树脂在成膜过程中组成结构发生变化，即合成树脂形成与其原来组成结构完全不同的涂膜，这类合成树脂称为热固性树脂。它们都具有能发生化学反应的官能团，在热、氧、光照或其他物质的作用下能够聚合成与原来组成结构不同的、不溶不熔的聚合物，即热固性聚合物，因而所形成的涂膜是热固性的，通常具有网状结构。属于这类成膜物质的品种有：①干性油和半干性油醇酸树脂；②天然漆和漆酚，也属于活性基团的低分子化合物；③低分子化合物的加成物或反应物，如多异氰酸酯的加成物；④合成聚合物，如酚醛树脂、醇酸树脂、聚氨酯预聚物、丙烯酸酯低聚物等。

随着树脂合成技术的发展，多种新型聚合物如基团转移聚合物、互穿网络聚合物等不断被开发出来，它们具有优异的性能。现代涂料很少使用单一品种作为成膜物质，而经常采用互相补充或互相改性的几种树脂，以适应多方面的性能要求。随着科学技术的发展，将会有更多品种的合成材料应用为涂料的成膜物质。

2. 颜料

颜料是一种微细的粉末状的物质，在使用过程中一般不溶于它所分散的介质，而始终以原来的晶体状态存在，因此它不能离开主要成膜物质（基料）而单独构成涂膜，故也称为次要成膜物质。颜料在涂料中的主要作用是使涂膜具有所需要的各种色彩和一定的遮盖力，对涂膜的性能也有一定的影响，如提供一定的机械强度、化学稳定性以强化保护作用等。

颜料的品种很多，各具有不同的性能和作用。在配置涂料时，根据所要求的不同性能，需要注意选用合适的颜料。颜料的分类方法包括以下几种。

（1）按来源可分为天然颜料和合成颜料；

（2）按化学成分可分为无机颜料和有机颜料；

（3）按其在涂膜中的作用可分为着色颜料、体质颜料（填料）、防锈颜料和特种颜料等。

涂料中最早使用的多是天然的无机颜料，现代涂料则广泛使用合成颜料，其中有机颜料发展较快，但仍以无机颜料为主。着色颜料是涂料中广泛应用的颜料类型，随着国民经济的发展，特种颜料将占有越来越重要的作用。

3. 助剂

助剂，也称为涂料的辅助材料组分，不能单独成膜，而是在涂料成膜后作为涂膜中的一个组分而存在，在涂料配方中所占的份额较小，但却起着十分重要的作用。助剂的作用是对涂料或涂膜的某一特定方面的性能起改进作用。不同品种的涂料需要使用不同作用的助剂；即使是同一类型的涂料，由于其使用的目的、方法或性能要求的不同，也需要使用不同的助剂；一种涂料中可使用多种不同的助剂，以发挥其不同的作用。总之，助剂的使用是根据涂料和涂膜的不同要求而决定的。原始的涂料使用种类有限的助剂，现代的涂料则使用种类众多的助剂，而且涂料助剂在不断发展。

现代用作涂料助剂的物质包括多种有机和无机化合物，其中也包括聚合物。近几年品种有所增加。根据助剂对涂料和涂膜所起的作用，现代涂料所使用的助剂可分为以下四个类型：

（1）对涂料生产过程发生作用的助剂，如消泡剂、润湿剂、分散剂、乳化剂等；

（2）对涂料储存过程发生作用的助剂，如防结皮剂、防沉淀剂等；

（3）对涂料施工成膜过程发生作用的助剂，如催干剂、固化剂、流平剂、防流挂剂等；

（4）对涂膜性能发生作用的助剂，如增塑剂、消光剂、防霉剂、阻燃剂、防静电剂、紫外线吸收剂等。

助剂在涂料中使用时，虽然用量很少，但能起到显著的作用，因而助剂在涂料中的应用越来越受到重视，助剂的应用技术已成为现代涂料生产技术的重要内容之一。

4. 溶剂或分散介质

溶剂或分散介质是不包括无溶剂涂料在内的各种液态涂料中所含有的、为使这些类型液态涂料完成施工过程所必需的一类组分。它原则上不构成涂膜，也不应存留在涂膜中。溶剂组分的作用是将涂料的成膜物质溶解或分散为液态，以易于施工成薄膜并且当施工后又能从薄膜中挥发至大气中，从而使薄膜形成固态的涂膜。溶剂组分通常是可挥发性液体，习惯上称为挥发分。这里所说的溶剂是广义上的概念，它既包括能溶解成膜物质的溶剂，又包括能稀释成膜物质溶液的稀释剂和能起分散作用的分散剂。现代的某些涂料中开发应用了一些既能溶解或分散成膜物质为液态又能在施工成膜过程中与成膜物质发生化学反应形成新的物质而留存于涂膜中的化合物，它们原则上也属于溶剂组分，统称为反应性溶剂或活性稀释剂。

现代很多化学品包括水、无机化合物和有机化合物都可以用为涂料的溶剂组分。其中以有机化合物品种最多，常用的有脂肪烃、芳香烃、醇、酯、醚、酮、萜烯、含氯有机物等，总称为有机溶剂。现代涂料中溶剂组分所占比例还是很大的，一般达到50%（体积比）。有的是在生产中加入，有的是在涂料施工时加入。溶剂品种的选用是根据涂料和涂膜的要求而确定的。一种涂料可以使用一个溶剂品种，也可使用多个溶剂品种。虽然溶剂组分的主要作用是将成膜物质变成液态的涂料，但它对涂料的生产、储存、施工和成膜，以及涂膜的外观和内在性能都能产生重要的影响，因此生产涂料时选择溶剂的品种和用量是不能忽视的。溶剂组分虽是制备液态涂料所必需的，但它在施工成膜以后要挥发掉，造成资源的损失；使用具有光化学反应性的溶剂，在涂料生产和施工过程中还会造成环境污染，危害人类健康，这些都是使用溶剂组分带来的严重问题。努力解决这些问题，是涂料发展的一个重要方向，目前已取得不少显著成果。

三、涂料的命名原则及型号

1. 涂料的命名原则

我国国家标准 GB/T 2705—2003 中对涂料的命名原则规定如下。

（1）涂料全名一般是由颜色或颜料名称加上成膜物质名称，再加上基本名称（特性或专业用途）而组成。如红醇酸磁漆、锌黄酚醛防锈漆等。对于不含颜料的清漆，其全名一般是由成膜物质名称加上基本名称而组成。

（2）颜色名称通常由红、黄、蓝、白、黑、绿、紫、棕、灰等颜色，有时再加上深、中、浅（淡）等词构成。若颜料对漆膜性能起显著作用，则可用颜料的名称代替颜色的名称，例如铁红、锌黄、红丹等。

（3）成膜物质名称可作适当简化，例如聚氨基甲酸酯简化成聚氨酯，环氧树脂简化成环氧，硝酸纤维素（酯）简化为硝基等。漆基中含有多种成膜物质时，选取起主要作用的一种成膜物质命名。必要时也可选取两或三种成膜物质命名，主要成膜物质名称在前，次要成膜物质名称在后，例如红环氧硝基磁漆。

（4）基本名称表示涂料的基本品种、特性和专业用途，例如清漆、磁漆、底漆、锤纹漆、罐头漆、甲板漆、汽车修补漆等。

（5）在成膜物质名称和基本名称之间，必要时可插入适当词语来标明专业用途和特性等，例如白硝基球台磁漆、绿硝基外用磁漆、红过氯乙烯静电磁漆等。

（6）需烘烤干燥的漆，名称中（成膜物质名称和基本名称之间）应有"烘干"字样，例如银灰氨基烘干磁漆、铁红环氧聚酯酚醛烘干绝缘漆。如名称中无"烘干"词，则表明该漆是自然干燥，或自然干燥、烘烤干燥均可。

（7）凡双（多）组分的涂料，在名称后应增加"（双组分）"或"（三组分）"等字样，例如聚氨酯木器漆（双组分）。

2. 涂料的型号

涂料的型号由三个部分组成：第一部分是成膜物质；第二部分是基本名称；第三部分是序号，以表示同类品种间的组成、配比或用途的不同。例如：C04-2，C 代表成膜物质醇酸树脂，04 代表基本名称磁漆（基本名称编号见表1-1），2 是这类漆的序号。

表 1-1 基本名称编号

代号	代表名称	代号	代表名称	代号	代表名称
00	清油	22	木器漆	53	防锈漆
01	清漆	23	罐头漆	54	耐油漆
02	厚漆	30	(浸渍)绝缘漆	55	耐水漆
03	调合漆	31	(覆盖)绝缘漆	60	防火漆
04	磁漆	32	绝缘(磁、烘)漆	61	耐热漆
05	粉末涂料	33	黏合绝缘漆	62	变色漆
06	底漆	34	漆包绝缘漆	63	涂布漆
07	腻子	35	硅钢片漆	64	可剥漆
09	大漆	36	电容器漆	66	感光涂料
11	电泳漆	37	电阻漆、电位器漆	67	隔热涂料
12	乳胶漆	38	半导体漆	80	地板漆
13	其他水溶性漆	40	防污漆、防蛆漆	81	渔网漆
14	透明漆	41	水线漆	82	锅炉漆
15	斑纹漆	42	甲板漆、甲板防滑漆	83	烟囱漆
16	锤纹漆	43	船壳漆	84	黑板漆
17	皱纹漆	44	船底漆	85	调色漆
18	裂纹漆	50	耐酸漆	86	标志漆、路线漆
19	晶纹漆	51	耐碱漆	98	胶液
20	铅笔漆	52	防腐漆	99	其他

辅助材料型号由两个部分组成：第一部分是种类；第二部分是序号。例如：F-2，F 代表防潮剂，2 则代表序号。辅助材料型号见表 1-2。

表 1-2 辅助材料型号

序号	代号	名称
1	X	稀释剂
2	F	防潮剂
3	G	催干剂
4	T	脱漆剂
5	H	固化剂

第二节　涂料配方设计基本概念

一、什么是涂料配方设计

涂料属于精细化工产品，是一个多组分体系，一般不能单独作为工程材料使用，必须涂装在基材表面与被涂物一起使用才能发挥作用。因而，进行涂料配方设计时，不能只考虑涂料本身的性能，还须考虑被涂物件（基材）和使用环境、施工环境等因素。不同的基材和使用环境，对涂膜的性能也提出种种不同的要求，而涂料配方中各组分的用量及其相对比例又对涂料的使用性能（如流平性、干燥性等）和涂膜性能（如光泽、硬度等）产生极大的影响，因此必须对涂料进行配方设计方能满足各方面要求。涂料配方设计是指根据基材、涂装目的、涂膜性能、使用环境、施工环境等进行涂料各组分的选择并确定相对比例，并在此基础上提出合理的生产工艺、施工工艺和固化方式。

二、涂料配方设计的基本原则

在进行涂料配方设计时，一般遵循以下原则。

（1）对客户对涂料要求的性能、装饰效果等，要做到100％满足，对其他一些不是很重要的性能也要尽量控制在可以接受的范围。

（2）在保证性能的前提下尽量降低成本，因此，配方设计是不追求最好的性能，而是性能达标就好。

（3）对涂料的生产工艺的设计，应本着能用简单工艺就不用复杂工艺的思路，尽量减少生产环节对保证涂料批次稳定性是很关键的。

三、涂料配方设计时须考虑的因素

建立一个符合实际使用要求的涂料配方是一个长期和复杂的课题，涂料配方设计的关键就是根据涂层性能和环境的要求合理地选择树脂、颜料、溶剂、助剂。

一般来说，涂层的力学性能和热学性能主要与成膜的树脂关系密切，树脂的主要作用是黏结底材和颜料，起到成膜的作用；而涂层的功能主要与功能填料和着色颜料有关，颜料主要是赋予涂层的物理性能。简而言之：树脂帮助成膜，颜料赋予功能，溶剂改善树脂可成膜性，助剂平衡和改善成膜的性能。因此，成膜物质和颜料是配方设计的重点。在配方设计时要考虑选择什么树脂、什么颜料，颜料占树脂中的多少，利用什么样的混合溶剂体系可以溶解树脂或起到预期的分散作用，利用哪些助剂改善涂层的流平性、流挂、抗氧化、开罐率、提高储存性能、防止沉底结块以及提高涂层的附着力、提高涂层的光泽或降低光泽等。对于功能涂料来说，树脂或成膜物质主要起载体作用，而功能颜料则提供或赋予涂层特别的物理性能。

由于使用环境及对涂层性能要求不同，配方设计时考虑的因素也不完全一样。

各种组分的类型和用量对涂料的性能影响很大，如一种组分选择不当可能就会导致涂料配方的失败。因此，在选择配方的总体组分时，除了要充分考虑每种成分的作用外，还要考虑各种成分之间的协同作用和配伍性。在选定了合适的组分后，决定涂料性能最重要的因素就是颜料的体积浓度。此外，也要考虑溶剂对涂层的施工工艺和对涂层性能的影响，以及溶剂对控制涂料的流动性、黏度、干燥时间所起的作用。因此，在配方设计时除了对原料有一定的了解外，还应对涂料的生产设备和生产条件有一定的了解。

总的来说，进行涂料配方设计时需要考虑以下几方面因素。

（1）涂覆的目标和目的　如基材的材质，是高档产品（如轿车、飞机、精密仪器仪表等）还是中低档产品（如家用电器、内外墙、桥梁、塑料、纸张等）。

（2）涂膜性能要求 是一般的装饰，还是起保护作用，还是赋予被涂物件某种特殊功能，如防腐、防污等。一般来说，涂膜的性能具有一定的相对性，如硬度与柔韧性、附着力与成膜性、亲水性与防水性、防腐蚀性与表观性能等，因此，过高追求一种性能，势必会损害其他性能，配方设计需要找到这些性能的平衡点。

（3）使用环境和施工环境 如户内还是户外，高温还是低温，干燥还是潮湿等。

（4）成膜物质——树脂的化学性质和物理性能 如室温干燥固化还是反应固化，柔软性/硬度比，与被涂基材的黏结性、耐候性、耐紫外线辐射性能、防腐蚀性等。

（5）挥发物——溶剂和稀释剂的物理化学性质 如挥发速率、沸点、对树脂的溶解性、毒性和闪点等。

（6）颜料的性质 如着色力、遮盖力、密度与基料的混溶性（分散性）、耐光性、耐候性和耐热性等。

（7）助剂的作用 如防沉、防流挂、防桔皮、消泡性能，帮助颜料润湿分散，改善涂料的施工性和成膜性等。

（8）成本考虑 包括原材料的成本，生产成本，储存和运输成本等。用于高档产品的涂料，其性能要求更高些，价格可以较贵些；用于低档产品的涂料，性能可以稍差些，价格则可以便宜些。

（9）竞争力因素 明确所设计的涂料配方产品是市场上的全新产品还是其他公司已有类似的产品，若是后者，则要比较所设计的产品与其他产品在性能和价格上的优势，包括涂料本身的性能，如固含量黏度、密度、PVC 及储存期等；使用性能，如遮盖力，需要涂几次才能达到所需的性能要求，是常温干燥还是升温反应固化成膜；漆膜的性能，如柔软性/硬度比、附着力、耐候性、耐紫外线辐射性能、耐酸碱性、耐化学药品性、耐溶剂性、耐污性、耐温性和耐湿性等。以此确定产品是否在某一个或某几个主要性能上优于市场上现有的同类产品，或性能近似但价格上有很大的优势。

四、配方设计的一般步骤

涂料配方设计的一般步骤如下。

（1）分析任务目标，找出具体性能指标 用户提出开发任务时，可能包括多个应用技术指标，配方设计师应将全部应用技术指标认真分析、分清主次、确定主要指标（通常对完成配方设计起关键作用）并兼顾次要应用技术指标（避免影响涂料整体功效）。特别要正确处理和解决相互矛盾或相互影响的应用技术指标。涂膜的交联密度与柔韧性、涂膜的亲水性与防水性、涂膜耐蚀性与装饰性等都是配方设计中应均衡考虑的关键性能。

（2）选择配方的组成成分

① 成膜物的选择 成膜物质是涂膜网络结构的基础构架，应根据涂料应用性能、使用环境及寿命，选择成膜物质的类型与品种，根据被保护底材特性与涂装要求，确定涂料固化体系及成膜方式。

② 颜料的选择 根据颜色、遮盖力的要求选择合适的着色颜料，根据填充、打磨性、硬度等机械性能以及成本等选择合适的体质颜料，根据特殊功能选择其他

功能性颜料。

③ 溶剂的选择　根据溶解、分散、稀释及成本等综合要求选择合适的混合溶剂体系。

④ 助剂的选择　根据涂料及涂膜的性能要求，选择合适的助剂种类。

（3）定量　设置 PVC 或颜基比、固含量、配方总量等的值，通过计算得到配方各组分的用量。

（4）把上述配方转化为生产配方，确定生产工艺过程，进行生产。

（5）性能检测　验证各组分对涂料性能的贡献，强化主要应用技术指标，模拟应用环境，全面考核涂料应用性能。

（6）根据检测结果，改进配方。

一般而言，涂料的配方设计步骤皆如上所述，但要达到的目的不同，配方设计的切入点也有差别。

第三节　涂料配方设计的方法

在涂料的配方设计中，常常涉及原材料更换、成本降低、产品改进、新产品开发、新原材料的使用、新技术六种方法。

一、原材料更换

在涂料的配方设计和生产中，由于价格、运输或其他方面的原因，常常遇到配方中的某一种或某几种原材料的货源发生临时或长久的变动。虽然为同一种原材料，但不同的生产厂家由于生产工艺的不同、质量检测控制的标准和手段有差异以及自动化程度的高低，生产出来的原材料的性能可能不完全相同，有时甚至会有很大的差异。例如，要考虑具有相似油度、组成、固含量/黏度比的两种长油度醇酸树脂是否具有类似的酸值和羟值；同是金红石型钛白粉，其纯度、细度、吸油量或遮盖力是否完全相同或几乎完全相同；同一级石油溶剂是否具有相同的沸点范围、芳香族含量和溶剂性等，如有不同，是否会对涂料的主要性能产生很大的差异。换句话说，要考虑涂料的主要性能对原材料不同的接受程度到底有多大。一般的建议是原材料的采购尽量固定在两三家经常提供同一原材料的生产厂商，以免性能发生较大的变化而导致涂料配方和涂料生产失败，万一必须更换原材料厂商，必须得到该供应商所提供的该原材料的物理化学性能，必要时需要进行试验比较，若性能差异较大，需要对原来的配方进行必要的调整或重新设计。

二、成本降低

涂料配方设计的作用是以最低的成本生产出符合性能要求的配方和产品，在降低成本方面，可从以下几方面考虑。

（1）现在的配方其产品性能是否高于客户的要求或对手的产品，是否可以牺牲某些方面的性能以降低成本而又保持产品达到或略高于客户的要求。

（2）现在的配方可否通过两三种或更多的现有产品的简单共混以达到所需要的性能。

（3）若涂料中的添加剂用量少，但多数价格较贵，应考虑每种添加剂在该配方中是否是必需的；另外，选择合适的分散体系是否可以消除或减少消泡剂的使用；涂料储存在金属容器中需要加入防腐剂，改用塑料容器后，有无必要仍加入防腐剂等。

（4）涂料的流变性能否通过仔细选择树脂体系或体质颜料来控制，而不需要加入防流挂剂或增稠剂等。

通常，对于一个配方体系，树脂体系和颜料是成本的两个主要方面，因此，要考虑配方中为达到产品性能要求所选择的树脂是否是最经济的体系；如果选用价格较高的树脂体系，可否用较高的PVC来降低总的树脂用量。颜料，尤其是钛白粉，价格较贵，可考虑能否进一步通过提高分散程度来降低其用量而又保持足够的遮盖力。一般的经验是，在溶剂型涂料中，若低黏度树脂溶液的羟值或酸值较高，其遮盖力与额外加 5％～10％ 钛白粉的相当；而对于乳胶型涂料体系，利用更有效的颜料润湿剂和分散剂以及避免在分散过程中使用高黏度溶液，有利于大大降低钛白粉的用量。另外必须注意的是配方中总的原材料成本还取决于总的固含量，这样，应判断能否降低 5％～10％ 的固含量而又不影响其应用性能，如使用较高黏度的树脂或在乳胶漆中使用较高分子量的聚合物可以适当降低固含量而又不影响其遮盖力、涂膜厚度和涂膜性能等。

三、产品改进

产品的改进主要是指产品某一或某几方面性能的改进，通常伴随着整个原料成本的升高，或以牺牲其他方面的性能作为代价。一般的程序如下。

（1）查看以前的试验记录是否已有配方的性能与所要求的接近（包括性能和成本），必要时可再做一些补充试验进行对比，看能否避免重新设计整个配方。

（2）尽可能地借鉴其他渠道的经验和配方，以减少产品改进所需的工作量。

（3）如果（1）、（2）均不可行，则下一步就得确定一下现在的产品配方中哪些原材料对所要求的性能无明显的影响，在重新设计配方时可暂时维持为不变量，哪些原材料对所要求的性能有大的影响，一般尽可能减少可变量的数目以简化配方设计。

（4）最简单的方法是增加某一组分的用量，或改变某两组分的用量比，或用某一组分的性能更高级别的原材料取代现有级别的原材料，并通过必要的试验室小试比较是否已达到所需要的性能要求。

（5）当改变现有组分的用量或组分间的用量比仍不能达到所需要的性能要求时，就要考虑添加某一新的组分或用其他某一组分（如树脂、颜料、添加剂等）代替现在配方中相应组分进行试验比较。

（6）一旦改性的产品配方确定，就要进行放大试验并与现有产品性能进行全面比较，必要时还可能进行配方设计微调。

四、新产品开发

在新产品开发的配方设计中，首先要注意是否为新产品；是否仅是现有产品的改进和发展；是否仅是对现有产品进行成本降低。

一旦上述 3 种情况被排除，则就是进行真正新的产品配方设计，通常有下列几个步骤。

（1）配方基本组成的确定　涂料配方基本组成见表 1-3。

表 1-3　涂料配方基本组成

组分类型	组分	使用等级	组分类型	组分	使用等级
树脂	主要树脂 改性树脂	视要求而定	助剂	消泡剂 润湿和分散剂 表面处理剂 催化剂和催干剂 防腐剂 流变助剂 光稳定剂 微生物杀伤剂 其他	视要求而定
颜料	TiO$_2$ 着色颜料 防锈颜料 体质颜料				
溶剂	主溶剂 稀释剂 其他				

并不是每一组分都需要添加，应根据性能要求、用途和成本等来选用上述某些组分作为起始配方基本组分。

（2）用量范围的确定　略。

（3）性能测试　确定了配方的基本组成和用量后，下面就是测定根据这个配方所制备的涂料性能，如流变性、干燥/固化条件、光泽性（如 $20°/45°/60°$ 的光泽度）、硬度、对比率、颜色、其他特殊性能要求。比较这些性能与所要求涂料性能上的差异，以进一步调节配方中各组分的用量，或增添某一新的组分，以完善涂料配方至性能和成本符合要求为止。

五、新原材料的使用

涂料行业与其他化工行业一样，常常会碰到厂商推荐新的原材料，这时从事涂料配方设计和产品开发的人员必须注意以下几点。

（1）这种新的原材料能否提高现有产品的性能；

（2）能否帮助进一步降低产品的成本而又不损害涂料的性能；

（3）能否帮助开发一个全新的产品；

（4）这种原材料在车间是否容易处理。

可以根据厂商所推荐的配方和用量比进行系列试验，了解该原材料能否使用。

六、新技术

新技术的发明和发现总是具有挑战性和令人兴奋的，这包括新的制备方法、新原材料的开发使用、新设备在涂料中应用或现有设备的改进、新产品的开发、涂料新的施工方法等。

总之，利用最低的成本研究开发出性能能够满足（注意并不一定超过）要求的适用产品是涂料配方设计的基本原则。

第二章

涂料配方中的重要参数

第一节　参数的含义及计算

一、颜基比（P/B）

颜基比是指涂料配方组成中颜料组分（包括着色颜料、防锈颜料和填料）的质量分数与固体基料组分（不挥发分）质量分数的比值，通常用 P/B 来表示，其公式如下：

P/B＝颜料的质量分数：固体基料的质量分数

【例】　计算下列配方（表 2-1）的颜基比。

表 2-1　醇酸漆基础配方

原料名称	固体分数	质量/kg	固体密度/(g/cm³)	固体体积/L
醇酸调合漆料	50%	668	0.89	375.5
钛白粉	A 型	221	4.20	52.6
群青	—	0.5	—	—
轻质碳酸钙		44	2.71	16.2

解：上述配方的 P/B＝颜料的质量分数：固体基料的质量分数

＝颜料质量：漆料中固体基料的质量

＝（钛白粉＋群青＋轻质碳酸钙）总质量：漆料中固体基料的质量

＝（221＋0.5＋44）：（668×50%）

＝0.79：1

虽然不能从颜基比与涂料性质之间找到很有规律的关系，但是颜基比简单实用，也是确定涂料配方的重要参数之一。在配方设计时，已经确立了基料、颜料的品种和质量分数后，通过试验手段，可以通过改变颜基比数据比较快捷地确立并优化配方。

二、颜料体积浓度（PVC）

在进行配方设计时，涂料往往是以质量分数表示的，然而构成干膜的树脂、颜料及其他添加剂，它们的密度差异很大，因此它们在整个涂膜中的体积分数相差很大，而在确定涂料干膜性能时，体积分数比质量分数更为重要。特别是对不同配方的涂料进行性能比较试验时，其体积分数的重要性更为突出。

颜料体积浓度是指涂膜中颜料的体积占干膜总体积的百分数，以 PVC 表示。

$$PVC = 颜料的体积/干膜的总体积 \times 100\%$$
$$= 颜料的体积/(颜料的体积 + 固体基料的体积) \times 100\%$$
$$= V_p/(V_p + V_b) = W_p/d_p/(W_p/d_p + W_b/d_b)$$

式中　V_p——颜料体积，颜料包括着色颜料、体质颜料以及其他功能性颜料；

　　　　V_b——干乳液聚合物体积；

　　　　W_p——颜料质量，颜料包括着色颜料、体质颜料以及其他功能性颜料；

　　　　W_b——干乳液聚合物质量；

　　　　d_p——颜料密度，颜料包括着色颜料、体质颜料以及其他功能性颜料；

　　　　d_b——干乳液聚合物密度。

【例】 计算表 2-1 配方的 PVC。

解： $PVC = (52.6 + 16.2)/(52.6 + 16.2 + 375.5) \times 100\%$
　　　　$= 15.5\%$

三、临界颜料体积浓度（CPVC）

临界颜料体积浓度是指基料聚合物正好覆盖颜料粒子表面并充满颜料粒子堆积空间时的颜料体积浓度，即当颜料体积浓度扩大至某一数值时，涂膜的许多性质会发生急剧变化的颜料体积浓度。通常用 CPVC 表示。

$$CPVC = V_p/(V_p + V_{ab} + V_{vb}) \times 100\%$$

式中　V_p——颜料体积；

　　　　V_{ab}——被颜料粒子表面吸附的基料聚合物的体积；

　　　　V_{vb}——充满吸附了基料聚合物的颜料的粒子空隙的聚合物体积。

CPVC 可以通过 CPVC 瓶法、密度法、颜料的吸油量计算法求算，常用吸油量计算法。

颜料在涂料中的含量对涂料性质有极大的影响，为了判断颜料的合理用量，需要了解颜料的吸油量。一定质量的干颜料形成颜料糊时所需的精亚麻仁油的量称为颜料的吸油量，该值反映了颜料的润湿特性，用 $\overline{OA}$ 表示，单位为 g/100g，颜料的吸油量与颜料对亚麻仁油的吸附、润湿、毛细作用，以及颜料的粒度、形状、表面积、粒子堆砌方式、粒子的结构与质地等性质有关。达到吸油量时，意味着颜料表面吸满了油，颗粒间的空隙也充满了油，若再加入油黏度则下降。颜料的粒子越细，分布越窄，吸油量越高，当然吸油量还与颜料的密度、颜料颗粒内的空隙有关，也和形状有关。例如，圆珠型的吸油量高，针状的吸油量少。

将 $\overline{OA}$ 转化为体积分数，可以求出：

$$CPVC = \frac{\dfrac{100}{\rho}}{\dfrac{\overline{OA}}{0.935} + \dfrac{100}{\rho}} \times 100\% = \frac{1}{1 + \dfrac{\overline{OA} \times \rho}{93.5}} \times 100\%$$

式中，ρ 为颜料的相对密度；0.935 为亚麻仁油的相对密度，实际生产中，由于树脂基料的变化，本公式求算的结果仅供参考。

如果配方中颜料种类为两种或两种以上时，即为混合颜料体系，此时混合颜料体系的 CPVC 计算公式如下：

$$CPVC = \frac{1}{1 + \dfrac{\sum\limits_{i=1}^{n} \overline{OA_i} \times \rho_i v_i}{93.5}} \times 100\%$$

式中，$\overline{OA_i}$、ρ_i 分别为第 i 种颜料的吸油量或密度；v_i 为第 i 种颜料在混合颜料体系的体积分数。

CPVC 是设置 PVC 的重要参考标准，低于 CPVC，颜料颗粒不是紧密堆积，基料在涂膜中有"过剩"的体积；高于 CPVC，颜料颗粒形成紧密堆积，然而没有足够的基料堆满颗粒之间全部体积，即涂膜中出现了空隙。在稍高于 CPVC 时，涂膜中的空隙是空气泡，随着颜料体积浓度的增加，空隙互相连通，涂膜多孔性急剧增大。

四、乳胶漆临界颜料体积浓度

乳胶漆是聚合物乳胶粒和颜料在水连续相中的分散体系，其成膜机理与溶剂型涂料不同。溶剂型涂料成膜过程中颜料间的空隙自然为基料充满，乳胶漆成膜前乳胶粒子可能聚集在一起，也可能和颜料混杂排列，而且在成膜过程中发生形变，最后成膜时需要更多的乳胶粒子方能填满颜料空隙，因此乳胶漆的临界颜料体积浓度总是低于溶剂型涂料的临界颜料体积浓度。乳胶漆的临界颜料体积浓度也可用 LCPVC 表示，计算公式如下：

$$LCPVC = \frac{1}{1 + \dfrac{\overline{OA} \times \rho e}{93.5}} \times 100\%$$

式中，e 为乳液的效率指数，通常为经验值，一般取值范围为 $80\% \sim 95\%$。

影响乳胶漆临界颜料体积浓度的主要因素有乳胶粒子和颜料的粒径大小和分布、聚合物的玻璃化转变温度和成膜助剂的种类及用量。玻璃化转变温度的高低直接影响到成膜过程中乳胶粒的塑性形变和凝聚能力，乳胶粒子的玻璃化转变温度越低，越容易发生形变，使颜料堆砌得越紧密，因此玻璃化转变温度低的乳胶漆有较高的临界颜料体积浓度。由于粒度较小的乳胶粒子容易运动，易进入颜料粒子之间和颜料粒子较紧密接触，因此，较小粒度的乳胶漆具有较高的临界颜料体积浓度。助成膜剂可促进乳胶粒子的塑性流动和弹性形变，能改进乳胶漆的成膜性能，它对临界颜料体积浓度值的影响比较复杂，还与乳液的玻璃化转变温度和粒度有关，一般存在一个最佳的助成膜剂用量,在此用量下,临界颜料体积浓度的值最大。助成膜剂的用量过多,会使乳胶漆产生早期凝聚或凝聚过快等现象,从而使聚合物的网络松散,导致临界颜料体积浓度值降低。

五、固含量

固含量是指漆料在规定条件下烘干后剩余部分占总量的百分数,按衡算基准不同,固含量分为质量固含量和体积固含量。计算式如下:

$$质量固含量 = \frac{烘干残重}{原液总重} \times 100\%$$

$$体积固含量 = \frac{烘干后的体积}{原液总体积} \times 100\%$$

在实际生产中,因为质量比体积更容易测量,所以质量固含量的应用比体积固含量的应用更为广泛。一般,如果没有特别指明,"固含量"即指"质量固含量"。

【例】 计算表 2-1 配方的固含量。

解: 固含量=(颜料质量+漆料中的固体质量)/(颜料质量+漆料总质量)×100%

   =(221+0.5+44+668×50%)/(221+0.5+44+668)

   =64.2%

一般,溶剂型涂料和水性涂料的固含量因类型不同而波动较大,而高固体分涂料的固含量通常高于 70%,粉末涂料的固含量一般认为是 99% 以上。

第二节 通过参数计算配方组成

配方的基本组成确定以后,下一步就是初步确定各组分的用量范围。一般典型的涂料配方如下。

总的质量固含量:50%~60%。

总的体积固含量:30%~45%。

相对密度:约 1.5。

对于全新的配方设计,首先是根据性能要求设定所需的 P/B 或 PVC 及固含量的值,然后根据所设参数列方程式:

$\left\{\begin{array}{l} P/B=(颜料的质量分数)/(固体基料的质量分数) \\ 固含量=(树脂的质量+颜料的质量)/漆料的总质量 \\ 漆料总质量=配方总量(标准配方一般为100或1000) \end{array}\right.$

$\left\{\begin{array}{l} PVC=(颜料的体积)/(颜料的体积+固体基料的体积)\times100\% \\ 固含量=(固体基料的质量+颜料的质量)/漆料的总质量 \\ 漆料总质量=配方总量(标准配方一般为100或1000) \end{array}\right.$

上述两个方程组任选一个即可,分别求解上面的方程式即可得出配方中成膜物质、颜料以及溶剂的用量。

助剂在配方中所起的作用不同,其用量确定的方法也不同,例如:润湿剂、分散剂的作用是帮助颜料的研磨分散及稳定，因此，润湿剂和分散剂的用量应参考颜料的量来添加；消泡剂、杀菌剂、防腐剂等是作用于整个配方的，所以应该按照配方总量的百分比进行添加；成膜助剂是帮助乳液成膜的，所以应该按照乳液量的百分比进行添加等。

【任务】 开发一个原料成本不超过 6 元/kg 的通用型外墙水性底漆，适用于新旧墙面，通过 HG/T 210—2007 外墙 Ⅱ 型标准要求，底漆具有一定遮盖力，可作为底着色基础漆。

解：

计算方法一

(1) 查阅相关文献，设定 PVC 为 45%，固含量为 45%。

(2) 设乳液用量 m_1、颜料质量 m_2、水的用量 m_3

$$\begin{cases} PVC(\%)=(颜料的体积)/(颜料的体积＋固体基料的体积)\times100\% \\ 固含量=(固体基料的质量＋颜料的质量)/漆料的总质量 \\ 漆料总质量=配方总量(标准配方一般为100或1000) \end{cases}$$

求解上面的方程式即可得出配方中树脂、颜料以及溶剂的用量，然后再计算所选助剂的用量。

计算方法二

(1) 查阅相关文献，设定 P/B 为 3:1，固含量为 45%。

(2) 设乳液用量 m_1、颜料质量 m_2、水的用量 m_3

$$\begin{cases} P/B=(颜料的质量)/(固体基料的质量) \\ 固含量=(固体基料的质量＋颜料的质量)/漆料的总质量 \\ 漆料总质量=配方总量(标准配方一般为100或1000) \end{cases}$$

求解上面的方程式即可得出配方中树脂、颜料以及溶剂的用量，然后再计算所选助剂的用量。

第三节　涂膜性能与 PVC 的关系

PVC 对涂膜性能有很大影响，当 PVC>CPVC 时，颜料粒子得不到充分的润湿，在颜料与基料的混合体系中存在空隙，当 PVC<CPVC 时，颜料以分离形式存在于黏结剂相中，颜料体积浓度在 CPVC 附近变化时，漆膜的性质将发生突变，因此，CPVC 是涂料性能的一项重要表征，也是进行涂料配方设计的重要依据。颜料体积浓度对涂膜机械性能的影响如图 2-1 所示。

从图 2-1 可以看出，颜料体积浓度对涂膜机械性能的影响分为两个阶段，首先随着颜料体积浓度的增加，密度、强度、黏结强度等机械性能增强，但当 PVC 值达到一个临界点后，上述机械性能降低，该临界点即为临界颜料体积浓度 CPVC。

漆膜的渗透性是成膜物的本质。在色漆膜中，渗透性在 PVC 增加到一定程度时才开始增大，达到 CPVC 后就急剧增大。超过 CPVC 后的渗透性增大是由于漆膜中有了孔隙，如图 2-2 (a) 所示；而未达到 CPVC 时的增大是由于颜料在漆膜

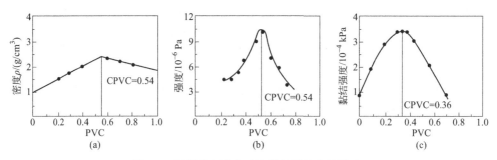

图 2-1 颜料体积浓度对涂膜机械性能的影响

内分布不均,如前所述,有的区间大、有的区间小,有的区间甚至超过了 CPVC。
PVC 与防腐蚀性能的关系如图 2-2 (b) 所示。对屏蔽型防蚀涂料而言,渗透性小,
阻止腐蚀物质渗入到漆膜/底材界面的能力就大,锈蚀速率就小。对抑制型来说,
需要有合适的渗透性,使水分渗透到达漆膜/底材的界面,溶解防蚀颜料,产生一
定的离子浓度,以钝化金属底材,达到防蚀效果。因此渗透性既不能过大而引起漆
膜起泡,又不能太小而使离子浓度过低而无法有效地防蚀,可用 PVC 来调节合适
的渗透性。成膜物的漆膜是个渗透膜,水分和其他介质可从漆膜外渗透入漆膜/底
材界面,也可从这界面渗透出去,这决定于漆膜两侧的渗透压差。当漆膜/底材界
面上有可溶性盐,如磷化处理后未洗净的残留盐分时,水就会从外界向界面渗透,
并聚集在此点上。聚集的水逐渐增多,对这点上的漆膜的压力就会逐渐增大,当压
力大于漆膜与底材间的附着力时,就出现了起泡现象。当 PVC 逐渐增大时,漆膜
的渗透性也逐渐增大,渗透压差就不易增大了,起泡倾向也逐渐降低了。超过
CPVC 则很少有起泡现象,因为漆膜有孔隙的存在,渗透压差不易形成。

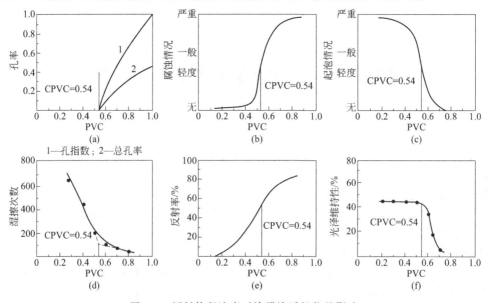

图 2-2 颜料体积浓度对涂膜渗透性能的影响

由图 2-3（d）可见，PVC 对涂膜的遮盖力影响也较大，当 PVC 小于 CPVC 时，遮盖力先随着 PVC 的增加而提高，随后增幅变小，当 PVC 超过 CPVC 时，遮盖力又快速提高。

由图 2-3（e）可见，随着 PVC 的逐渐增大，表面粗糙度逐渐提高，漆膜的光泽随之下降，接近 CPVC 时最低，因此可通过改变 PVC 来调节涂膜的光泽度。这里需要指出的是，在 PVC 远远小于 CPVC，即涂料中颜料含量较少时，PVC 的增大对表面粗糙度影响不大，但光泽也有较大的下降，这是因为在成膜过程中，溶剂挥发时所形成的底（层）面（层）对流会夹带颜料运动，使颜料在漆膜中分布不均匀的缘故。例如质量很轻、粒径很小的消光粉在对流中被带到了表面，因表层的黏度较高（溶剂在此挥发出去之故）而被黏附住，在表层形成了很高的 PVC 而造成了光泽的大幅下降，但总的 PVC 却是较低的，是达不到这样低的光泽的。

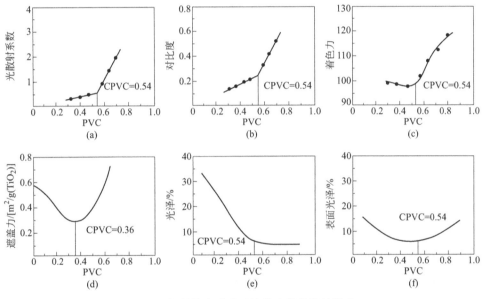

图 2-3　颜料体积浓度对涂膜光学性能的影响

在涂料设计时，可以利用 CPVC、PVC 对遮盖力的影响特点。例如天花板漆不易沾污，也不需要擦洗，强度一般要求不高，这时可以使 PVC 大于 CPVC，使遮盖力大大增加，以便充分利用"空气"这个最便宜的颜料；但对墙壁用涂料，则应使 PVC 低于 CPVC。底漆的 PVC 一般大于 CPVC，这样可使面漆的漆料渗入底漆的空隙以增加面漆与底漆间的结合力。由此可见，PVC/CPVC 对漆膜的性能影响非常大。PVC 和 CPVC 之比称为比体积浓度：

$$\Delta = \text{PVC}/\text{CPVC}$$

在配方中应重视 Δ，例如高质量的有光汽车面漆、工业用漆和民用漆（面漆），其 Δ 在 0.1～0.5 之间，半光的建筑用漆，Δ 在 0.6～0.8 之间，而无光内外墙涂料在 1.0 左右，天花板漆 $\Delta > 1$，金属保护底漆 Δ 在 0.75～0.90 之间，可以保证有较好的防锈和防气泡性能，而对于要用砂纸打磨的底漆，Δ 在 1.05～1.15 之间，这样可使打磨容易，涂层对砂纸有较少的黏滞力。

　　金红石型钛白粉体积浓度与遮盖力之间有一个特殊的关系，即它在 CPVC 以前有一个最高值，当 PVC 为 22% 时遮盖力最高，当浓度大于 22% 时遮盖力反而下降，其原因不是很清楚。由于 PVC 在 18%～22% 之间遮盖力变化不大，一般为节省金红石型钛白粉，用量只加到 PVC 为 18%，如果增加一些惰性颜料，因为它们可以取代一些不起作用的钛白粉，钛白粉用量可降至 15%。

第三章
涂料配方设计中的试验设计

　　试验设计方法指的是安排和组织试验的方法，有了正确的试验设计，才能以较少的试验次数、较短的时间，获得较多和较精确的信息。

　　涂料是一种精细化工产品，通常由两种以上原料混合制成，当原料的比例改变时，涂料的性能和配方的成本也会随之改变，试验设计与优化的基本目的就是在涂料配料比例中，寻求涂料性能与涂料配方成本之间的最佳平衡点。在涂料配方设计中，每一种涂料配方的设计都包含着试验条件的优化过程。

　　常用的试验设计方法有许多种，从不同的角度出发可有不同的分类方法。从如何处理多因素问题的角度出发，可将试验设计方法分为单因素试验法和多因素组合试验法两类。

　　单因素试验法，即每次只变动一个因素，而将其他因素暂时固定在某一适当的水平上，待找到了第一个因素的最优化水平后，便固定下来，再依次考察其他因素。这种方法的缺点是经济效益低，特别是在试验因子有交互作用时，更可能会得到错误的结果；而且，第一个因素的起点选择特别重要，若选择不合适，可能永远都找不出最优条件。

　　多因素组合试验法，是将多个需要考查的因素，通过数理统计原理组合在一起同时试验，而不是一次只变动一个因素，因而有利于展示各因素间的交互作用，可较迅速地找到最优条件。

　　怎样设计试验能达到最佳的试验效果？这就是试验设计与优化方法的一种应用。最优化是针对一个过程而言的，它是指怎样用最少的消耗得到最佳的响应。

　　在涂料配方设计中，可以采用数理统计知识和计算机技术进行试验设计和优化处理，这样就能够帮助涂料配方设计人员用最少的努力和最大的试验精度来进行试验设计和优化，以得到最多的试验信息。用计算机技术进行试验设计和优化处理，还可以用更多、更详细的试验参数来进行涂料配方设计，帮助人们减少外部误差，更好地控制试验设计。合适的试验设计包括变量分析和用近似公式建立数学模型。

本部分内容主要介绍正交试验设计法。

对于单因素或两因素试验，因其因素少，试验的设计、实施与分析都比较简单。但在实际工作中，常常需要同时考察 3 个或 3 个以上的试验因素，若进行全面试验，则试验的规模将很大，往往因试验条件的限制而难于实施。正交试验设计就是安排多因素试验、寻求最优水平组合的一种高效率试验设计方法。

正交试验设计是利用正交表来安排与分析多因素试验的一种设计方法。它是由试验因素的全部水平组合中，挑选部分有代表性的水平组合进行试验的，通过对这部分试验结果的分析了解全面试验的情况，找出最优的水平组合。

一、正交表中常用术语

1. 试验指标

试验指标是指试验研究过程的因变量，常为试验结果特征的量（如收率、纯度等）。在涂料配方进行正交试验设计时，通常选用涂膜性能或涂料性能作为试验指标，如遮盖力、光泽度、耐候性、耐酸碱腐蚀性等，具体选择的试验指标种类应根据试验目的而定。

2. 因素

因素是指试验研究过程的自变量，常常是造成试验指标按某种规律发生变化的原因。因此，进行涂料配方的正交试验设计时，需要清楚影响该项指标的因素有哪些，再根据实际情况确定正交试验因素。

3. 水平

水平是指试验中因素所处的具体状态或情况，又称为等级。如当考察钛白粉的用量对遮盖力的影响时，可选钛白粉的用量作为考察的因素，不同用量作为水平。当然，水平不一定是量上的变化，也可以是种类的改变。如考察着色颜料对遮盖力的影响时，可选择白色颜料作为考察的因素，不同白色颜料（金红石型钛白粉、锐钛型钛白粉、立德粉、氧化锌等）作为水平。

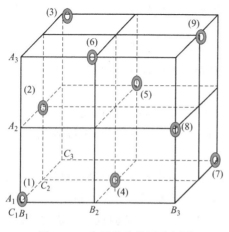

图 3-1　3 个因素选优区示意图

二、正交试验设计的基本原理

在试验安排中，每个因素在研究的范围内选几个水平，就好比在选优区内打上网格。如上例中，3 个因素的选优区可以用一个立方体表示（见图 3-1），3 个因素各取 3 个水平，反映在图 3-1 上就是立方体内的 27 个点。

若 27 个网格点都试验，就是全面试

验，其试验方案如表 3-1 所示。

表 3-1　3 因素 3 水平全面试验方案

		C_1	C_2	C_3
A_1	B_1	$A_1B_1C_1$	$A_1B_1C_2$	$A_1B_1C_3$
	B_2	$A_1B_2C_1$	$A_1B_2C_2$	$A_1B_2C_3$
	B_3	$A_1B_3C_1$	$A_1B_3C_2$	$A_1B_3C_3$
A_2	B_1	$A_2B_1C_1$	$A_2B_1C_2$	$A_2B_1C_3$
	B_2	$A_2B_2C_1$	$A_2B_2C_2$	$A_2B_2C_3$
	B_3	$A_2B_3C_1$	$A_2B_3C_2$	$A_2B_3C_3$
A_3	B_1	$A_3B_1C_1$	$A_3B_1C_2$	$A_3B_1C_3$
	B_2	$A_3B_2C_1$	$A_3B_2C_2$	$A_3B_2C_3$
	B_3	$A_3B_3C_1$	$A_3B_3C_2$	$A_3B_3C_3$

由上表可知，3 因素 3 水平的全面试验水平组合数为 $3^3 = 27$，4 因素 3 水平的全面试验水平组合数为 $3^4 = 81$，5 因素 3 水平的全面试验水平组合数为 $3^5 = 243$，这有可能是科学试验做不到的。

正交设计就是从选优区全面试验点（水平组合）中挑选出有代表性的部分试验点（水平组合）来进行试验。图 3-1 中标有试验号的九个点，就是利用正交表 L_9 (3^3) 从 27 个试验点中挑选出来的 9 个试验点。即：

(1) $A_1B_1C_1$　　　(2) $A_2B_1C_2$　　　(3) $A_3B_1C_3$

(4) $A_1B_2C_2$　　　(5) $A_2B_2C_3$　　　(6) $A_3B_2C_1$

(7) $A_1B_3C_3$　　　(8) $A_2B_3C_1$　　　(9) $A_3B_3C_2$

上述选择，保证了 A 因素的每个水平与 B 因素、C 因素的各个水平在试验中各搭配一次。对于 A、B、C3 个因素来说，是在 27 个全面试验点中选择 9 个试验点，试验次数仅是全面试验的三分之一。

从图 3-1 中可以看到，9 个试验点在选优区中分布是均衡的，在立方体的每个平面上，都恰是 3 个试验点；在立方体的每条线上也恰有一个试验点。

9 个试验点均衡地分布于整个立方体内，有很强的代表性，能够比较全面地反映选优区内的基本情况。

三、正交表及其基本性质

（一）正交表

正交设计安排试验和分析试验结果都要用正交表。

1. 正交表的类别

常用的正交表包括等水平正交表和混合水平正交表两大类，各列水平数相同的正交表称为等水平正交表，如 $L_4(2^3)$、$L_8(2^7)$、$L_{12}(2^{11})$ 等各列中的水平为 2，称为 2 水平正交表，$L_9(3^4)$、$L_{27}(3^{13})$ 等各列水平为 3，称为 3 水平正交表；各列水平数不完全相同的正交表称为混合水平正交表，如 $L_8(4\times2^4)$ 表中有一列的水平数为 4，有 4 列水平数为 2，也就是说该表可以安排一个 4 水平因素和 4 个 2 水平因素，再如 $L_{16}(4^4\times2^3)$，$L_{16}(4\times2^{12})$ 等都是混合水平正交表。

2. 正交表的结构

表 3-2 是一张正交表，记号为 $L_8(2^7)$，其中 "L" 代表正交表；L 右下角的数字 "8" 表示有 8 行（试验次数），用这张正交表安排试验包含 8 个处理（水平组合）；括号内的底数 "2" 表示因素的水平数，括号内 2 的指数 "7" 表示有 7 列，用这张正交表最多可以安排 7 个 2 水平因素。

正交试验设计方法的关键是合理选择正交表。正交表是试验设计方法中合理安排试验并对试验数据进行统计分析的主要工具，常用的正交表主要有：$L_4(2^3)$、$L_8(2^7)$、$L_{12}(2^{11})$、$L_{16}(2^{15})$、$L_{20}(2^{19})$、$L_{32}(2^{31})$、$L_8(4\times2^4)$、$L_{16}(4\times2^{12})$、$L_{16}(4^4\times2^3)$、$L_9(3^4)$、$L_{27}(3^{13})$、$L_{16}(4^5)$、$L_{25}(5^6)$ 等。

表 3-2 $L_8(2^7)$ 正交表

列号 试验号	1	2	3	4	5	6	7
1	1	1	1	1	1	1	1
2	1	1	1	2	2	2	2
3	1	2	2	1	1	2	2
4	1	2	2	2	2	1	1
5	2	1	2	1	2	1	2
6	2	1	2	2	1	2	1
7	2	2	1	1	2	2	1
8	2	2	1	2	1	1	2

（二）正交表的基本性质

1. 正交性

（1）任一列中，各水平都出现，且出现的次数相等。

例如，$L_8(2^7)$ 中不同水平只有 1 和 2，各列中它们各出现 4 次；$L_9(3^4)$ 中不同水平有 1、2 和 3，每一列中它们各出现 3 次。

（2）任两列之间各种不同水平的所有可能组合都出现，且对出现的次数相等。

例如，$L_8(2^7)$ 中的任意两列 (1，1)、(1，2)、(2，1)、(2，2) 各出现两次；$L_9(3^4)$ 中的任意两列 (1，1)、(1，2)、(1，3)、(2，1)、(2，2)、(2，3)、(3，1)、(3，2)、(3，3) 各出现 1 次。即每个因素的一个水平与另一因素的各个水平所有可能组合次数相等，表明任意两列各个数字之间的搭配是均匀的。

2. 代表性

一方面：任一列中各水平都出现，使得部分试验中包括了所有因素的所有水平；任两列的所有水平组合都出现，使任意两因素间的试验组合为全面试验。

另一方面：由于正交表的正交性，正交试验的试验点必然均衡地分布在全面试验点中，具有很强的代表性。因此，部分试验寻找的最优条件与全面试验所找的最优条件，应有一致的趋势。

3. 综合可比性

由于任一列的各水平出现的次数相等，任两列间所有水平组合出现次数相等，使得任一因素各水平的试验条件相同。这就保证了在每列因素各水平的效果中，最大限度地排除了其他因素的干扰。从而可以综合比较该因素不同水平对试验指标的影响情况。

根据以上特性，用正交表安排的试验，具有均衡分散和整齐可比的特点。

所谓均衡分散，是指用正交表挑选出来的各因素水平组合在全部水平组合中的分布是均匀的。由图 3-1 可以看出，在立方体中，任一平面内都包含 3 个点，任一直线上都包含 1 个点，因此，这些点代表性强，能够较好地反映全面试验的情况。

整齐可比是指每一个因素的各水平间具有可比性。因为正交表中每一因素的任一水平下都均衡地包含着另外因素的各个水平，当比较某因素不同水平时，其他因素的效应都彼此抵消。如在 A、B、C 3 个因素中，A 因素的 3 个水平 A_1、A_2、A_3 条件下各有 B、C 的 3 个不同水平，即：

	B_1C_1		B_1C_2		B_1C_3
A_1	B_2C_2	A_2	B_2C_3	A_3	B_2C_1
	B_3C_3		B_3C_1		B_3C_2

在这 9 个水平组合中，A 因素各水平下包括了 B、C 因素的 3 个水平，虽然搭配方式不同，但 B、C 皆处于同等地位，当比较 A 因素不同水平时，B 因素不同水平的效应相互抵消，C 因素不同水平的效应也相互抵消。所以 A 因素 3 个水平间具有综合可比性。同样，B、C 因素的 3 个水平间亦具有综合可比性。

正交表的三个基本性质中，正交性是核心、是基础，代表性和综合可比性是正交性的必然结果。

四、正交试验设计基本程序

正交试验设计中，常用因子表示影响试验性能指标的因素，水平表示每个因素可能取的状态，交互作用表示各因素对指标的综合影响。采用正交试验设计方法，可以较好地解决多因素试验设计中几个比较典型的问题：

① 确定因素对指标的影响，它能确定主要影响及其交互作用的影响；

② 确定每个因素中哪个水平较好；

③ 确定各因素按什么水平搭配起来对指标较好。

对于多因素试验，正交试验设计是简单、常用的一种试验设计方法，其设计基本程序如图所示。正交试验设计的基本程序包括试验方案设计及试验结果分析两部分。

1. 试验方案设计

选用正交试验设计，一般可按以下几个步骤进行。

（1）明确试验目，确定试验指标 试验设计前必须明确试验目的，即本次试验要解决什么问题。试验目的确定后，对试验结果如何衡量，即需要确定出试验指标。试验指标可为定量指标，如强度、硬度、产量、出品率、成本等；也可为定性指标如颜色、光泽等。一般为了便于试验结果的分析，定性指标可按相关的标准打分或采用模糊数学处理进行数量化，将定性指标定量化。

（2）选因素、定水平，列因素水平表 根据专业知识、以往的研究结论和经验，从影响试验指标的诸多因素中，通过因果分析筛选出需要考察的试验因素。一般确定试验因素时，应以对试验指标影响大的因素、尚未考察过的因素、尚未完全掌握其规律的因素为先。试验因素选定后，根据所掌握的信息资料和相关知识，确定每个因素的水平，一般以 2～4 个水平为宜，还要注意两水平之间的差距。对主要考察的试验因素，可以多取水平，但不宜过多（≤6），否则会使试验次数骤增。在涂料配方设计前，应先有一些小型的探索性的试验基础，以便决定正式试验的价值和可行性。最后还要注意各因素间的交互作用。

（3）选择合适的正交表 正交表的选择是正交试验设计的关键问题之一。确定了因素及其水平后，根据因素、水平及需要考察的交互作用的多少来选择合适的正交表。正交表的选择原则是在能够安排下试验因素和交互作用的前提下，尽可能选用较小的正交表，以减少试验次数。

一般情况下，试验因素的水平数应等于正交表中的水平数；因素个数（包括交互作用）应不大于正交表的列数；各因素及交互作用的自由度之和要小于所选正交表的总自由度，以便估计试验误差。若各因素及交互作用的自由度之和等于所选正交表总自由度，则可采用有重复正交试验来估计试验误差。

如假设有 4 个 3 水平因素，可以选用 $L_9(3^4)$ 或 $L_{27}(3^{13})$，若仅考察四个因素对液化率的影响效果，不考察因素间的交互作用，宜选用 $L_9(3^4)$ 正交表；若要考察交互作用，则应选用 $L_{27}(3^{13})$。

（4）表头设计 所谓表头设计，就是把试验因素和要考察的交互作用分别安排到正交表的各列中去的过程。一般表头设计的原则是，表头上每列最多只能安排一个配方因子或一个交互作用，在同一列里不允许出现两个以上因素混杂的现象。实质上就是安排试验计划，这一步很关键。

（5）编制试验方案，按方案进行试验，记录试验结果 把正交表中安排各因素的列（不包含欲考察的交互作用列）中的每个水平数字换成该因素的实际水平值，便形成了正交试验方案。

（6）试验结果分析 试验结果分析一般采用极差分析，极差分析试验结果做少量计算，然后比较，就可得到最优化的涂料配方。但该法不能区分因素和水平的作用差异，精度较差。

另一种方法是方差分析。它是通过对偏差平方和自由度等一系列的计算，将因素水平变化所引起的试验结果间的差异与误差的波动等区分开来。这样分析得到的正交试验的结果，对于下一步试验或投入生产可靠性很大。

正交试验方案示意图如图 3-3 所示。

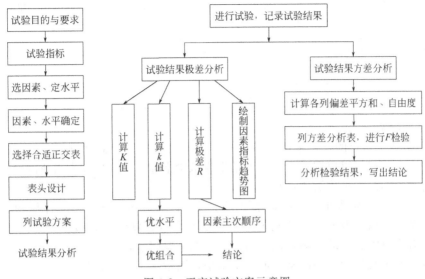

图 3-2　正交试验方案示意图

2. 正交试验结果分析

（1）正交试验结果分析的目的

① 分清各因素及其交互作用的主次顺序，分清哪个是主要因素，哪个是次要因素；

② 判断因素对试验指标影响的显著程度；

③ 找出试验因素的最优水平（优水平）和试验范围内的最优组合（优组合），即试验因素各取什么水平时，试验指标最好；

④ 分析因素与试验指标之间的关系，即当因素变化时，试验指标是如何变化的，找出指标随因素变化的规律和趋势，为进一步试验指明方向；

⑤ 了解各因素之间的交互作用情况；

⑥ 估计试验误差的大小。

（2）直观分析法——极差分析法　极差分析法计算简便、直观、简单易懂，是正交试验结果分析最常用方法。极差分析法的过程见图 3-3。

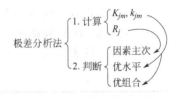

图 3-3　极差分析法示意图

K_{jm} 为第 j 列因素 m 个水平所对应的试验指标之和，k_{jm} 为平均值。由 k_{jm} 大小可以判断第 j 列因素的优水平和优组合。

R_j 为第 j 列因素的极差，反映了第 j 列因素水平波动时，试验指标的变动幅度。R_j 越大，说明该因素对试验指标的影响越大。根据 R_j 大小，可以判断因素的主次顺序。

例如：通过正交试验来寻找改善附着力的最佳配方组成。水性带锈涂料配方如表 3-3 所示。

表 3-3 水性带锈涂料配方

组分	用量/g	组分	用量/g
苯丙乳液	33	硫酸钡	5
亚铁氰化钾-磷酸(1:6)	3~8	磷酸二氢锌-重铬酸钾(1:1)	2~4
铁红	8~15	NDZ-311W	0.2
氧化锌	3~7	水	余量

解决思路:

① 明确试验目的,确定试验指标。对本试验而言,试验目的是为了提高涂层的附着力。所以可以以附着力的检测结果为试验指标,来评价配方组成的好坏。附着力越高,则配方组成就越优越。

② 选因素、定水平,列因素水平表。对本试验分析可知,影响涂层附着力的因素很多,本试验拟考察亚铁氰化钾-磷酸、氧化锌、铁红和磷酸二氢锌-重铬酸钾的用量对涂料附着力的影响,以此为本试验的试验因素,分别记作 A、B、C 和 D,进行四因素正交试验,各因素均取三个水平,因素水平表见表 3-4。

表 3-4 因素水平表

水平	试验因素			
	亚铁氰化钾-磷酸 /g A	氧化锌 /g B	铁红 /g C	磷酸二氢锌- 重铬酸钾/g D
1	4	3	9	2
2	6	5	12	3
3	8	7	15	4

③ 选择合适的正交表。此例有 4 个 3 水平因素,可以选用 $L_9(3^4)$ 或 $L_{27}(3^{13})$;因本试验仅考察四个因素,不考察因素间的交互作用,故宜选用 $L_9(3^4)$ 正交表。

④ 表头设计。此例不考察交互作用,可将亚铁氰化钾-磷酸量 (A)、氧化锌量 (B)、铁红量 (C) 和磷酸二氢锌-重铬酸钾量 (D) 依次安排在 $L_9(3^4)$ 的第 1、2、3、4 列上,见表 3-5。

表 3-5 表头

列号	1	2	3	4
因素	A	B	C	D

⑤ 编制试验方案,按方案进行试验,记录试验结果。试验方案及试验结果如表 3-6 所示。

表 3-6　试验方案及试验结果

试验号	因素				附着力/级
	A	B	C	D	
1	1(4)	1(3)	1(9)	1(2)	5
2	1	2(5)	2(12)	2(3)	5
3	1	3(7)	3(15)	3(4)	1
4	2(6)	1	2	3	4
5	2	2	3	1	4
6	2	3	1	2	1
7	3(8)	1	3	2	3
8	3	2	1	3	3
9	3	3	2	1	2

说明：试验号并非试验顺序，为了排除误差干扰，试验中可随机进行；安排试验方案时，部分因素的水平可采用随机安排。

⑥ 试验结果分析。分析 A 因素各水平对试验指标的影响。由表 3-6 可以看出，A_1 的影响反映在第 1、2、3 号试验中，A_2 的影响反映在第 4、5、6 号试验中，A_3 的影响反映在第 7、8、9 号试验中。

A 因素的 1 水平所对应的试验指标之和为 $K_{A1}=y_1+y_2+y_3=5+5+1=11$，$k_{A1}=K_{A1}/3=3.6667$；

A 因素的 2 水平所对应的试验指标之和为 $K_{A2}=y_4+y_5+y_6=4+4+1=9$，$k_{A2}=K_{A2}/3=3$；

A 因素的 3 水平所对应的试验指标之和为 $K_{A3}=y_7+y_8+y_9=3+2+2=7$，$k_{A3}=K_{A3}/3=2.3333$。

根据正交设计的特性，对 A_1、A_2、A_3 来说，三组试验的试验条件是完全一样的（综合可比性），可进行直接比较。如果因素 A 对试验指标无影响时，那么 k_{A1}、k_{A2}、k_{A3} 应该相等，但由上面的计算可见，k_{A1}、k_{A2}、k_{A3} 实际上不相等。说明，A 因素的水平变动对试验结果有影响。因此，根据 k_{A1}、k_{A2}、k_{A3} 的大小可以判断 A_1、A_2、A_3 对试验指标的影响大小。

其他因素计算过程与 A 相同，总结果汇总如表 3-7 所示。

表 3-7　正交试验结果汇总

试验号	因素				附着力/级
	A	B	C	D	
1	1	1	1	1	5
2	1	2	2	2	5
3	1	3	3	3	1

续表

试验号	因素				附着力/级
	A	B	C	D	
4	2	1	2	3	4
5	2	2	3	1	4
6	2	3	1	2	1
7	3	1	3	2	3
8	3	2	1	3	2
9	3	3	2	1	2
K_1	11	12	8	11	
K_2	9	11	11	9	
K_3	7	4	8	7	
k_1	3.6667	4	2.6667	3.6667	
k_2	3	3.6667	3.6667	3	
k_3	2.3333	1.3333	2.6667	2.3333	
极差 R	1.3333	2.6667	1	1.3333	
主次顺序	B＞A＝D＞C				
优水平	A_1	B_1	C_2	D_1	
优组合	$A_1B_1C_2D_1$				

因此，可以计算并确定 B_1、C_2、D_1 分别为 B、C、D 因素的优水平。四个因素的优水平组合 $A_1B_1C_2D_1$ 为本试验的最优水平组合，即为获得较高的附着力，最优的配方组成为亚铁氰化钾-磷酸 4g、氧化锌 3g、铁红 12g 和磷酸二氢锌-重铬酸钾 2g 的用量。

此外，根据极差 R_j 的大小，可以判断各因素对试验指标影响的主次。本例极差 R_j 计算结果见表 3-7，比较各 R 值大小，可见 $R_B＞R_A＝R_D＞R_C$，所以因素对试验指标影响的主次顺序是 BA（D）C。即氧化锌用量影响最大，其次是亚铁氰化钾-磷酸量和磷酸二氢锌-重铬酸钾量，而铁红量影响较小。

以各因素水平为横坐标，试验指标为纵坐标，绘制因素与指标趋势图（图 3-4）。由因素与指标趋势图可以更直观地看出试验指标随着因素水平的变化而变化的趋势，可为进一步试验指明方向。

在实际生产中，应用正交试验设计做一批涂料试验后，往往还要再追加一些试验，因为在涂料配方设计中，因素与水平数互不相等。有时配方因素还从属于几道生产工序，涂料产品的机械性能指标与涂料生产工艺性能指标相互制约，所以在实际配方设计中，要根据具体涂料产品的生产情况，统一平衡，灵活运用，才能得到最佳的涂料生产配方。

对于多指标试验，方案设计和实施与单指标试验相同，不同在于每做一次试验，都需要对考察指标一一测试，分别记录。试验结果分析时，也要对考察指标一一分析，然后综合平衡，确定出最优条件。

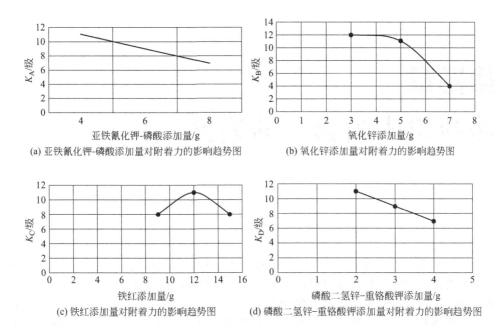

(a) 亚铁氰化钾-磷酸添加量对附着力的影响趋势图

(b) 氧化锌添加量对附着力的影响趋势图

(c) 铁红添加量对附着力的影响趋势图

(d) 磷酸二氢锌-重铬酸钾添加量对附着力的影响趋势图

图 3-4 各涂料成分的添加量对附着力的影响趋势图

第四章
涂料用成膜物质的选择

涂料配方中的成膜物质种类很多，现在最重要的成膜物质就是合成树脂，因此本章主要讲述合成树脂。涂料用合成树脂的品种很多，性能各异，主要包括聚酯树脂、醇酸树脂、氨基树脂、聚氨酯树脂、丙烯酸树脂、环氧树脂、过氯乙烯树脂等。合成树脂属于聚合物，其结构是影响性能的内在因素，对聚合物的熔点、密度、化学性质起着决定性的影响，还直接影响其耐寒性、耐热性、刚柔性、强度等物理性能。所以有必要明确聚合物分子链结构及其性能之间的关系。选择涂料用树脂主要是基于树脂的结构和性能、被涂敷基材的种类（木质基材、金属、砖石、皮革等）和使用环境（室内、室外、高温、低温、是否受紫外线照射、酸碱条件等）以及性价比等因素。

第一节　聚合物的结构

一、聚合物的基本概念

聚合物也叫高分子或大分子，具有高的分子量，其结构必须是由多个重复单元所组成，并且这些重复单元实际上或概念上是由相应的小分子衍生而来的。

聚合物是由许多单个分子（聚合物分子）组成的物质。首先，我们需要了解以下基本概念。

单体：能够进行聚合反应、并构成聚合物的基本结构组成单元的小分子称为单体。

均聚物：由一种单体形成的聚合物称为均聚物。

共聚物：由两种或者两种以上单体共同形成的聚合物称为共聚物。

链原子：构成聚合物主链骨架的单个原子。

链单元：由链原子及其取代基组成的原子或原子团。

结构单元：构成聚合物分子主链结构一部分的单个原子或原子团，可包含一个或多个链单元。

单体单元：聚合物分子结构中由单个单体分子生成的最大的结构单元。

重复单元：也称链节，是重复组成聚合物分子结构的最小的结构单元。

聚合度：单个聚合物分子所含单体单元的数目，以 DP 表示。

末端基团：分子链的末端结构单元。

遥爪聚合物：含有反应性末端的基团，能进一步聚合的聚合物。

聚合物分子量的多分散性：在形成聚合物的过程中，由于各种因素的影响，很难使各分子链增长到同一长度，所以聚合物大多是分子量不等的同系物的混合物，这种聚合物分子量大小不均一的特性，称为聚合物分子量的多分散性。多分散性的表示方法：分子量分布、平均分子量。

聚合物的多分散性：聚合物是由一系列分子量（或聚合度）不等的同系物分子组成的，这些同系物分子之间的分子量差为重复结构单元分子量的倍数，因此同种聚合物具有分子长短不一的特征。

平均分子量：聚合物的分子量或聚合度是统计出来的，是一个平均值，叫平均分子量或平均聚合度。平均分子量的统计可有多种标准，其中最常见的是数均分子量和重均分子量。

数均分子量：按分子数统计平均，定义为聚合物中分子量为 M_i 的分子的数量分数 n_i 与其分子量 M_i 乘积的总和，以 $\overline{M_n}$ 以表示。

重均分子量：按质量统计平均，定义为聚合物中分子量为 M_i 的分子所占的质量分数 w_i 与其分子量 M_i 的乘积的总和，以 $\overline{M_w}$ 表示。

合成树脂属于聚合物，其结构是不同尺度的结构单元在空间的相对排列。按研究单元的不同分类，聚合物结构可分为两大类：一类为聚合物的链结构，即分子内的结构，包括近程结构和远程结构，是研究一个分子链中原子或基团之间的几何排列；另一类为聚合物的分子聚集态结构，即分子间的结构，是研究单位体积内许多分子链之间的几何排列。对聚合物材料来说，其体现出来的性能是由各级结构决定的。

二、聚合物结构单元的化学组成

结构单元的化学组成是影响聚合物性能的重要因素。元素键合成聚合物分子链，按主链化学组成可分为碳链聚合物、杂链聚合物和元素聚合物。聚合物主链的主要作用之一是维持分子连接的线形，进而产生柔顺性、强度和高黏度。对大多数聚合物而言，溶解性、结晶性、表面化学等性质是由取代基决定的。聚合物主链主要决定涂料的柔顺性和骨架键对高温的稳定性有影响。分子链的柔顺性是指其分子链能够改变构象的特性。柔顺性是聚合物具有区别于低分子物质的许多优异性能的最主要原因。下面分别讨论不同主链结构和取代基对其性能的影响。

（一）主链结构的影响

1. 碳链聚合物

碳链聚合物的主链由 C—C 键和 C＝C 双键组成。C—C 单键的内旋转能够为聚合物主链提供柔顺性，单键的内旋转是指每一个键能绕着它邻近的键，按一定键角旋转。这类聚合物一般是憎水性的，不会发生水解反应；可塑性好，容易加工成型；缺点是容易燃烧，耐热性较差，容易老化。主链上含有大量 C═C 双键的碳链聚合物尤其易燃，由于 C═C 双键容易在臭氧作用下裂解，双键旁的 α 次甲基上的氢容易氧化而导致聚合物分子链降解或交联，因此含有双键的碳链聚合物容易高温老化，如聚异戊二烯橡胶在空气中易发生缓慢氧化。此外，烃链 C═C 双键会产生链刚性，尤其是当主链为单、双键交替结构时，会产生相当强的骨架刚性，如聚乙炔，这种类型的双键形成共轭序列还会产生颜色和导电性。但当主链中有孤立双键时，却会使聚合物的柔顺性增强。例如，聚丁二烯比聚乙烯的柔顺性好，这是因为双键的存在使非键合原子间的距离加大，进而使它们之间的排斥力减弱，内旋转容易，柔顺性就好。

2. 杂链聚合物

杂链聚合物常由缩聚反应和开环聚合反应制成，主链上含有芳环、醚键、酰胺键、氨酯键、酯键等特征基团。芳环使聚合物分子具有刚性和伸直链（刚性棒）特征，使其易取向、强度高且能抗热、耐氧腐蚀；醚键、酯键能够增加聚合物分子链柔顺性；酰胺键由于 N—C 键具有部分双键特征，而且在聚酰胺中存在分子内合分子间氢键，因而一般认为酰胺键是增加链刚性的基团；氨酯键被认为是提供分子柔顺性的基团，这也正是许多聚氨酯可用作弹性体的原因。杂链聚合物因分子中含有官能团，较易发生化学反应，具有较强的分子间作用力，因而耐热性和强度性能比纯碳链聚合物高一些，主要用作工程塑料；缺点是因分子带有极性基团，所以容易水解，如聚酰胺分子中因含有酰胺键，因此聚酰胺类聚合物一般不耐强碱的作用，且具有吸湿性。

3. 元素聚合物

元素聚合物（又称为元素高分子）主链上不含碳原子，但侧链上含有有机取代基团，故元素聚合物兼具无机和有机聚合物的特性，其优点是具有很高的耐热性和耐磨性，又具有较高的弹性和可塑性，如主链结构是硅氧链的有机硅聚合物，其耐热性较好，且在吸收和传递氧方面有特殊作用，因而作为膜材料引起了人们的兴趣。元素聚合物因主链元素的成键能力比较弱，因此聚合物的分子量较低，容易发生水解。

通常用链段来衡量聚合物分子链的柔顺性大小。这是因为聚合物的实际运动单元既不是链节，也不是整个分子链，而是由若干个结构单元构成的"链段"。链段是由于分子内旋转受阻而在聚合物分子链中能够独立自由运动的单元长度，一般由若干个链节组成，且同一聚合物在不同的温度下，其链段长短不固定，一般高温时，链段短，柔顺性好；低温时，链段长，柔顺性差，这就是塑料制品冬天硬、夏天软的原因。对于不同的聚合物而言，相同温度下链段越短（即链段含的链节数少），柔顺性越大；反之，刚性越大。例如，聚异丁烯（链段：20～25 个链节）的柔顺性大于聚氯乙烯（链段：75～125 个链节）。

（二）取代基的影响

取代基的体积、极性、数量和位置对聚合物分子链的性质均有影响。

1. 体积的影响

聚合物分子链上取代基体积越大，单键内旋转阻力越大，聚合物柔顺性下降。如丁苯胶柔顺性比天然胶小，天然胶的柔顺性又比顺丁胶的小。因为丁苯胶的取代基苯基体积大于天然胶的甲基，而甲基的体积又大于氢原子。

2. 极性的影响

聚合物分子链上取代基的极性大，分子间作用力就大，分子链间距变小，单键内旋转受阻，柔顺性变差。如 PE、PP、PVC、PAN[❶] 的柔顺性大小顺序为：PE＞PP＞PVC＞PAN。

3. 数量的影响

聚合物分子链上取代基数量多，基团间排斥力就大，单键内旋转阻力大，柔顺性就差。如氯化聚乙烯柔顺性大于聚氯乙烯。

4. 位置的影响

取代基的对称排列使聚合物的偶极矩减小，内旋转惯性提高，柔顺性增加。如聚偏二氯乙烯的柔顺性大于聚氯乙烯。

取代基除影响聚合物分子主链的柔顺性外，还对主链的化学稳定性、热稳定性等性能有影响。如氟侧链能增强聚合物的热稳定性和氧化稳定性，提高聚合物的耐溶剂性、耐燃料性和耐油性，正因为如此，聚四氟乙烯有"塑料王"之美称；氯侧基能提高聚合物的阻燃性；—CN 侧基能显著改变烃类聚合物的溶解行为，例如，丁腈橡胶因含丙烯腈单体单元可用作耐油弹性体。

三、聚合物结构单元的键接方式

合成聚合物的结构单元的化学结构是已知的，因此由单官能团单体的缩聚反应生成的线型缩聚物，其单体间的键接方式是固定的，由单体官能团间的化学反应决定。而烯烃单体之间的加成聚合反应生成的聚合物，其单体间的键接方式较复杂，主要原因有以下几个方面：

① 不同反应条件下，重复单元的结构会发生变化。如丙烯酰胺在强碱作用下，不是发生自由基聚合生成聚丙烯酰胺，而是发生阴离子聚合，生成聚 β-氨基丙酸（尼龙-3）。

② 单烯类聚合时，以共价键按头-头（或尾-尾）、头-尾的方式键接，键能的大小影响聚合物的热稳定性，受空间位阻和电子效应的影响，自由基或离子型聚合的产物中，大多数是头-尾键接的方式，同时伴有少量的头-头（或尾-尾）键接产物的生成，如二氟乙烯的聚合反应。

③ 双烯类聚合时，键接方式较为复杂，一般是按有机化学反应的机理进行。如异戊二烯单体聚合时有可能出现 1,4-加聚、1,2-加聚、3,4-加聚等三种键合方式。

非共轭双烯类聚合时可能出现分子间加成或分子内环化聚合，分子内环化聚合也有头-尾和头-头键合之分。

---

❶PE，聚乙烯；PP，聚丙烯；PVC，聚氯乙烯，PAN，聚丙烯腈。

④ 由两种或两种以上结构组成不同的单体单元聚合得到的共聚物，其键接方式根据结构单元在分子链内序列结构的不同，分为：无规共聚、交替共聚、嵌段共聚和接枝共聚四种。若以—A—、—B—分别表示两种单体形成的结构单元，则上述四种共聚物的键接方式可以表示如下：

a. 无规共聚：两种不同的结构单元按一定的比例无规则地键接起来的结构。

b. 交替共聚：两种不同的结构单元有规则的交替键接起来的结构。

c. 嵌段共聚：两种不同成分的均聚链段彼此无规则地键接起来的结构。

d. 接枝共聚：一种成分构成的聚合物主链上，键接另一种成分的侧链，构成一种主侧链成分不同的带支链的结构。

无规共聚物的分子链中，两种单体无规则排列，既改变了结构单元的相互作用，也改变了分子之间的相互作用，因此，均聚物与无规共聚物的物理性能有相当大的差异。例如：聚乙烯、聚丙烯均为塑料，而乙烯-丙烯无规共聚物中当丙烯含量较高时则为橡胶。在无规共聚物中少量的第二种组分就能够改变第一种组分分子间和分子内的相互作用，造成均聚物与无规共聚物的物理性能有较大的差别；而在接枝和嵌段共聚物中，第二组分的引入对第一组分链段间的相互作用在一定范围内影响不大，因此其均聚物与共聚物的物理性能差异不大。如丙烯腈与少量甲基丙烯酸甲酯构成的无规共聚物中，丙烯腈链段间的距离很快增加，而在丙烯腈与甲基丙烯酸甲酯构成的长接枝和嵌段共聚物中，引入甲级丙烯酸甲酯单体的量达 30%（摩尔分数）时，对聚丙烯腈链段间距离的影响仍很少。

接枝和嵌段共聚物最显著的特点是兼有两种均聚物所具备的综合性能，因此可利用接枝或嵌段的方法对聚合物改性和设计特殊要求的聚合物。对于合成纤维染色性的改进，如果采用无规共聚，则原来纤维的物理性能势必被引入的少量第二组分所改变。若采用接枝或嵌段共聚方法，可以引入 10%～20% 的第二组分，这样既可以达到增加染色性能的目的，而又不致破坏纤维原来的物理性质。试验证明，接枝 10% 聚乙烯醇的聚丙烯腈纤维，其染色性比聚丙烯腈的均聚物增加 3 倍，而物理性能则相差不大。因此，共聚是用以改进聚合物材料性能的重要途径之一。

四、聚合物分子链的键接形状

聚合物分子链的键接形状可分为线型、支链型和体型。分子链之间通过支链连接成三维网状体型分子，这种结构称为交联结构。在缩聚反应中，若反应物是三官能团的化合物，则可能引起支化或交联。在加聚反应中，由于链转移反应、双烯类单体双键的活化、某些线型支链型聚合物因外界因素影响（如存在活性交联剂、辐射）在链上产生火星反应点的情况下，均可能产生支化或交联。

线型聚合物的分子链之间没有任何化学键连接，同时单键具有的内旋转性使得这类聚合物分子链具有柔顺性、弹性。这类聚合物在加热时，分子链之间可以产生相互位移，聚合物能在适当的溶剂中溶解，可以拉丝和成膜，还可反复热塑成各种形状的制品，称为热塑性聚合物。

支链型聚合物在溶剂中能够被溶解，加热时能熔融。支链型聚合物有短支链和长支链之分，它们对聚合物性能的影响也有差异。短支链使分子链的规整度及分子间堆砌密度降低，所以难于结晶，但一般对聚合物的溶液性质影响不大；短支链使分子链之间的距离增大，有利于活动，故流动性好。长支链对结晶性能影响不大，但对聚合物溶液和熔体的流动性能影响较大，这是由于支链过长，阻碍了聚合物流动。

交联作用使聚合物在三维空间上具有由共价键相连接的结构，从而使聚合物材料在使用过程中能克服分子间的流动，提高强度、耐热性及抗溶剂性能。交联聚合物只能在溶剂中溶胀不能溶解。用作橡胶的聚合物在加工成制品时，必须使之有适度的交联，这样使得橡胶既有一定的强度，又能保持高弹性。

五、聚合物分子链的构型

聚合物分子链的构型是指分子中由化学键所固定的几何排列，这种排列是稳定的，要改变构型必须经过化学键的断裂。分子中的原子或原子团在空间的几何排布不同，会产生立体异构，包括光学异构和几何异构。

含有不对称碳原子的烯类单体聚合时，会由于分子链上存在手性原子而产生 R 型和 S 型光学异构体，如聚丙烯，其结构单元键接时有三种方式：当取代基全部处于主链平面的同侧时，称为全同立构（或等规）聚合物，这时其手性碳原子全部为—$RRRR$—或全部—$SSSS$—构型；当取代基有规则地交替出现时，为—$RSRSRS$—构型；当取代基无规则地分布在主链平面的两侧时，称为无规立构聚合物。空间立构不同的聚合物，其性能有显著的不同，如等规聚丙烯的熔点为175℃，间规聚丙烯的熔点为134℃，无规聚丙烯在室温下为橡胶状的弹性体。

对于双烯类单体的聚合物，其分子主链上含有双键，因此可构成顺式和反式两种异构体，称为几何异构。不同几何构型的异构体其性能不同，如聚-顺-1,4-异戊二烯是橡胶，聚-反-异戊二烯是塑料。

分子链中结构单元的空间排列是规整的，称为有规立构聚合物，其规整程度称为等规度。有规立构聚合物大部分能够结晶，而无规立构聚合物一般不能结晶。分子排列规整和易于结晶的性能提高了聚合物的硬度、密度和软化温度，降低了其在溶剂中的溶解度。

六、聚合物聚集态结构

聚合物聚集态结构是指众多分子链排列、堆砌时的结构。聚合物的聚集态结构是在加工成型过程中形成的，对制品的性能有很大的影响。结晶结构、非晶结构和取向结构是聚合物聚集态结构的三个主要方面，若聚合物是按照三维有序的方式聚集在一起的，则称为结晶态；若分子链杂乱无序地排列在一起，则称为非晶态或无定形态；若分子链在一维或二维有序排列，则称为取向态。

一般情况下，对称性好、等规度高、分子链柔顺性好的聚合物容易结晶。结晶聚合物的内部结构较为复杂，可能有非晶相的链束、球晶、片晶等，其中晶相区所占的质量分数称为结晶度。聚合物的熔点、杨氏模量、挠变模量等，主要决定于结晶度。结晶度高的聚合物强度比相应的无定形聚合物的强度高，原因是晶格限制了链段的运动。

聚合物非晶结构模型一直有两种观点：一种观点认为非晶结构是完全无序的，另一种观点认为非晶结构中存在局部的有序性。这些模型目前尚在争论之中。

聚合物的强迫形变、拉伸和黏性流动等过程都会使分子链发生取向，即聚合物排列有序化。"取向"不同于"结晶"，结晶时，分子链的有序排列是三维的，取向时，聚合物分子链的有序排列可以分为单轴取向和双轴取向两种。单轴取向通常是在单向拉伸或单向流动的情况下形成的，双轴取向通常是将薄膜或薄板在两个相互垂直的方向上拉伸或在垂直于薄板平面的方向上加以压力使薄板进一步展薄时形成的。能结晶的聚合物肯定能取向，但能很好取向的聚合物不一定能很好地结晶。取向后，聚合物的机械强度有显著的变化，主要表现在：①取向后，与取向垂直的抗张强度比取向前降低，而与取向轴平行的抗张强度则大为增加；②使聚合物沿应力方向取向，聚合物的抗裂强度增大；③但就热性能来说，取向后材料在取向方向上的热收缩率要增大。

第二节　涂料配方设计中树脂体系选择的指导原则

涂料品种繁多，性能各异，用途不同。如何正确选用涂料体系，不仅取决于涂料本身的性能，还与被涂覆的物体材质、使用环境、材料的表面处理、固化条件及涂料成本有关。最简单的方法是列出各种涂料体系的一般性能，比较其优缺点。选择其中的3～4种最能满足要求的涂料体系，进一步查询具体性能参数以最终决定哪一种体系最符合要求。但①没有一种涂料品种能满足所有的性能要求；②所谓最符合要求的涂料体系也是指在性能、成本、使用寿命等方面的综合考虑，有时并不是性能最好的体系。

一、涂料体系选择的一般性原则

有许多因素影响涂料体系的选择，选用涂料体系所要考虑的主要因素如下。

① 涂料性能，如耐磨性、柔顺性、保光保色性、温度范围、干燥时间、防霉性、外观、耐水耐油性、润湿性。

② 被涂物件的材质（木、混凝土、钢，其他金属、塑料、存在旧涂层等）。

③ 涂料赋予的基本功能，如防变质（如防腐、耐候性等）、防火、温度控制、标记、外观（颜色、光泽、花纹等）。

④ 可使用性（表面处理及涂料使用设备工具）。

⑤ 环境因素，如温度（极限温度或可变温度）、湿度（干燥、潮湿、浸水、船舶等）、与化学药品接触（烟雾、酸、碱、溶剂等）、辐射、生物问题（防污、霉等）。

⑥ 成本。选用涂料时首先要问的问题是使用涂料的目的或原因，为什么要用涂料，是为美观，还是为防腐，是在一般空气条件下使用，还是在船舶或其他条件下使用等，使用涂料的目的或原因知道，就可根据涂料的性能大致选择哪一种或哪几种涂料体系。

另一个主要关心的问题是所选用的涂料是涂覆在新的物体表面上或是物体表面已涂覆过涂料。若为新的表面，则涂料的选择相对较容易，若物件表面已被涂过涂料，则要考虑旧涂层与新涂料的相容性。但遗憾的是，大多数情况下，旧涂料的类型是未知的，这就给涂料的选择造成很大的困难。

若旧涂料体系未知，可以实际测试新涂料体系与旧涂料体系的相容性，方法是按一般的表面处理方法清洁一小块面积，涂上新涂料，判断①新涂料是否溶胀旧涂料使之失去黏结性、②新涂料是否被旧涂料吸收并失去黏结性、③新涂料是否容易从旧涂料上剥离（与旧涂料的黏结性不大）。

二、涂料体系选择的主要影响因素

1. 基材

当基材被涂覆过涂料时，新的涂料体系不仅要与基材有良好的黏结性，而且还需与旧的涂料体系有良好的相容性。但当基材为新的表面时，则主要考虑与基材的黏结性。无论哪种情况，基材的材质不同，所选用的涂料体系也不相同。

2. 环境因素

环境因素在涂料的选择上非常重要，是干燥还是潮湿；是一般工业，还是重工业；是室内还是室外；是腐蚀环境，还是在通常的大气环境下使用；是南方气候（光照充足多雨），还是在北方气候使用等，均直接影响着涂料体系的选择。例如，用于地下管道的涂料，必须经受得住由于土壤周期性的潮湿和干燥引起的膨胀和收缩对涂层的损坏。

3. 表面处理

即使是新的基材表面，也可能会有砂、油、矿物质、粉尘、铁锈等，严重影响涂料与基材表面的黏结性，因此必须进行表面处理。最常用和最简便的表面处理方法有砂磨、防锈、碱脱脂、水洗、金属磷酸化处理等，视基材材质不同，应选用一种或几种方法对基材进行表面处理。但有时即使是最简单的表面处理方法也无法采用，例如大多数情况下，设备可以在工厂检修期间砂磨涂装，但对于某些敏感的设备仪器、产品或涉及某些试剂时，砂磨就不可能，在这种情况下，就必须选用某些对表面处理要求不高的涂料体系。

4. 涂料的性能因素

从某种意义上讲，涂料本身的性能是选择涂料所要考虑的最重要的因素。必须注意的是，涂料品种千变万化，即使用于同一目的的牌号，各生产厂商的配方也会有不同，有的采用标准配方，有的以标准配方为起点，进一步研究改进，如改善应用性能、添加填料改善涂膜的韧性、加入片状颜料如云母降低漆膜的湿透性等。总之，即使是同一用途的涂料品种，其配方和性能也不尽相同，最好的选择方法是初步确定一种或几种涂料品种后，通过实验室和现场比较试验确定。

除了涂料的上述性能，选择涂料时还须考虑涂料估计的使用寿命、固含量（体积分数）、每一涂的涂层厚度、理论遮盖力、总的成本、修补的容易程度、干燥时间和固化时间、二涂或三涂所需时间、使用的容易程度。

总之，选用涂料体系的方法很多，可以总结为基于成本的选择、基于涂料性能的一般比较选择、根据生产厂商提供的信息选择、实验室比较选择、从同行著名厂商或专家推荐选择、现场试验比较选择、根据经验选择等。

三、合成树脂的特点及应用

涂料最终要成为一个不溶的膜，成膜过程又叫固化过程，聚合物在成膜过程中可发生交联甚至高度交联。因此，涂料用树脂必须是体型聚合物凝胶化之前的准线型预聚体或留有可交联的基团的预聚体，分子量一般不大。

1. 醇酸树脂和聚酯树脂

醇酸树脂原料易得，制造工艺简便，综合性能好，用量一直居于涂料中的树脂首位。醇酸树脂含有大量酯基，因而耐水性、耐碱性、耐化学药品的能力要略逊一些，但其分子链中有羟基、羧基、酯基，有些还有双键、苯环，所以改性的方法较多，也可以收到较好的效果，例如用氨基树脂、环氧树脂、异氰酸酯树脂或聚氨酯、氯化橡胶、丙烯酸酯、有机硅树脂改性等。用聚酰胺改性醇酸树脂，可用来制取触变性涂料，其在静止状态时呈现冻胶状，而当受到剪切力作用，如在搅拌或在刷涂时，就会变成低黏度的液体，便于施工，剪切力停止，逐步恢复冻胶状。用芳香二酸合成的聚酯树脂，其耐候性和韧性优于醇酸树脂，常用的有单组分和双组分两类，前者加热自交联，后者要添加催化剂和交联剂（另一组分）。

醇酸树脂漆是第一大类涂料，可以制成色漆、清漆，也可用作工业专用漆和一般普通用漆。其原料容易得到，合成工艺简单，干燥迅速，分子结构设计灵活，可以根据需要调整分子结构中的脂肪酸部分和用量，合成出不同油度的树脂。聚酯树脂可以单独作为涂料使用，也可以通过其他树脂改性使用，用氨基树脂进行交联的聚酯，固化速率快、硬度高，可以作为卷材和家电涂料以及汽车涂料，也可以制成粉末涂料。另外，在醇酸树脂和聚酯分子结构中引入羟基、羧基等，可以制成水性涂料使用。

2. 酚醛树脂和其他甲醛类树脂

酚醛树脂黏附力强，固化后有极好的耐热、耐候、耐化学腐蚀性和较好的绝缘性能，广泛用于木器、家具、建筑、机械、船舶、电气及防腐涂料。但酚醛树脂色深，不宜配成浅色涂料。有时将脲和甲醛生成的脲树脂以及三聚氰胺和甲醛反应生成的三聚氰胺甲醛树脂，统称为氨基树脂。氨基树脂固化时变硬变脆，一般不单独作涂料用，而常作为"交联剂"用于含羟基、羧基、酰氨基的其他树脂。

3. 环氧树脂

环氧树脂中仅有羟基和醚链，没有酯基，因而耐水、耐碱性很好。它有极好的黏附力，收缩率比不饱和树脂收缩率（达10％以上）低（不到2％），韧性优于酚醛树脂，又能和多种树脂相容，可以拼混和改性，而且常温下为固体，适用于制作粉末涂料。

环氧树脂要加固化剂才能交联固化，通常用多胺固化，所以环氧涂料多为双组分。固化剂有多元酸、多元硫醇等。环氧树脂与一种称为潜在型固化剂配合，可以作为单组分涂料，这种固化剂在室温下稳定，一旦高温，即发生交联作用。

由于环氧树脂可以室温固化，常用作防腐涂料尤其用作大型构件如船舶、建筑物、桥等的防护涂料。环氧树脂可以一次涂刷较厚，作容器涂料又有很强的黏着力，可作电绝缘漆和化工设备防护底漆。

4. 聚氨酯树脂

聚氨酯涂料的黏附力特别好，耐磨性也特别好，涂膜通常坚硬、光亮、柔韧，而且耐油、酸、碱、盐和一些化学药品，广泛应用于地板、甲板以及金属、水泥、橡胶塑料的涂装。聚氨酯涂料具有很好的耐候性，耐低温性，可耐 $-40℃$，耐热性好。有些高温绝缘性能接近聚酰亚胺，有优良的电气性能，浸渍漆包线可以自焊自黏。聚氨酯涂料施工范围广泛，能在室温下固化，也能加热固化，施工性能好，对于大型物件的涂料施工，不受季节影响。

聚氨酯涂料可以与多种树脂混用，出现许多新的品种。尽管这种涂料较贵，但由于性能优异，因此在重要的场合应用，有不可替代的作用。

5. 聚丙烯酸酯

聚丙烯酸酯是丙烯酸类单体，如丙烯酸甲酯、丙烯酸乙酯、丙烯酸丁酯、羟基乙酯、羟基丙酯、甲基丙烯酸甲酯的均聚物、共聚物以及其他烯烃等的共聚树脂。聚丙烯酸酯耐光、耐候、耐户外阳光曝晒、耐紫外线辐射、耐热性好，在 $170℃$ 不分解，在 $230℃$ 可以不变色，耐碱、酸、洗涤剂，耐化学腐蚀，在汽车、家具、家电、仪表、建筑等行业得到广泛应用。

热塑性丙烯酸酯涂料主要用作汽车面漆和修补漆、金属涂层的底漆、地板涂层等。热固性聚丙烯酸酯涂料用家电涂料最为广泛，用环氧树脂固化后，其黏附力优良且耐污，无需底漆，施工简便。用氨基树脂固化或与多种树脂改性，可用作汽车漆，应用最广。此外热塑性丙烯酸酯涂料还用作各种金属材料、板材、卷材的涂层。

6. 乙烯基树脂及其他

乙烯基树脂主要是指聚氯乙烯、氯乙烯和乙酸乙烯的共聚物。与其他树脂不甚相同的是，它通常采用悬浮聚合法获得聚合物，而不像醇酸树脂、环氧树脂、聚氨酯、聚丙烯酸酯那样采取溶液聚合或本体聚合的方法。悬浮法制得的树脂为球粒状固体，再将它们制成溶液或溶胶，可作化工防腐涂料、船底涂料、海上钻井平台涂料、海洋水下设施涂料等。

聚乙烯醇缩醛树脂的缩醛主要是缩甲醛和缩丁醛，也是乙烯基树脂中的重要成员。聚乙烯醇缩甲醛涂料主要与封闭型聚氨酯配合，用作包线漆和线缆漆，耐腐蚀，耐刮削，挠曲性好，防潮，耐溶剂。聚乙烯醇缩丁醛树脂常与酚醛树脂配合，作木器漆以及金属的底漆等。

此外，有机硅树脂、有机氟树脂作涂料，性能独特优异，另有氯化聚氯乙烯、氯化橡胶、氯磺化聚乙烯、氟化环氧树脂、氟化丙烯酸酯等，也是涂料中的重要品种。

第五章
溶剂的选择

溶剂型涂料中使用的溶剂主要是有机溶剂，而水性涂料中使用的溶剂主要是水。本章主要介绍溶剂型涂料中使用的有机溶剂，它是涂料配方中的一个重要组成部分，在涂料中所占比重一般在 50% 以上，主要作用是溶解和稀释成膜物质，使涂料在施工时易于形成比较完美的漆膜。涂料用溶剂一般有以下几种分类方法。

（1）按化学结构分类　可分为烃类溶剂（烷烃、烯烃、环烷烃、芳香烃）、醇、酯、酮、醚、卤代烃、含氮化合物溶剂以及缩醛类、呋喃类、酸类、含硫化合物等。

（2）按沸点分类　可分为低沸点溶剂（常压下沸点在 100℃以下）、中沸点溶剂（沸程 100~150℃）、高沸点溶剂（沸点在 150℃以上）。

（3）按极性分类　分为极性溶剂（一般指酮、酯等具有极性和较大的介电常数以及偶极距大的溶剂）、非极性溶剂（指烃类等无极性功能基团、介电常数、偶极距小的溶剂）。

（4）按溶解能力分类　可分为以下几种：①溶剂，溶剂能单独溶解溶质，一般不包含助溶剂和稀释剂）；②助溶剂，为潜伏性溶剂，不能单独溶解溶质，和其他成分混合使用时才能表现出溶解能力，如醇类对硝化纤维素的溶解；③稀释剂，对溶质没有溶解性，可稀释溶液又不使溶质析出或沉淀的溶剂，有时也称为非溶剂，如甲苯、二甲苯、庚烷等烃类可作为硝化纤维素的稀释剂。

下面主要按照化学结构的分类讲述各类溶剂的性质、性能及应用。

第一节　涂料中常用溶剂

一、脂肪烃

脂肪烃是指仅由碳氢两种元素组成、分子中碳原子间连接成链状的结构且不成环的有机小分子化合物，也叫脂链烃。碳原子间共价键的种类有单键、双键、三键等，据此，脂肪烃可分为烷烃、烯烃和炔烃等，其中，烷烃也称饱和烃，烯烃和炔烃称为不饱和烃，涂料中常使用的脂肪烃类溶剂主要包括烷烃和萜烯两大类。

1. 烷烃类

烷烃类溶剂属于非极性溶剂，对矿物油、脂肪油（蓖麻油除外）、蜡和链状烷烃有很好的溶解力。也能溶解橡胶、聚异丁烯、熔融聚乙烯、聚丙烯酸酯、聚甲基丙烯酸酯和聚乙烯基醚等，但不能溶解大多数其他极性树脂、纤维素衍生物等。按照脂肪烃的沸点范围可细分为特殊沸点烃、石油醚和200$^{\#}$溶剂油等。

（1）特殊沸点烃溶剂　用于快干性漆、浸滞漆以及快干黏合剂。它们的闪点低于21℃，因此必须用于防爆区域。

（2）石油醚　石油醚是石油的低沸点馏分，为低级烷烃的混合物。国内按沸点30～60℃、60～90℃、90～120℃分为三类。一般涂料工业中使用的石油醚沸程为60～90℃，其中芳烃的含量为1％～5％。不溶于水，能与丙酮、乙醚、乙酸乙酯、苯、氯仿以及甲醇以上的高级醇等混溶，能溶解香豆酮树脂、甘油三松香酸酯等合成树脂，部分溶解松香、沥青、乳香和芳香类树脂，不溶解虫胶和生物碱。对于油脂，除蓖麻油外，多数液体油脂可溶，固体脂肪微溶。脂肪酸可溶，羟基酸难溶。生橡胶和硫化橡胶在石油醚中显著溶胀，氯化橡胶、硝化纤维素、乙酸纤维素、苄基纤维素等在石油醚中不溶解。

（3）200号溶剂油　常写作200$^{\#}$溶剂油，也称涂料（油漆）溶剂油，俗称松香水或白水，其中含有15％～18％的芳烃，沸程150～190℃，挥发速率较慢，不溶于水，溶于无水乙醇、乙醚、氯仿和苯等，溶解性与石油醚相似，能溶解大多数天然树脂和各种长油度的醇酸树脂，常作为溶剂或稀释剂用于油基漆、醇酸树脂漆、氯化橡胶以及一些氯乙烯基共聚物涂料，但对硝基、环氧、丙烯酸等极性合成树脂的溶解能力较差。

2. 萜烯类

萜烯简称萜，是一系列萜类化合物的总称，是分子式为异戊二烯的整数倍的烯烃类化合物，极性较小。用作涂料工业中的溶剂，主要有以下几类。

（1）松节油　是采集松树脂得到的树汁蒸馏后的产物，主要成分是左旋和右旋α-蒎烯、β-蒎烯、莰烯等。不同国家的松节油组成不一样，北美和希腊的松节油主要含有D-蒎烯，而法国、西班牙和葡萄牙的松节油含L-蒎烯，国产松节油主要由60％～65％α-蒎烯和30％～38％β-蒎烯组成。松节油对碱稳定，对酸不稳定；不溶于水，能与无水乙醇、氯仿、乙醚、苯、石油醚等多种溶剂混溶，溶解能力介于石油系溶剂油和芳香烃类溶剂之间。松节油可溶解油脂、蜡、树脂等；不能溶解硫化橡胶，但经氧化的松节油在155℃左右能很容易地溶解硫化橡胶。香胶松节油是具有特征气味的液体，在长期贮存过程中，沸点会下降，接着发生树脂化。松节油对脂肪、油、蜡和烃类树脂有良好的溶解力。它和乙醇、脂肪烃及芳香烃相溶，溶解性要比200$^{\#}$溶剂油强，也用于油基以及醇酸树脂漆。它能使氧化亚麻仁油溶胀，促进干性油氧化聚合，使涂料黏度降低，便于操作。由于松节油表面张力低，对木材渗透性、黏结性好，故可作为涂料、清漆、硝基喷漆的良好溶剂。

（2）桐油　为一黄色酸性液体，气味难闻，暴露在空气中或经提纯后可以脱色，但气味变得更加难闻。仅适宜于作深色涂料和清漆的溶剂。

（3）松油　是由松树的残株、废材、枝、叶等经溶剂萃取或水蒸气蒸馏而制得的，一般为单萜烯烃、2-莰醇、莳醇、萜品醇、酮及酚等的混合物，其性质与在木材浆的生产中生成的硫酸松节油相似。经蒸馏，沸点较低的松油能溶解达玛树脂、甘油三松香酸酯、贝壳松脂、马尼拉树脂、纤维素酯等树胶和树脂类。松油与乙醇混合后，溶解能力增大，溶解性能与松节油相同。

二、脂环烃

脂环烃是指仅由碳氢两种元素组成、分子中含有闭合碳环的有机化合物。其溶解能力介于脂肪烃和芳香烃之间，对脂肪、油、油改性醇酸树脂、苯乙烯改性油和醇酸树脂、沥青、橡胶以及其他共聚物具有很高的溶解力，对极性树脂（如脲醛、三聚氰胺甲醛、酚醛树脂等）、醇溶性合成树脂和纤维素酯等溶解力较差。脂环烃可与大多数其他溶剂相溶，但不溶于水。涂料工业中用作溶剂的脂环烃主要包括以下几种。

（1）环己烷　环己烷为无色透明、汽油味液体。和大多数有机溶剂相溶，但不溶于甲醇、二甲基甲酰胺和具有相似极性的溶剂。

（2）甲基环己烷　甲基环己烷对酸碱比较稳定，性质与环己烷相似，但挥发性较低。不溶于水，能与丙酮、四氯化碳、苯、乙醚、庚烷和乙醇等有机溶剂混溶，能溶解树脂、蜡、沥青、橡胶和干性油等。

（3）1,2,3,4-四氢化萘　1,2,3,4-四氢化萘为无色液体，气味如萘，不溶于水，与所有常用的有机溶剂相溶，可溶解脂肪、油、氧化亚麻仁油、橡胶、蜡、沥青、焦油沥青、酚、萘、碘、硫等，大规模地用于涂料、地板蜡以及鞋油生产。它也溶解松香、刚果胶、醇酸树脂、古马隆树脂、酮-甲醛树脂和氨基树脂。它赋予涂料良好的流动性并产生高光泽涂膜，可自氧化，因此在干性油中扮演着携带氧的作用。

（4）十氢化萘　十氢化萘为无色溶剂，具刺激性气味和高挥发度，其溶解力稍低于四氢化萘。

三、芳香烃

与脂肪烃相比，芳香烃溶剂对油、蓖麻油、油改性醇酸树脂、苯乙烯改性油和醇酸树脂、饱和聚酯树脂、聚苯乙烯、聚乙烯基醚、聚丙烯酸酯和聚甲基丙烯酸酯、聚乙酸乙烯酯、氯乙烯和乙酸乙烯的共聚物以及许多低极性树脂都有很高的溶解力。

芳烃常与真溶剂酯和酮配合，作为硝基纤维素溶液、纤维素酯和醚溶液中的稀释剂。芳烃也能溶解橡胶、聚异丁烯和熔融聚乙烯，但不溶或仅溶胀聚氯乙烯、固态聚乙烯、聚酰胺和虫胶等。用作溶剂的芳香烃主要有以下几种。

（1）甲苯　主要用于硝基纤维素漆，基于脲醛树脂、三聚氰胺甲醛树脂或酚醛树脂的热固化漆、醇酸树脂漆、氯化橡胶漆。对聚苯乙烯、聚丙烯酸酯或聚乙酸乙烯酯有较高的溶解能力。甲苯和酯的混合物可用于溶解氯乙烯基共聚物以及氯化聚氯乙烯。

（2）二甲苯　二甲苯通常含有很少量的甲苯和较多量的乙烯基苯。在涂料工业中，二甲苯是最重要的芳烃溶剂。它只有与醇或乙二醇醚相结合才能溶解聚乙酸乙烯酯，其他方面与甲苯的溶解性质相似。

（3）乙苯　乙苯外观透明，有特征性气味，与所有有机溶剂相溶，但不溶于水。乙苯并不是涂料工业中重要的溶剂。它的主要用途是在催化脱氢生产苯乙烯的过程中作为工业起始材料。在重金属氧化物的存在下，乙苯在空气中的催化氧化可以生产苯乙酮以及甲基苯基卡必醇，它也可以提高四冲程引擎燃料的减震性。

（4）苯乙烯　苯乙烯为无色液体，作为不饱和聚酯树脂的溶剂使用。苯乙烯贮存时需要加入稳定剂来避免贮存过程中的聚合，它是合成均聚物、共聚物及改性醇酸树脂和油❶的重要原料。

（5）石脑油　石脑油主要为煤焦油轻油分馏所得的芳香族烃类混合物，由甲苯、二甲苯异构体、乙苯、异丙基苯等组成，可按沸点范围 120～160℃、120～180℃、140～200℃分为三类。可用于煤焦油沥青、硬脂酸沥青、石油沥青等制造的涂料用溶剂。其中高沸点组分作纤维素酯、合成树脂的稀释剂，其他可用作染料中间体制造用溶剂。溶剂石脑油中加入石油系溶剂（石油醚、200#溶剂油等）时，能增加溶解能力。

四、氯化烃

对大多数树脂、聚合物、橡胶、蜡、沥青等，氯化烃的溶解力大于其相应的非氯化烃。氯化烃带甜味，与其他有机溶剂相溶，但不溶于水。增加氯取代数，可以降低可燃性和提高溶解力，但会增加毒性。

所有的氯化烃都会在光、空气、热和水的作用下降解，添加稳定剂可以减缓降解但没办法完全阻止。由于其对人体健康的危害，一些氯化烃不可能再作为通用溶剂使用，如四氯化碳、四氯乙烯和五氯乙烷等。二氯甲烷、三氯乙烯、全氯乙烯和1,1,1-三氯乙烷由于水污染的原因，在提倡工业卫生以及环境保护的今天，也正逐步被替代。

（1）二氯甲烷　二氯甲烷是无色高挥发中性液体，有特殊气味，不溶于水，但与有机溶剂混溶。对许多有机物有很好的溶解力，如脂肪、油、蜡以及树脂。它能溶解沥青、橡胶、氯化橡胶、聚苯乙烯、氯化聚氯乙烯、乙烯基共聚物、聚丙烯酸酯、纤维素酯。添加其他的溶剂可以提高其溶解度。甲醇或乙醇和二氯甲烷的混合物是纤维素醚和乙酰基纤维素的优良溶剂，但它们不溶解硝基纤维素。二氯甲烷为脱漆剂中的一个组分，但是正渐渐地被水性体系所取代。它也可作为乙酸纤维素酯薄膜生产、皮革、金属、橡胶、黏合剂以及塑料等产品的溶剂。

（2）三氯甲烷　三氯甲烷具有强力的麻醉效应，使用不广泛。

（3）1,2-二氯乙烷　1,2-二氯乙烷是最稳定的氯化烃之一，对脂肪、油、树脂、橡胶、沥青和焦油沥青等有良好的溶解力。1,2-二氯乙烷具有高毒性，其嗅觉

---

❶油，在本书中泛指不饱和烃。

阈限高于 MAK 值。1,2-二氯乙烷可用于建筑保护剂的生产、屋面油毛毡以及冷沥青的生产。

（4）1,1,2,2-四氯乙烷　1,1,2,2-四氯乙烷是树脂、橡胶和乙酸纤维素的良溶剂。由于其对健康潜在的危害，所以有一定的使用限度。

（5）1,1,1-三氯乙烷　1,1,1-三氯乙烷不溶于水，但与有机溶剂混溶，能溶解脂肪、油、树脂、蜡、沥青，可用于金属的脱脂处理；也可作为涂料、黏合剂和塑料工业中的溶剂。

（6）三氯乙烯　不溶于水，但与有机溶剂混溶。它可溶解脂肪、油、蜡、橡胶和许多树脂；也可用作溶剂和提取剂。在涂料中三氯乙烯可升高闪点。三氯乙烯也可作为脱漆剂中的溶剂。由于环保原因，它也逐渐被其他体系所替代。

（7）1,2-二氯丙烷　1,2-二氯丙烷是沥青、焦油沥青、建筑保护剂以及屋顶油毡的溶剂。

（8）氯苯　氯苯是无色中性液体，具有较弱的像苯一样的气味。不溶于水，能与有机溶剂混溶。氯苯是脂肪、油、树脂、橡胶和氯化橡胶的良溶剂。在少量醇存在下，可溶解纤维素醚，但不溶解硝化纤维素。氯苯是建筑保护剂中沥青和沥青涂料生产中的溶剂。

五、醇类

由于带有羟基，因此不同于脂肪烃、芳香烃和氯化烃，醇类物质具有较高的极性，有生成氢键的强趋势。非极性烃链和羟基之间的关系决定了醇的溶解力。低级醇相应地对强极性树脂如虫胶、古巴树脂、醇酸树脂、脲醛树脂、三聚氰胺甲醛、酚醛树脂、硝基纤维素、轻度乙基化的乙基纤维素和聚乙酸乙烯酯等有很强的溶解力。不过低级醇是非极性树脂（如脂肪❶、油、油改性醇酸树脂、苯乙烯改性油以及直链烃树脂等）的不良溶剂。

醇对极性物质的溶解力随着烃链长度的增加而下降，因此丙醇和高级醇不再是硝酸纤维素和聚乙酸乙烯酯等极性树脂的良溶剂。高级醇主要用作稀释剂，它们的溶解力随着相应的乙酸酯的加入而显著提高。鉴于其温和的溶解性质，高级醇非常适宜用作面漆的溶剂，它不会软化底漆而发生咬底。在塑料用涂料中，醇只会对塑料的表面微溶胀，而不会软化塑料，与塑料有良好的黏结力。在纸张的辊涂涂料中，醇会防止橡胶滚筒的溶胀和涂料对纸张的渗色。

（1）甲醇　甲醇为无色透明、有特殊气味的液体，有吸水性，可与水和许多有机溶剂以任意比相混合，几乎不溶于脂肪和油，与脂肪烃溶剂仅部分相溶。多种无机物（盐）可以溶于甲醇。甲醇对于极性树脂、硝基纤维素和乙基纤维素都有良好的溶解力，也能溶解油改性醇酸树脂、聚乙酸乙烯酯、聚乙烯基醚、聚乙烯基吡咯酮，但不能溶解其他聚合物。

（2）乙醇　乙醇为无色透明、有特殊令人愉快气味的液体，可与水以任意比混溶，易与许多有机溶剂如醚、烃、酸、酯、酮、二硫化碳、乙二醇以及其他醇混

---

❶脂肪，本书中泛指饱和烃。

溶。它可溶解蓖麻油、含少量硝酸盐的硝基纤维素、极性树脂等。乙醇与芳烃化合物结合可溶解乙酸纤维素酯。乙醇、芳烃和水的混合溶剂是一些聚酰胺的良溶剂。乙醇是脂肪、油、涂料、香料、香精、香水等的极优异的溶剂、稀释剂和提取剂。由于它具有令人愉快的气味、对基材溶解能力弱，因此常作为纸张和塑料涂料以及苯胺油墨的配方溶剂。

（3）异丙醇　异丙醇为无色液体，可与水和常用的有机溶剂以任意比混溶，还可与水和许多有机溶剂形成二元或三元共沸物。异丙醇广泛用于化妆品，特别是用于生产头发和皮肤用品，在医药领域用于外用药的制备。它还大量用于涂料和印刷油墨业。

（4）丁醇　丁醇为无色中性液体，与水相容性有限，有特殊气味，与有机溶剂混溶。丁醇对已知的天然和合成树脂、脂肪、油、亚麻仁油、饱和聚酯以及聚乙酸乙烯酯有很高的溶解力。它可以显著增加硝基纤维素的可稀释度。纤维素酯、纤维素醚、氯化橡胶、聚氯乙烯、氯乙烯基共聚物以及聚苯乙烯不溶于丁醇。虽然大多数醇酸树脂仅微溶于丁醇，但少量丁醇加入醇酸树脂或油基涂料中，可显著降低黏度，提高流动性和涂刷性。丁醇也用于静电喷涂，可以用来调整电导率。丁醇作为氯乙烯基共聚物中的稀释剂有一定限度，常作为降低黏度的辅助溶剂用于水性漆，阻止着色剂的发泡（在造纸工业），也适宜于用作硝酸纤维素的润湿剂。

（5）异丁醇　异丁醇为无色、中性液体，有特殊气味。它与水的混溶程度不高，但大多数有机溶剂与异丁醇可以任意比混溶。异丁醇易溶解大多数中性合成树脂。但只有在加热时蜡才溶于异丁醇。纤维素酯和醚、天然橡胶、氯丁橡胶以及诸如聚苯乙烯、聚氯乙烯这样的聚合物不溶于异丁醇。异丁醇可阻止漆膜的泛白，也可提高流动性和光泽。若加入 5%～10% 的量，可减少油基漆、醇酸漆以及硝基纤维素清漆的黏度。异丁醇可替代丁醇用作硝基纤维素的润湿剂，也可用于醇溶性清漆以及印刷油墨的生产。

（6）仲丁醇　仲丁醇有薄荷味，比丁醇在水中的溶解度高得多，作为溶剂的使用程度有限。它常用作脱漆剂、醇溶性清漆和印刷油墨中的溶剂。由于其良好的吸水性，也可用作水性涂料的共溶剂。

（7）叔丁醇　叔丁醇为无色液体，室温下为固体，溶于大多数有机溶剂如醇、醚、酮、酯和烃，可与水以任意比混溶，与水的共沸物在室温下为液体。

由于叔丁醇与其他醇相比，具有极高的抗氧化性和抗卤素性，因而广泛用作溶剂和助溶剂。鉴于它对蜡的良好溶解性，可作为蜡除去剂以及油的脱烷烃化添加剂。

（8）己醇　己醇最重要的异构体是正己醇、2-乙基-1-丁醇和甲基异丁基卡必醇（4-甲基-2-戊醇）。己醇是高沸点溶剂，故可用于提高涂料的流动性和改善表面性质。它也可用作脂肪、蜡和染料的溶剂。

（9）2-乙基己醇　2-乙基己醇是无色液体，有特殊气味，实际上不溶于水，但与常用的有机溶剂混溶。它是许多植物油和脂肪、染料、合成和天然树脂原材料的良溶剂，也可作为颜料的研磨助剂、表面浸滞剂使用，有利于颜料在非水溶剂中的分散。其作为高沸点溶剂少量加入涂料配方中，可以提高烘烤磁漆的流动性和光泽度。

（10）苄醇　苄醇能与除脂肪烃外的有机溶剂混溶。它可以溶解纤维素酯和醚、脂肪、油、醇酸树脂和着色剂等，对聚合物都不溶解（低级聚乙烯基醚和聚乙酸乙烯酯除外）。少量的苄醇可以提高涂料的流动性和光泽，延长其他组分溶剂的挥发时间，并且它在涂膜的物理干燥过程中有增塑效应。苄醇用于圆珠笔油墨，可以降低双组分环氧体系的黏度。

（11）甲基苄醇（1-苯基乙醇）　甲基苄醇为几乎无色的中性液体，与水混溶度有限，略带苦杏仁味。它对醇溶性硝酸纤维素、乙酸纤维素酯、乙酸丁基纤维素酯、许多天然和合成树脂、脂肪以及油有很高的溶解力。它可与200#溶剂油混溶。

甲基苄醇可像苄醇一样使用，在烘烤磁漆中具有使用优势。在硝酸纤维素和乙酸纤维素清漆中，甲基苄醇可以帮助提高涂膜的流动性，防止涂膜在较高的空气湿度环境下发白。鉴于其溶解特性和较长的挥发时间，它也是脱漆剂非常有效的添加剂。甲基苄醇对着色剂的溶解力与苯甲醇类似。

（12）环己醇　环己醇具有像樟脑一样的味道，在水中溶解度为2%，可与其他溶剂混溶，可溶解脂肪、油、蜡和沥青，但不能溶解纤维素衍生物。环己醇用于硝酸纤维素漆以及油基涂料中，可延长干燥时间，防止发白，提高流动性和光泽。在面漆和清漆中，环己醇可以防止对底漆的溶解。环己醇也用于从矿物油中除去链烷烃，可作为蜡、清洁剂以及上光剂中的溶剂和喷雾液的润湿剂使用。

（13）甲基环己醇　市场上销售的甲基环己醇是各种异构体的混合物。甲基环己醇具有樟脑味，不溶于水，但与所有有机溶剂混溶，溶解性质与环己醇类似。鉴于其对脂肪的溶解性，甲基环己醇可以提高涂料对不能完全脱脂的底材的黏结。

（14）四氢糠醇　四氢糠醇是一种无色溶液，能与水和除脂肪烃以外的有机溶剂混溶。它能溶解硝酸和乙酸纤维素、氯化橡胶、虫胶和许多树脂基料。

（15）双丙酮醇　双丙酮醇是几乎无味的酮醇，由于可重排成烯醇形式而略带酸性，能与水和除脂肪烃以外的有机溶剂混溶。它是纤维素酯和醚、醇溶性树脂、蓖麻油和增塑剂的良溶剂，能部分溶解或溶胀聚乙酸乙烯酯和氯化橡胶，不能溶解聚苯乙烯、聚氯乙烯、氯乙烯基共聚物、达玛树脂、橡胶、沥青、矿物油、酮树脂和马来酸酯树脂。双丙酮醇在烘烤磁漆中作为高沸点溶剂，可提高涂料的流动性和光泽。

六、酮类

酮类溶剂一般为无色透明、高流动性液体，具有特殊气味、高挥发性和化学稳定性。由于羰基的存在，酮为氢键受体溶剂，具有优异的溶解力。低级酮可溶解极性树脂、脂肪、油和弱极性物质。高级酮具有更多的烃的特征，尤其对非极性树脂有良好的溶解力。

（1）丙酮　丙酮能够与水和有机溶剂混溶，对纤维素酯和醚、纤维素醚酯、氯乙烯基共聚物、聚丙烯酸酯、聚苯乙烯、氯化橡胶、脂肪、天然和合成油以及许多其他树脂有优异的溶解力。可溶胀聚氯乙烯和聚甲基丙烯酸甲酯，不溶解聚丙烯腈、聚酰胺和橡胶等。丙酮在快干性纤维素清漆、黏合剂中可作为高挥发性溶剂使用。

（2）甲乙酮 甲乙酮与丙酮有相似的溶解力，对乙酸纤维素微溶，不溶解天然和合成蜡。甲乙酮在涂料工业中通常用来替代乙酸乙酯（尤其在木材漆中），不过其刺激性气味限制了它的广泛应用。

（3）甲基丁基酮 甲基丁基酮微溶于水，可与有机溶剂混溶。其作为中沸点溶剂可溶解硝酸纤维素、乙烯基树脂和其他天然和合成树脂等，能增加非溶剂与稀释剂的稀释度。作为涂料溶剂，甲基丁基酮仅在热喷涂和卷材涂料中使用较多。因为它具有光化学惰性，故作溶剂使用时，不会有"光雾"生成。

（4）甲基异丁基酮 甲基异丁基酮为无色、有甜味的液体，与水部分相溶，但与有机溶剂完全混溶。甲基异丁基酮是许多天然与合成树脂如硝酸纤维素、聚乙酸乙烯酯、氯乙烯基共聚物、环氧树脂、大多数丙烯酸树脂、醇酸树脂、古马隆和茚树脂、氨基树脂、酚醛树脂、橡胶和氯化橡胶、松香、松香酯、天然树脂、达玛树脂、桧树胶和古巴树酯、脂肪和油等的溶剂。甲基异丁基酮作为中沸点溶剂广泛用于涂料工业，它可赋予硝基纤维素清漆良好的流动性和光泽度，提高抗泛白能力，可助于生产含廉价稀释剂比例较高的高浓度溶液。甲基异丁基酮与醇和芳烃溶剂配合，是所有环氧树脂漆配方中的一个重要组分，是低分子量聚氯乙烯和氯乙烯基共聚物的良溶剂，可用来制备具有较高的芳烃可稀释度的低黏度溶液。甲基异丁基酮也作为中沸点溶剂组分用于钢、马口铁板或铝材的压花漆。它还可降低醇酸树脂漆的黏度，并用于所有类型的丙烯酸漆中，是聚氨酯涂料中非常重要的无水和不含羟基的溶剂。

（5）甲基戊基酮和甲基异戊基酮 这两种酮是高沸点溶剂，溶解力好，与甲基异丁基酮有相似的溶解特性。

（6）乙基戊基酮 乙基戊基酮不溶于水，与有机溶剂混溶，是高沸点溶剂，有良好的溶解力，可提高涂料的流动性。

（7）二异丙基酮 二异丙基酮是高沸点溶剂，可用于涂装皮革的硝基纤维素乳液的生产和氯化橡胶涂料中，是聚氯乙烯有机溶胶的稀释剂。

（8）二异丁基酮 二异丁基酮为无色低黏度液体，由 2,6-二甲基-4-庚酮和 2,4-二甲基-6-庚酮这两个异构体的混合物组成。它与水不相溶，但可与所有常用有机溶剂以任意比相混溶，为高沸点溶剂，对硝基纤维素、乙烯基树脂、蜡和许多天然及合成树脂有良好的溶解力。

（9）环己酮 环己酮不溶于水，与有机溶剂混溶，为高沸点溶剂，对硝酸纤维素酯、纤维素酯和醚、松香、虫胶、醇酸树脂、氯化橡胶、乙烯基树脂、聚苯乙烯、酮-甲醛树脂、脂肪、油、蜡和沥青等有非常好的溶解力。

（10）甲基环己酮 市面上的甲基环己酮是工业异构体的混合物，其与环己酮的溶解力和混溶性相似，但不溶解乙酸纤维素酯。

（11）二甲基环己酮 市面上的二甲基环己酮是工业品，为顺-反异构体的混合物，与甲基环己酮有相似的溶解力和混溶性。

（12）三甲基环己酮 三甲基环己酮为无色高沸点溶剂，具有薄荷醇的芳香，与水部分相溶，可与所有有机溶剂以任意比相混溶。三甲基环己酮可溶解硝酸纤维素酯、低分子量级聚氯乙烯、聚乙酸乙烯酯、氯乙烯-乙酸乙烯酯共聚物、氯化橡胶、醇酸树脂、不饱和聚酯树脂、环氧树脂、丙烯酸树脂等。

在涂料中，它用作气干和烘干体系的流平剂，以减少气泡和缩孔的生成，可提高流动性和光泽。添加三甲基环己酮可使含有高含量稀释剂的低分子量聚氯乙烯或氯乙烯基共聚物的乙烯基涂料表现出良好的贮存稳定性。三甲基环己酮配合适宜的稀释剂也可作为聚氯乙烯加工过程中的暂时增塑剂。在由聚氯乙烯和增塑剂组成的厚膜型涂料中，它可作为具有低凝胶倾向的稀释剂使用。三甲基环己酮也用作涂装皮革的硝酸纤维素酯乳液中的溶剂，以及杀虫剂配方中的共溶剂。三甲基环己酮肟在气干型涂料中有防结皮作用。

（13）异佛尔酮　市面上的异佛尔酮由α-异佛尔酮（3,5,5-三甲基-2-环己烯-1-酮）和其1%～3%的异构体β-异佛尔酮（3,5,5-三甲基-3-环己烯-1-酮）组成。异佛尔酮为一稳定的、水白色液体，气味轻微，可与有机溶剂以任意比混溶，可溶解许多天然和合成树脂和聚合物如聚氯乙烯、氯乙烯基共聚物、聚乙酸乙烯酯、聚丙烯酸酯、聚甲基丙烯酸酯、聚苯乙烯、氯化橡胶、醇酸树脂、饱和与不饱和聚酯、环氧树脂、硝酸纤维素酯、纤维素醚和酯、达玛树脂（脱蜡）、蜡、脂肪、油、酚醛树脂、三聚氰胺甲醛、脲醛树脂和植物保护剂等。但异佛尔酮不溶解聚乙烯、聚丙烯、聚酰胺、聚氨酯、聚脲、聚丙烯腈、聚碳酸酯、三乙酸纤维素酯和桧树胶等。

异佛尔酮作为高沸点溶剂可用于涂装皮革的硝酸纤维素酯乳液中。用于塑料基材的乙烯基树脂印刷油墨时，异佛尔酮能够降低高固含量溶液的黏度。由于其对聚氯乙烯和其他塑料溶胀，因此可提高附着力。在植物保护剂的配方中，异佛尔酮作为溶剂，具有较高的可稀释度、良好的乳化能力以及乳液稳定性。由于它对许多塑性聚合物都有溶解力，故其在黏合剂中广泛使用，掺合低沸点化合物后特别适宜于黏合聚氯乙烯或聚苯乙烯制品。

七、酯类

酯类溶剂为透明液体，通常具有令人愉快的水果味，中性并且非常稳定，但其在强酸、强碱的存在下，加热可被水解。它们的极性比相应的醇低，但对极性物质有非常好的溶解力。随着酯中醇和酸基基团中碳链的增长，其对极性物质的溶解力下降，但对低极性物质的溶解力增强。低级酯具有部分水溶性。

乙酸酯是涂料工业中最重要的酯溶剂。某些乙醇酸酯和乳酸酯，以及二元羧酸的二甲酯混合物也是重要的溶剂。甲酸酯因为极易水解而几乎不为人们使用。丙酸酯、丁酯和异丁酯使用也不广泛，因为它们具有太浓的水果味。

（1）甲酸异丁酯　甲酸异丁酯微溶于水，可溶解脂肪、油、许多聚合物和氯化橡胶，但不溶解乙酸纤维素酯。商业上它可作为涂料混合溶剂中的组分。

（2）乙酸甲酯　乙酸甲酯与水部分混溶，易与大多数有机溶剂混溶，对纤维素酯和醚、松香、脲醛树脂、三聚氰胺甲醛、酚醛树脂、聚乙酸乙烯酯、醇酸树脂以及其他树脂有良好的溶解力，但不溶解虫胶、达玛树脂、古巴树脂、或聚氯乙烯。乙酸甲酯可单独作为高挥发性溶剂，与醇、其他酯混合可降低涂料的黏度。

（3）乙酸乙酯　乙酸乙酯是一种无色中性液体，与水部分相溶，具有令人愉快的水果味，对硝酸纤维素酯、纤维素醚、氯化橡胶、聚乙酸乙烯酯、氯乙烯基共聚物、聚丙烯酸酯、聚苯乙烯、脂肪、油、醇酸树脂、聚酯等有良好的溶解力。但是其仅在少量乙醇的存在下，才溶解乙酸纤维素酯，不溶解聚氯乙烯。

乙酸乙酯是快干涂料（硝酸纤维素木材漆）中最重要的溶剂之一。它也常用于聚氨酯涂料，能增加非溶剂与稀释剂的可稀释度。

（4）乙酸丁酯　乙酸丁酯为无色、中性、与水不相溶的液体，具有令人愉快的水果味，对硝酸纤维素酯、纤维素醚、氯化橡胶、后氯化聚氯乙烯、氯乙烯基共聚物、聚苯乙烯、聚乙酸乙烯酯、聚甲基丙烯酸酯、醇酸树脂、脂肪和油等具有良好的溶解力，但不溶解乙酸纤维素酯。

乙酸丁酯是涂料工业中最重要的中等挥发性溶剂。其挥发度既可保证从涂膜中迅速挥发，又能阻止缩孔、泛白和无序流动的产生。乙酸丁酯的溶解力由于丁酸的加入而得到相当大的提高。在涂料的配方中，乙酸丁酯通常会和芳烃溶剂一起使用。由于乙酸丁酯具有低特性黏度，故它很适合用作高固含量漆的助溶剂，也是聚氨酯涂料中最广泛使用的溶剂。

比起乙酸丁酯来，乙酸异丁酯具有更好的挥发度和更低的闪点，因此可用于快干硝酸纤维素清漆的生产。鉴于其低含水量，可用作聚氨酯涂料的溶剂和稀释剂。乙酸异丁酯也用作低溶剂涂料中降低黏度的助溶剂。

（5）乙酸-2-乙基己酯　乙酸-2-乙基己酯是一高沸点溶剂，具有良好的溶解性，可用于烘烤磁漆。

（6）乙酸辛酯　市面上的乙酸辛酯是其异构体的高沸点混合物，用于烘烤磁漆。

（7）乙酸壬酯　市面上的乙酸壬酯是其异构体的高沸点混合物，用于烘烤磁漆。

（8）乙酸己酯　乙酸己酯对天然树脂、合成树脂、纤维素衍生物、脂肪和油有良好的溶解力。不溶解乙酸纤维素酯。少量的乙酸己酯可用作涂料中的流平剂。

（9）乙酸环己酯　乙酸环己酯微溶于水，但与常用有机溶剂完全混溶。其溶解力可与乙酸戊酯相比。乙酸环己酯可溶解油、脂肪、树脂、蜡，如硝酸纤维素酯、三丙酸纤维素酯、乙酸丁基纤维素酯、醇酸树脂、聚酯树脂、酚醛树脂、氨基树脂、聚氯乙烯、氯乙烯基共聚物、聚乙酸乙烯酯、聚乙烯基醚、环氧树脂、丙烯酸树脂和沥青等。

在金属漆中，乙酸环己酯可以提高润湿和流动性，防止起泡。

（10）乙酸苄酯　乙酸苄酯具有芳香烃味，为水不溶性液体，可作为高沸点溶剂用于印刷油墨中。

（11）甲基乙二醇乙酸酯　中性液体，气味轻微，可与水和有机溶剂混溶，对许多天然和合成树脂有良好的溶解力。甲基乙二醇乙酸酯能够赋予涂料良好的流动性和高可稀释度，防止起泡和泛白。由于其致畸性，在涂料中已被其他溶剂所替代。

（12）乙基二乙二醇乙酸酯[2-(2-乙氧基乙氧基)乙酸乙酯]　可作为高沸点溶剂提高涂料的流动性，防止起泡，用于工业涂料、汽车漆和金属的卷材涂料中。

（13）丁基二乙二醇乙酸酯[2-(2-丁氧基乙氧基)乙酸乙酯]　为高沸点溶剂，

可作为增塑剂、流平剂用于烘干漆和印刷油墨中，也可作为成膜助剂用于丙烯酸酯树脂成膜，还可降低聚氯乙烯塑性溶胶的黏度。

（14）乙基-3-乙氧基丙酸酯　为高沸点溶剂，比乙基乙二醇乙酸酯毒性小，为其替代品。

（15）乳酸酯　能提高颜料的润湿性能，可以降低涂料的黏度，适合于高固体分体系。乳酸乙酯和乳酸丁酯可有效地增强硝酸纤维酯木材涂料的渗透性。

（16）羟基乙酸丁酯　羟基乙酸丁酯与乙酸丁酯的溶解性和挥发行为相当，对脂肪、油、醇酸树脂、硝酸纤维素酯以及许多树脂有良好的溶解力。它对醇和芳香烃有较高的可稀释度。

羟基乙酸丁酯可降低醇酸树脂涂料的黏度，提高气干与烘干漆（尤其是卷材涂料和皮革清漆）的流动性和光泽，也可用于聚乙酸乙烯乳液中，降低成膜温度。

（17）己二酸二甲酯、戊二酸酯和琥珀酸酯　这三种溶剂的高沸点混合物具有良好的溶解性，可用于烘烤磁漆、卷材涂料以及汽车涂料中。

（18）碳酸丙烯酯　碳酸丙烯酯室温下为液体，沸点较高，可作为高沸点溶剂和成膜助剂用于涂料中，尤其是聚氟乙烯和聚偏氟乙烯体系，也可用作颜料和染料中的助溶剂。

八、醇醚类

醇醚类溶剂属极性溶剂，可和烃类溶剂混溶，大部分还可与水混溶，是不少树脂的优良溶剂，常作为共溶剂的组分，特别是在水性涂料中还具有帮助成膜的作用。乙二醇类的衍生物生物毒性较大，其使用已经受到限制，目前用得较多的是丙二醇的单醚或醚酯。

（1）乙二醇单甲醚　乙二醇单甲醚气味轻微，与水及除脂肪烃外的所有有机溶剂混溶，是许多天然和合成树脂的良溶剂，但不溶解脂肪、油（除蓖麻油外）、达玛树脂、橡胶、沥青、脂肪烃树脂、聚苯乙烯、聚氯乙烯以及氯乙烯基共聚物等。鉴于其致畸性质，已不再作为溶剂用于涂料和着色剂工业。

（2）乙二醇单乙醚　与乙二醇单甲醚相似。

（3）乙二醇单丙醚和乙二醇单异丙基醚　这两种溶液与乙二醇单乙醚有相当的溶解性和混溶性，但挥发更慢，并且对低极性树脂有较好的溶解力。它们比乙二醇单乙醚毒性小，故正逐步替代乙二醇单乙醚。

（4）乙二醇单丁醚　乙二醇单丁醚为中性无色液体，有轻微的令人愉快的气味，与水在室温下混溶，但在高温下与水有不混溶区。它与有机溶剂混溶，是硝酸纤维素酯、纤维素醚、松香、虫胶、氯化橡胶、聚丙烯酸酯、醇酸树脂、酚醛树脂、脲醛树脂和三聚氰胺甲醛树脂、油、脂肪等的优良溶剂。乙二醇单丁醚广泛用于溶剂型涂料体系，可提高涂料的流动性和表面质量。鉴于其溶解性质，它正日益用于水稀释型涂料。

（5）二乙二醇单甲醚　二乙二醇单甲醚在涂料中可作为低挥发溶剂少量加入，可提高涂料的光泽和流动性。它也可作为溶剂用于印刷油墨以及圆珠笔油。

（6）二乙二醇单乙醚　它用于涂料工业中可以提高涂料的光泽和流动性，增加可稀释度，也可用来预溶解醇溶性染料，是许多木材着色剂的组分。它还可用于印刷油墨和胶印中的清洗剂，是墨汁和圆珠笔油的组成成分。二乙二醇单乙醚的苯二甲酸酯是乙烯基树脂的极好的增塑剂。

（7）二乙二醇单丁醚　二乙二醇单丁醚为无色透明中性液体，有令人愉快的缓和气味，与水和包括脂肪烃化合物在内的有机溶剂混溶。二乙二醇单丁醚对硝酸纤维素酯、纤维素醚、氯化橡胶、聚乙酸乙烯酯、聚丙烯酸酯和其他许多合成和天然树脂有一定溶解力，但不溶解聚苯乙烯、聚氯乙烯、脂肪和大多数油。

二乙二醇单丁醚作为高沸点溶剂可用以提高涂料的光泽和流动性，由于其高挥发性，只要添加少于 5％ 的量就可显著提高涂料的性质，而不明显地增加干燥时间。在硝酸纤维素酯和纤维素醚清漆中，甚至添加更少的量就很有效。在乳胶漆和常温固化涂料中，二乙二醇单丁醚可增加涂覆率，增加表面的光泽。由于其对树脂和染料的良好溶解力，它也可与其他低挥发的溶剂配合使用用于涂料和印刷油墨。

（8）三乙二醇单乙醚　三乙二醇单乙醚是几乎无色、中性、气味温和的液体，吸水性低。它溶于水和大多数有机溶剂，但与芳香烃及脂肪烃仅部分相溶。三乙二醇单乙醚可溶解硝酸纤维素、虫胶、松香、酮树脂、马来酸树脂、氯化橡胶、醇酸树脂以及许多其他涂料用树脂。但不溶解乙酸纤维素酯、聚氯乙烯、氯乙烯基共聚物、脂肪、油和橡胶。

三乙二醇单乙醚的用途与二乙二醇单乙醚相似。它可以作为不相溶液体的增溶剂，也可用于杀虫剂、手洗洗涤剂的制造。它还用于印刷油墨。木材漆中加入少量三乙二醇单乙醚可以防止涂刷过程中表面的木材纤维倒立。

（9）三乙二醇单丁醚　三乙二醇单丁醚是几乎无色、中性、气味轻微的液体，溶于水和大多数有机溶剂，但仅与芳香烃和脂肪烃溶剂部分相溶。其溶解性与二乙二醇单丁醚相似。

三乙二醇单丁醚可作为互不相溶液体的增溶剂，用于家用漆的生产、金属清洁剂以及木材防腐。在涂料工业中，它适宜作高沸点溶剂用于烘干漆，或作为流平剂、木材漆中的助溶剂以防止木材纤维从表面倒立。

（10）1-甲氧基-2-丙醇　其商品中含有少量 2-甲氧基-1-丙醇，为无色中性溶液，有少量令人愉快的气味，可与水和有机溶剂以任意比混溶。其性质大致上与乙二醇单乙醚相似。它具有较高的挥发度，可作为涂料和印刷油墨中的溶剂组分，提高颜料和着色剂的润湿性。它对硝酸纤维素酯、纤维素醚、氯化橡胶、聚乙酸乙烯酯、聚乙烯醇缩丁醛、酚醛树脂、虫胶、松香、三聚氰胺甲醛树脂、脲醛树脂、醇酸树脂、聚丙烯酸酯、蓖麻油、亚麻仁油以及一些氯乙烯基共聚物等有良好的溶解力，但不溶解橡胶、沥青、乙酸纤维素酯、聚苯乙烯、聚乙烯醇和聚氯乙烯。由于有令人愉快的温和气味，因此非常适合用于涂覆木材、纸张和金属的硝酸纤维素酯漆中。作为一种挥发溶剂，它可提高涂料的渗透性、流动性和涂膜的光泽，防止泛白、鱼眼的生成和起泡。添加 1-甲氧基-2-丙醇不会延长涂料体系的干燥时间，可增加廉价的稀释剂的可稀释度，降低和稳定涂料的黏度，提高涂料的涂布性能。由于它对干燥涂层不能溶解仅能溶胀，故适宜用于面漆。它也可作为溶剂用于提高印刷油墨的光泽和流动性，由于其对染料良好的溶解性质和润湿颜料的能力，可以加深油墨的色彩。

（11）乙氧基丙醇　其物理性质与乙二醇单乙醚非常相似，是乙二醇单乙醚的低毒性替代品。

（12）异丙氧基丙醇　市面上的异丙氧基丙醇是1-异丙氧基-2-丙醇和2-异丙氧基-1-丙醇的混合物，有相对高的沸点，可与水和有机溶剂混溶。它的溶解性质、挥发性质和用途与乙二醇单丁醚相似，是一有效的增塑剂，可作为高固含量和水性涂料的助溶剂。

（13）异丁氧基丙醇　异丁氧基丙醇常以1-异丁氧基-2-丙醇和2-异丁氧基-1-丙醇的混合物形式存在，气味轻微，有较高的沸点，可与水及有机溶剂混溶。其溶解性、挥发性以及用途与乙二醇单丁醚相近，为高效增溶剂，可用作高固分和水性涂料的助溶剂。

（14）甲基二丙二醇　甲基二丙二醇为高沸点溶剂，透明，可与水以任意比混溶，仅有轻微的特殊气味，易溶解硝酸纤维素酯、纤维素酯和醚以及其他许多天然和合成树脂。由于其低挥发速率，在涂料中添加少量就可以控制涂料的流动性、挥发速率和用稀释剂的可稀释度。它可提高硝酸纤维素酯清漆、氯化橡胶涂料、醇酸树脂涂料的涂布性能，也适宜作分散体系的成膜助剂、水性涂料的助溶剂和清洗剂中的增溶剂以及墨水、印刷油墨、油膏的溶剂。

（15）甲氧基丁醇（3-甲氧基-1-丁醇）　甲氧基丁醇为气味温和的液体，可与水和有机溶剂混溶，对硝酸纤维素酯、纤维素酯、聚乙烯醇缩丁醛、酚醛树脂、脲醛树脂、三聚氰胺甲醛树脂、醇酸树脂、马来酸树脂、增塑剂、脂肪和干性油有良好的溶解能力，但不溶解矿物油、蜡、橡胶、氯化橡胶、乙酸纤维素酯、聚异丁烯、聚苯乙烯、聚氯乙烯、氯乙烯基共聚物等。它可像丁醇一样作为低挥发溶剂使用。

九、其他溶剂

（1）1,1-二甲氧基乙烷　1,1-二甲氧基乙烷为中性液体，与水和有机溶剂混溶。它能溶解硝酸纤维素、纤维素醚、一些氯乙烯基共聚物、合成和天然树脂，但不溶解聚氯乙烯、聚苯乙烯、氯化橡胶和乙酸纤维素酯，可用于涂料、黏合剂以及鞋头硬化剂的生产。

（2）N,N-二甲基甲酰胺（DMF）　DMF可与水和除脂肪烃外的所有有机溶剂混溶，是纤维素酯和醚、聚氯乙烯、氯乙烯基共聚物、聚乙酸乙烯酯、聚丙烯腈、聚苯乙烯、氯化橡胶、聚丙烯酸酯和酚醛树脂等的良好的高沸点溶剂，但不溶解聚乙烯、聚丙烯、脲醛树脂、橡胶和聚酰胺。其常作为溶剂用于印刷油墨、聚丙烯腈纺织溶液和乙炔的合成中。

（3）N,N-二甲基乙酰胺（DMA）　DMA可与水和有机溶剂混溶，对许多树脂和聚合物有非常好的溶解力，可用于丙烯酸纤维、薄膜、板材和涂料的生产，并且是有机合成中的反应介质和中间体。

（4）二甲亚砜（DMSO）　DMSO为无色透明液体，可与水和除脂肪烃外的有机溶剂混溶，是纤维素酯和醚、聚乙酸乙烯酯、聚丙烯酸酯、氯乙烯基共聚物、聚丙烯腈、氯化橡胶和许多树脂的良好高沸点溶剂，也可用于聚丙烯腈纺丝溶液和脱漆剂，可用作分散液的成膜助剂以及提取剂和有机合成中的反应介质。

（5）1-硝基丙烷 1-硝基丙烷是无色、非吸水性液体，气味温和，能溶解硝酸纤维素、纤维素醚、醇酸树脂、氯化橡胶、聚乙酸乙烯酯、氯乙烯基共聚物等，但不溶解聚氯乙烯、松香、聚丙烯腈、蜡、橡胶和虫胶。作为共溶剂用于涂料中能够提高颜料的润湿、流动性和静电工艺，可减少涂料的干燥时间。

（6）N-甲基吡咯烷酮 这种溶剂相当温和，有氨味，能与水和大多数有机溶剂混溶，对纤维素醚、丁二烯-丙烯腈共聚物、聚酰胺、聚丙烯腈、蜡、聚丙烯酸酯、氯乙烯基共聚物和环氧树脂有良好的溶解力。其用于脱漆剂以及脱漆涂料可以降低涂料的黏度，提高涂料体系的润湿力。

（7）1,3-二甲基-2-咪唑烷酮 1,3-二甲基-2-咪唑烷酮是无色、高沸点、高极性惰性质子溶剂，低毒，具有良好的化学和热稳定性，可与水和大多数有机溶剂混溶，可作为指甲油、圆珠笔油和涂料中的组分。

（8）六甲基磷酸三胺 六甲基磷酸三胺是碱性、高极性、非可燃溶剂，有非常好的溶解能力。其溶解性可与 DMSO 和 DMA 相比，也可作为抗冻剂和抗静电剂。

第二节 涂料中溶剂的选择

一、涂料中溶剂的作用

溶剂不留存于涂膜中，是否对涂膜的性能没有影响呢？实际上，各种溶剂的溶解力、挥发速率、黏度、表面张力、价格等因素的不同，会对涂料的生产、贮存、施工及成本等方面产生较大的影响，从而影响到漆膜的流平性、光泽度、附着力、表面状态等多方面性能，因此，溶剂对涂料及涂膜性能的影响不可忽视。具体说，溶剂在涂料中所起的作用如下。

① 溶剂可以溶解并稀释漆料中的成膜物质，降低漆料的黏度，便于涂刷、喷、浸、淋等。

② 增加漆料贮存的稳定性，防止成膜物质发生胶结。同时，加入溶剂后会使桶内充满溶剂的蒸气，可减少漆表面结皮。

③ 会使漆膜流平性良好。可避免漆膜太厚、过薄或涂刷性能不好而产生的刷痕、起皱等弊病。

④ 溶剂加入漆中，可提高漆料对被涂物体表面的润湿性和渗透性，增强涂层的附着力。

⑤ 一般挥发速率非常小的溶剂可作为增塑剂，增塑剂由于挥发速率慢，长时间停留在涂膜中，起着软化、增塑的作用，其软化、增塑效果除与增塑剂的分子量、挥发速率有关外，还要求与涂膜形成组分的相互溶解性大。增塑剂的加入，使得涂膜分子间引力、涂膜的玻璃化转变温度降低，但能使涂膜的附着力提高，延伸弯曲性能增加。

此外，溶剂的使用还可以在一定程度上降低漆料的成本。

二、涂料中溶剂的组成

由于溶剂需在涂料生产、贮存及施工等阶段起溶解、稳定、稀释等不同的作用，考虑到溶解性、挥发速率以及成本等多种因素，单一溶剂很难满足涂料的使用要求，因此涂料用溶剂一般为混合溶剂。从溶解性角度考虑，混合溶剂分为三大部分，即真溶剂、助溶剂和稀释剂；从挥发速率角度考虑，混合溶剂包括低、中、高挥发速率溶剂。一般来说，混合溶剂的组成是由其施工工艺条件所控制的，如涂料干燥温度和干燥时间等。通常室温下物理干燥的涂料其混合溶剂的组成为45%低沸点溶剂、45%中等沸点溶剂和10%高沸点溶剂。

配方中真溶剂与惰性溶剂的比例要合适，这样才能得到透明无光雾的涂膜。低沸点的溶剂加速干燥，而中等沸点和高沸点的溶剂保证涂膜的成膜无缺陷。烘干漆、烘烤磁漆和卷材涂料的施工温度相对较高，故其溶剂的组成中高沸点溶剂含量相应也要高，仅含少量的易挥发溶剂，因为易挥发溶剂会使涂料在烘烤过程中"沸腾"。

在漆料中，溶剂的性质也依赖于树脂的类型。为了获得快干、低溶剂残留的涂膜，混合溶剂的溶解度参数及其氢键参数必须位于树脂溶解度范围的边界部分。另一方面，混合溶剂的这些参数又必须与树脂的参数相近，以保证涂料获得满意的流动性。要找到这么一个切合实际的平衡点是很困难的，需要做大量的试验。根据溶解度参数理论，选择的混合溶剂中，稀释剂比真溶剂更易挥发，则对加速干燥是很有利的。真溶剂在涂膜中较后挥发，可增加涂料的流动性。也就是说，随着溶剂的挥发，混合溶剂的溶解度参数应从树脂溶解度的边界区域迁移向中心区。不过，应该注意，在溶剂的挥发过程中，固体浓度的不断增加，涂料温度的增加或降低都会改变树脂的溶解区域。

三、涂料中溶剂选择原则

一般对涂料所用的溶剂有如下几点要求。

① 溶解度。溶解度是指溶剂把溶质分散和溶解的能力。所用的溶剂对主要的成膜物质应该有很好的溶解性，应有比较强的降低黏度的能力，使其固体或黏稠液体变成可以喷涂或刷涂的稀薄液体，在挥发过程中不应该出现某一成膜物质不溶而析出的现象。

② 挥发速率。溶剂的挥发速率必须适应涂膜的形成，尤其是对于一些挥发性的漆类，溶剂的挥发速率直接地影响到漆膜干燥速率的快慢、施工的难易和漆膜质量等。

此外，溶剂的化学性质必须稳定，与涂料各组分无化学反应，同时毒性要小，安全性能要高，并且具有来源充分、价格便宜等特点。

配制混合溶剂，不是任意选几种溶剂在一起，也有一定规律可循。一般来说，混合溶剂配方设计的主导思想是获得对树脂的溶解性、溶剂的挥发速率、各种溶剂之间关系等因素的平衡。

在设计涂料配方时，对于选择合适的溶剂，需要遵循以下几个原则。

1. 极性相似原则

即极性相近的物质可以互溶，极性大的溶质易溶于极性大的溶剂，而极性小的溶质易溶于极性小的溶剂中。可根据物质的极性，初步选择溶剂。

2. 溶剂化原则

溶剂化是指聚合物链段和溶剂分子间的作用力，使溶剂将聚合物的分子链段分离开。因此，溶剂和分子链必须产生溶剂化作用，才能使聚合物溶解。

3. 溶解度参数相近原则

任何一种聚合物都是靠分子间作用力使大分子聚集在一起的，衡量这种作用能力大小的物理量叫内聚能。单位体积的内聚能称为内聚能密度，内聚能密度的平方根定义为溶解参数。溶解度参数可作为选择溶剂的参考指标。

对于非极性聚合物材料或极性不很强的聚合物材料，当其溶解度参数与某一溶剂的溶解度参数相等或相差不超过 ± 1.5 时，该聚合物便可溶于溶剂中，否则不溶。溶剂和聚合物的溶解度参数可以测定或计算出来，如环氧树脂的溶解度参数为 $\delta = 9.7 \sim 10.9$。一些常用的溶剂和高聚物的溶解度参数见表 5-1、表 5-2。选择溶剂除了单一溶剂外，还可以使用混合溶剂。有时，两种溶剂单独都不能溶解的聚合物，却可以溶解于这两种溶剂一定比例的混合物。混合溶剂具有协同效应，可作为一种选择溶剂的方法。确定混合溶剂的比例，可按下式进行计算，使混合溶剂的溶解度参数接近聚合物的溶解度的参数，再由试验最后确定。

$$\delta = \sum \Phi_i \delta_i$$

式中，Φ_i 为第 i 种溶剂的体积分数；δ_i 为第 i 种溶剂的溶解度参数。

溶剂对聚合物的溶解能力，可由配制一定浓度溶液的溶解速率、黏度以及此溶剂对稀释剂的容忍度（稀释比值）等几个方面表示。稀释比值是指可以的容忍稀释剂的最高份数，超过此值，溶解力将完全丧失。

表 5-1　常用溶剂的溶解度参数 δ

溶剂	$\delta/(\mathrm{J/cm^3})^{1/2}$	溶剂	$\delta/(\mathrm{J/cm^3})^{1/2}$
正戊烷	14.42	苯	18.72
异戊烷	14.42(13.81)	邻二甲苯	18.41
正己烷	14.94	间二甲苯	18.00
环己烷	16.78	对二甲苯	17.90
正庚烷	15.24	乙苯	18.00
正辛烷	15.45	乙二醇	32.12(29.05)
正丁烷	13.50	丙三醇	33.76
环戊烷	16.82	环己醇	23.32
二氯甲烷	19.85(20.54)	甲醇	29.67
氯仿	19.03	乙醇	25.98
正丙苯	17.70	正丙醇	24.35
甲苯	18.21	正丁醇	23.32

续表

溶剂	$\delta/(\mathrm{J/cm^3})^{1/2}$	溶剂	$\delta/(\mathrm{J/cm^3})^{1/2}$
正戊醇	22.30~21.59	乙酸甲酯	19.44
异丁醇	21.89(22.51)	乙酸乙酯	18.62
丙酮	20.46(20.05)	水	47.88
甲乙酮	19.03	丁二烯	13.91
环己酮	20.26	丁二醛	18.41
甲酸甲酯	21.89	乙醚	15.75
甲酸乙酯	19.23(19.74)	四氯化碳	17.60

表 5-2　常用高聚物的溶解度参数 δ

溶剂	$\delta/(\mathrm{J/cm^3})^{1/2}$	溶剂	$\delta/(\mathrm{J/cm^3})^{1/2}$
聚四氯乙烯	12.69	聚甲基丙烯酸甲酯	18.62(26.19)
聚乙烯	15.75~16.98	聚碳酸酯	19.44~20.05
聚异丁烯	15.96~16.57	聚丙烯酸甲酯	19.85~21.18
聚偏二氯乙烯	20.26~24.96	聚对苯二甲酸乙二醇酯	21.89(19.85)
聚丙烯	16.57~16.78	聚乙基丙烯酸酯	19.85
聚丁二烯	16.57~17.60	聚氨基甲酸酯	20.46
聚氯化丙烯	15.34~20.26	环氧树脂	19.85~22.51
聚苯乙烯	17.39~19.03	酚醛树脂	23.53
聚氯乙烯	19.23~19.85	聚二甲基硅氧烷	14.94~15.55
氯碘化聚乙烯	16.37~20.46	聚硅氧烷	19.23
天然橡胶	16.16(16.67)	聚甲基丙烯腈	21.69(21.89)
丁腈橡胶	19.44(18.93)	聚丙烯腈	25.57~31.51
氯丁橡胶	16.78~18.82	二硝基纤维素	21.48(23.53)
丁苯橡胶	16.57~17.60	乙酸纤维素	22.30~23.32
聚硫橡胶	18.41~19.23	聚甲醛	20.87~22.51
丁基橡胶	15.75	聚乙烯醇	47.88(25.78)
聚乙酸乙烯酯	19.23(22.51)	尼龙-66	27.83

4. 确定适当的溶剂挥发速率

溶剂是挥发性液体，在施工过程中首先接触到的是涂层干燥快慢的问题，这和溶剂的挥发速率有关。混合溶剂的挥发总速率可以表示为

$$R = \sum \Phi_i r_i R_{i0}$$

式中，Φ_i 为第 i 种溶剂的体积分数；r_i 为第 i 种溶剂的活度系数；R_{i0} 为第 i 种溶剂的挥发速率。

施工过程中往往希望涂层干燥得快一些，但干燥得过快，会影响涂层的流平、光泽等指标。干得慢些可以保证涂层流平，防止涂层表观出现一些弊病，如橘皮、

泛白等。溶剂的挥发速率决定于溶剂本身的沸点、分子量、分子结构等。一般认为低沸点的物质，挥发快，饱和蒸气压高。

低沸点溶剂是指沸点在100℃以下的溶剂，中沸点溶剂是指沸点在100～145℃之间的溶剂，高沸点溶剂是指沸点在145～170℃之间的溶剂，沸点在170℃以上的溶剂则为特高沸点溶剂。溶剂的挥发速率有两种表示方法：一种是以单位质量乙醚挥发时间为1，其他溶剂单位质量与乙醚挥发时间之比来表示；另一种是以一定时间内乙酸丁酯挥发的质量为100，将其他溶剂在相同的时间内所挥发的质量与之相比来表示。常用溶剂的挥发性能见表5-3。

表5-3 常用溶剂的挥发性能

溶剂名称	密度/(g/cm³)	沸点/℃	相对挥发速率	闪点/℃
丙酮	0.79	56	9.44	−18
丁酮	0.81	80	5.72	−7
甲基异丁基酮	0.83	116	1.64	13
环己酮	0.95	156	0.25	43
乙酸丁酯	0.88	125	1.00	23
乙酸乙酯	0.90	77	4.80	−4.4
丁醇	0.81	118	0.36	35
乙醇	0.79	79	2.53	12
丙二醇乙醚	0.90	132	0.49	43
甲苯	0.87	111	2.14	4.4
二甲苯	0.87	138～144	0.73	17～25
200# 溶剂汽油	0.80	145～200	0.18	≥38

在具体选择溶剂的过程中，一般低沸点、中沸点的溶剂用量较多，而高沸点溶剂用量较少。高沸点溶剂主要用于调节涂料的干燥时间，使涂料有充分时间流平，避免涂层在干燥过程中产生问题。

混合溶剂的挥发速率会影响涂层干燥时间，从而影响涂层的表观。如果溶剂挥发过快，导致涂层的黏度增大、流动性降低，会严重影响涂层的流平性，从而导致涂膜不平滑，出现橘皮现象。为了得到光洁平整的涂膜，不能片面追求快干，而应有一定比例的慢挥发溶剂以保证流平性。但若片面追求流平，在最终阶段会有少量的溶剂仍残留在涂层里，也会造成涂层不干、发黏、发软，附着力也受到影响。为避免这种现象发生，也要控制高沸点溶剂的用量。

5. 溶剂平衡

混合溶剂由真溶剂、助溶剂以及稀释剂三部分组成，这三类组分又有快挥发、中挥发、慢挥发之别。当一种混合溶剂配成后，由于这些原料挥发的速率不同，总是挥发快的原料首先逸出。自开始喷涂后，溶剂的成分就开始变化，怎样变化才理想，需根据以下的原则进行平衡。

（1）溶剂的挥发应均衡 混合溶剂的蒸馏曲线应平缓上升，否则将引起多种涂膜的表面缺陷，致使涂膜产生应力，影响涂膜的寿命。因此，在配方中应考虑不同组分的挥发速率，快、中、慢的组分用量要平衡。例如，配方中，如果快挥发和慢挥发溶剂使用量较大，而没有适量中挥发溶剂加以平衡，必然是涂膜干燥一开始溶剂挥发较快，之后溶剂挥发较慢，这样的配方就会有缺点。

（2）真溶剂、助溶剂、稀释剂比例平衡　真溶剂、助溶剂以及稀释剂对涂料的黏度影响很大，较高含量的稀释剂或助溶剂都会提高涂料的黏度。在挥发过程中，随着不挥发组分含量的逐渐增加，涂料的黏度增大，假如此时，真溶剂大量挥发，则稀释剂的比例相对增大，就会促使涂料突然变稠而丧失了流动性，引起气泡、橘皮等涂膜缺陷。另外，溶剂的主要作用是在干燥成膜之前，保持全部的不挥发组分处于溶液状态，不使其中任何一种组分因不溶而析出，造成涂膜连续相破坏以及表面粗糙失光等现象。为了防止干燥过程中出现沉淀析出，必须根据不同溶剂的挥发速率加以平衡，保证残余在涂膜中的真溶剂不低于原来的溶剂比例。

总之，配制涂料用混合溶剂时应满足以下几点。

① 配制成的混合溶剂对被稀释的涂料应具有良好的溶解能力，与真溶剂相比的溶剂指数应接近或大于 1，能与被稀释涂料完全混溶，不产生凝胶、分层、凝聚与沉渣现象。

② 在漆膜干燥过程中混合溶剂的挥发率应均匀，即溶剂的挥发量应随漆膜的干燥而均衡减少，不应忽多忽少，最后挥发的溶剂对漆基应有适当的溶解力，使湿漆膜的黏度缓慢增高，即稀释剂、助溶剂应先挥发，最后是真溶剂的挥发。

③ 配制成的混合溶剂应均一、无色、透明，应无水分（水性涂料除外）、机械杂质和矿物油等，水萃取液应呈中性，并应注意是否形成共沸物及其对挥发速率和漆膜干燥的影响。

④ 要考虑经济效益，价格要便宜，使用价格便宜的稀释剂来降低混合溶剂的成本，进而降低漆料成本。

四、几种涂料的溶剂选择

1. 高固体分涂料中溶剂的选择

在高固体分涂料中，使用少量的助溶剂可以降低涂料黏度，减少放气，改善流动性。乙酸乙酯以及丁醇是用于降低黏度的两种主要溶剂。乙二醇醚和乙酸乙二醇醚酯的混合溶剂也可以改善流动性和降低放气。

选择高固体分涂料的溶剂不能依据溶解度参数理论，因为高固体分树脂具有较低的平均分子量，除了不溶于 200# 溶剂油外，溶于所有的溶剂。所以在溶解度参数-氢键参数图上没有办法确定树脂的溶解度区域边界，也就没有足够的精确度来估计溶剂对树脂溶解度相互作用的影响。

通常，溶剂本身的低黏度可大大降低高固体分涂料的黏度。必须使用有高溶剂化能力的高沸点溶剂来获得良好的流动性。另外，由于低表面张力的涂料喷涂时容易断裂和雾化，所以应尽可能选择低表面张力的溶剂来得到低表面张力的高固含量涂料，以使涂料获得满意的喷涂效果。

2. 水性涂料中溶剂的选择

在乳胶漆中，溶剂的作用主要是帮助分散的树脂粒子在水蒸发掉后聚集成膜。过去经常使用乙二醇醚或乙二醇醚酯，现在广泛使用 Texanol（主要成分为 2,2,4-三甲基-1,3-戊二醇单异丁酸酯）溶剂，因为它是丙烯酸类和乙烯基树脂非常有效的成膜助剂，且不溶于水。Texanol 使用量通常大约为固体树脂的 10%。200# 溶剂油经常用作苯丙涂料的成膜助剂。

除了成膜助剂外，也使用二元醇，如乙二醇、丙二醇，来控制湿边时间和流动性。在水性有光乳胶漆中，建议颜料应该在二元醇溶剂中而不是在水中分散，这样有助于把絮凝降低到最低程度，最大程度地提高光泽。二元醇的使用量一般占涂料总量的 2%～5%。

水性涂料含有大约 2%～15% 的助溶剂，具体用量由树脂所决定。这些助溶剂与水混溶或在树脂存在下与水混溶。最重要的助溶剂有以下两类。

（1）乙二醇醚类 包括异丙基乙二醇、丙基乙二醇、丁基乙二醇、异丁基乙二醇、丁基二乙二醇、1-甲氧基-2-丙醇、1-乙氧基-2-丙醇、1-异丙氧基-2-丙醇、1-丙氧基-2-丙醇、1-丁氧基-2-丙醇。

（2）醇类 包括乙醇、丙醇、异丙醇、丁醇、异丁醇、仲丁醇、叔丁醇。

丁醇本身并不能与水以任意比混溶，但在树脂存在下，它可与水以任意比混溶。在水性涂料中，丁醇是比乙二醇醚更有效的溶剂，但其缺点是有刺激性气味。在水性涂料中，助溶剂会促进树脂与水的溶解，降低在水稀释过程中出现的最大黏度，改善涂料的流动性，有助于无缺陷涂膜表面的生成。

一些助溶剂和成膜助剂也用作乳胶漆的流平助剂，如丙二醇不仅可作为溶剂使用，它的吸湿性也可保证涂膜中有足够高的水含量，以利于在表面形成光滑涂膜。

3. 气干型涂料中溶剂的选择

通常，长油度醇酸漆溶解在脂肪烃，如 200# 溶剂油中，外加 1%～2% 的双戊烯以防结皮。室内墙面漆，如蛋壳醇酸有光漆，使用低气味的脂肪烃溶剂，外加极少量的芳烃溶剂。用作金属的装饰底漆——短油度醇酸漆，常使用高芳烃含量的溶剂来提高溶解度和快干性。某些快干的醇酸漆可以用芳烃溶剂，如二甲苯，来稀释。

4. 交联和烘烤漆中溶剂的选择

最佳共溶剂的选择，主要要考虑树脂体系、施工方法和固化条件。可供选择、替换的溶剂种类非常之多，故没有普适建议。清漆体系所使用的溶剂必须对树脂有足够的溶剂化能力，并且在溶剂快速蒸出阶段，仍能溶解树脂。对于一个体系使用什么样的溶剂，必须从树脂和溶剂供应商处获得指导。在用多异氰酸酯交联的体系中，非常重要的一点就是不能使用含羟基或混有水的溶剂，因为它们会与—NCO基反应。

5. 厚膜涂料和多涂漆溶剂的选择

采用无气喷涂施工的耐腐蚀涂料体系，常以乙烯基树脂，如氯乙烯基共聚物作为基料。这种涂料为了获得较高的涂层厚度，通常需多道施工，每涂的干燥时间较短。故要求涂料的溶剂必须能迅速从涂料中挥发，涂料体系要保证快干，流动性好。这些性质只有通过精确协调溶剂各个组分而获得。

在多涂漆中，选择面漆的溶剂必须注意底漆绝不能被向内迁移的溶剂溶胀，发生咬底。一般可选用中等强度的真溶剂（如醇和乙二醇醚）、稀释剂和助溶剂。

五、漆膜性能与溶剂的关系

1. 发白、光泽、流动性与溶剂的选择

当溶剂从涂料中挥发的时候，涂料的表层温度会下降。在较高湿度下，当涂料的表面温度低于露点时，水会冷凝，在涂膜表面形成白雾，即泛白。如果涂料的溶剂中有吸水性溶剂如乙醇或乙醇醚存在，则水会被吸收，并在涂料中均匀分布，随着溶剂中其他组分的挥发而挥发，泛白不太会出现。如果涂料含有能与水形成共沸的溶剂如芳香烃或丁醇，则泛白现象可完全消除。

涂料干燥后的涂膜应该光滑、平整，而不应有涂料粒子在表面的集结。在涂膜形成过程中，如果真溶剂是最后挥发掉的，则涂料的光泽可以得到提高。乙二醇醚，由于特别有利于涂料的流动，故对光泽的提高很有益处。

不好的涂料流动性会导致许多涂膜缺陷，像结皮、蜂窝状孔洞和鱼眼。这些缺陷要归因于物理因素，即溶剂挥发过程中涂料表面张力的变化和涂膜中涡流生成的协同作用。溶剂的快速挥发引起涂膜表面张力增加幅度远大于涂膜内部。使用慢速挥发、对树脂溶解能力强的溶剂可以阻止涂膜中涡流的产生。添加能降低表面张力的组分，如润湿剂或硅油，也有良好的效果。

2. 机械性能、残留溶剂与溶剂的选择

由于以下一些原因，溶剂极大地影响着涂料的机械性能。

① 溶剂通过对树脂分子的有序排列或阻止其有序化而影响涂膜的分子结构；

② 溶剂在某种程度上会影响多组分漆的反应，起内增塑效应；

③ 残留溶剂在涂膜中起外增塑效应。

例如，乙二醇醚对聚酯树脂与三聚氰胺甲醛树脂固化体系有增塑作用，一些三聚氰胺树脂的官能团明显地被乙二醇醚所封闭。气相色谱和放射指示剂研究已经证实在共聚物涂料中，溶剂对涂膜发生增塑效应。干燥、固化了的涂膜对溶剂吸收程度各不一样。二氯甲烷几乎可以溶胀所有的涂膜，有很好的除去涂料的作用。芳香族烃类溶剂对于用三聚氰胺树脂固化的聚酯烘烤磁漆的溶胀作用依赖于聚酯树脂的单体组成和烘烤后的交联度。

第六章
颜料的选择

颜料（pigments）是不溶性的细粒度物质，分散在主要的成膜物质中，是涂料的一个重要组成部分。颜料不仅具有遮盖和赋予涂膜色彩的作用，它还能提高涂膜的机械强度，增加涂膜对被黏物体的附着力，改善涂料的流变性能，改善涂膜的耐候性、耐腐蚀性，降低涂膜光泽，降低成本。特种颜料还可以赋予涂膜以特殊功能。

颜料的分类方法与种类很多，本章主要按照其在涂料配方中的不同作用，分为着色颜料、防锈颜料和体质颜料（填料）三大类进行讲述。

第一节　着色颜料

一、着色颜料的基本性质

着色颜料的主要作用是着色和遮盖物面，同时还能提高涂膜的耐久性、耐候性和耐磨性、硬度等物理性能。为了选择合适的着色颜料以起到上述作用，需了解着色颜料的下列性质。

1. 颜色

着色颜料的颜色属于其光学性质，是着色颜料对可见光组分选择性吸收的结果。可见光照射在涂料表面，着色颜料吸收一部分光波，反射一部分光波，这部分反射的光波刺激人的眼睛，在人大脑中产生的一种感觉即为颜色。

2. 遮盖力

指着色颜料遮盖住被涂物的表面，使被涂物的表面不能透过涂膜而显露的能力，通常以遮盖每平方米底材面积所需干的着色颜料的质量（g/m^2）表示。着色颜料的遮盖力与其折射率、结晶类型、粒径大小等有关。

遮盖力的光学本质是着色颜料和周围介质折射率之差所造成的。当着色颜料的折射率和基料相同时，涂料是透明的；当着色颜料的折射率大于基料的折射率时，就有了遮盖力，两者折射率之差越大，遮盖力就越大。在已知的着色颜料中金红石型 TiO_2 的折射率最大，它与聚合物间有最大的折射率差，因此是遮盖力最好的白色颜料。有些颜料如二氧化硅、大白粉等，折射率和聚合物相近，对遮盖没有贡献，称为体质颜料。

着色颜料遮盖力的强弱不仅取决于涂膜散射光的光量，而且也取决于对照射在其上的光的吸收能力。如炭黑完全不反射光线，但能吸收照射在它上面的全部光线，因而，它的遮盖力很强。

着色颜料颗粒大小对颜料遮盖力有影响。着色颜料颗粒小，每单位体积中存在更多的界面，散射的光量多，所以遮盖力增大。但减小着色颜料粒径不是提高遮盖力的有效方法，因为对于任何给定波长的光，最佳着色颜料的粒径应是该特定波长的一半。再减小着色颜料的粒径，会造成遮盖力降低。

3. 着色力

着色颜料的着色力是指以其本身的色彩来影响整个混合物颜色的能力。通常是以白色颜料为基准衡量各种彩色颜料和黑色颜料对白色颜料的着色能力。它的量度以百分数表示：着色力$=A/B\times100\%$，式中，A 为待测颜料所需白颜料的量；B 为标准颜料所需白颜料的量。

着色力是着色颜料对光线吸收和散射的结果，主要反应的是其吸收的能力。吸收能力越强，其着色力越强。着色颜料着色力越大，其用量可越少，成本可降低。

着色力与着色颜料本身特性相关，与其粒径大小也有关系，一般说来，粒径越小，着色力也越大。一般有机颜料比无机颜料着色力高。着色颜料的分散情况对着色影响很大，分散不良会引起色调异常。

着色颜料的着色力与遮盖力无关，较为透明的（遮盖力低的）着色颜料也能有很高的着色力。

4. 吸油值

吸油值表示着色颜料的吸油能力。在一定量的粉状颜料中，逐步将油滴入其中，使其均匀滴入着色颜料，使着色颜料形成均匀团块所需精制亚麻油的最少质量即为吸油值。对每种着色颜料来说，吸油值除与着色颜料的化学本质有关外，还与物理状态，如粒子大小、形状及颜料的堆积和排列方式有关。因为所需的油除了吸附在着色颜料粒子表面外，还需要填充粒子之间的空隙，使着色颜料与油料混为一体。空隙度减小，吸油值会减小；颗粒变小则粒子表面积增大，导致吸油值增大。颗粒大小的变动会影响粒子之间的空隙度，那么，吸油值究竟是随着颗粒增大而增大还是缩小，视具体着色颜料而定。

5. 颗粒大小与形状

实际应用中，着色颜料的直径大致在 $0.01\mu m$ 到 $50\mu m$，着色颜料通常是不同粒径粒子的混合物。着色颜料的形状有球形、针形、片形。

着色颜料颗粒的大小、颗粒的形状、其堆砌与排列方式影响着吸油量、遮盖力、涂料的流变性质等。例如针状的着色颜料具有较好的增强作用，但也往往会戳出表面，降低表面光洁度，因而会降低涂膜光泽度；片状着色颜料有"栅栏作用"，可阻止水分的透过。

6. 化学组成

着色颜料的化学成分除决定着色颜料的一系列物理性能，如颜色、遮盖力、着色力、吸油量、表面电荷、极性等，还决定着色颜料的化学性质。例如铁红颜料的化学成分是 Fe_2O_3，具有很高的化学稳定性、耐碱性、耐候性；而锌黄中含有大量的铬酸锌，遇水时分离出铬酸根离子而使金属表面得到钝化，锌黄的这一化学特性，可用来制作防锈颜料。

不同的化学组成的着色颜料具有不同的物理的、化学的性能，必须有针对性地选取。另外，附着在着色颜料颗粒表面的化学物质也应引起重视，因为它会增加着色颜料的不稳定性。例如着色颜料表面吸附的微量酸、碱、盐、水分和其他化学物质，会对涂料产生影响。因此要控制着色颜料主要化学组成的纯度和各种杂质的含量。

7. 耐光性、耐候性

这是衡量着色颜料应用性能的重要指标，是影响户外涂料保色性、粉化性的重要因素。一般来说，无机颜料受阳光和大气的作用会变暗、变深；有机颜料大多会出现褪色。总的来讲无机颜料的耐光性、耐候性比一般有机颜料要好。

8. 表面处理

对着色颜料表面进行处理，改变着色颜料的表面特性，可提高分散性、润湿性、流变性、耐候性等性能。针对不同种类的着色颜料和不同的性能要求，表面处理方式不同。例如，$CaCO_3$ 用硬脂酸处理后，可降低密度，这样可控制沉降速度，即使沉降也不致形成硬块；TiO_2 表面则常用 Al_2O_3、SiO_2 等处理以改善其耐候性和分散性。

9. 毒性

从人体健康及环境安全角度考虑，选择着色颜料时，必须认真检查其毒性及安全性。应尽量使用无毒、无害的着色颜料。铅颜料由于其毒性，使用已受到严格控制。

着色颜料是有色涂料配方中不可缺少的组分之一，着色颜料不仅使涂膜呈现必要的色彩，遮盖被涂的基材表面，以及提高涂膜的保护功能和呈现装饰性，更重要的是着色颜料的加入能够改善有色涂料及涂膜的物理、化学性能。

二、着色颜料的种类

（一）白色颜料

涂料中使用的白色颜料主要有二氧化钛、锌白、锌钡白、硫化锌等。

1. 二氧化钛

二氧化钛（TiO_2）是最主要的白色颜料。它不溶于水和弱酸，微溶于碱，耐热性好，主要有两种晶型：锐钛型和金红石型。锐钛型和金红石型同属于四方晶型，但晶体结构的紧密程度不同，金红石型晶体结构堆积紧密，晶体间空隙小，是最稳定的结晶形态，其硬度、密度、折射率比锐钛型高，且耐候性和抗粉化方面也比锐钛型好。但锐钛型的白度比金红石型的高。

锐钛型二氧化钛具有很高的光活性,因而作户外涂料容易导致涂膜的快速降解。所以锐钛型二氧化钛不适于户外涂料使用,主要用于纸张涂料。

金红石型二氧化钛遮盖力比锐钛型的高30%。

2. 锌白

锌白（ZnO）密度为$5.6g/cm^3$,吸油量为$10 \sim 25g/100g$,平均粒径为$0.2\mu m$,折射率小于二氧化钛,因此遮盖力也小于二氧化钛,相当于金红石型二氧化钛的12%左右。ZnO具有良好的耐热、耐光及耐候性,不粉化,适用于外用漆。ZnO带有碱性,可与树脂中的羧基基团反应,生成锌皂,改善涂膜的柔韧性和硬度,且其漆膜比二氧化钛为颜料的清洁。ZnO的另一个主要作用是防霉。

3. 锌钡白

锌钡白又名立德粉,主要由$28\% \sim 30\%$的ZnS和$70\% \sim 72\%$的$BaSO_4$组成。锌钡白的遮盖力仅为钛白粉的$20\% \sim 25\%$左右,比锌白高,具有化学惰性和抗碱性,并赋予涂膜紧密性和耐磨性,主要用于碱性基材,如石灰墙面和混凝土的乳胶漆,也可用于氯化橡胶和聚氨酯的耐碱性涂料。锌钡白不耐酸,遇酸分解产生硫化氢,在阳光下有变暗的现象,因此不适于制造高质量的户外涂料,主要用于室内装饰涂料。

4. 硫化锌

硫化锌（ZnS）折射率为2.37,密度为$4.0g/cm^3$,吸油量$13g/100g$。其遮盖力、耐酸性比二氧化钛差。但ZnS在波长$450 \sim 500nm$（蓝色）段不吸收,因此不像二氧化钛显现黄色底色,因而非常适用于对白度要求高的涂料。ZnS的耐光性比二氧化钛好,且前者的涂膜比后者的软,因而耐磨性好。此外,ZnS对紫外线反射程度比二氧化钛高,在室温条件下抗黄变性比二氧化钛优良很多（尤其是在丙烯酸树脂和硅树脂中）,并且对红外线发射能提供低的、稳定的太阳吸收,因而非常适用于飞机、宇宙飞船用面漆。

(二) 黑色颜料

黑色颜料主要是炭黑,其他还有石黑、铁黑、苯胺黑等。

炭黑的主要成分是碳,为疏松、极细的黑色粉末。根据炭黑生产时的原料及生产方式的不同,又可将炭黑分为炉黑、热裂黑、槽黑、灯黑和乙炔黑几种。其中槽黑多用于涂料的黑色颜料,炉黑产量最大,约占炭黑的95%,多用于橡胶的补强和塑料的填充上。表6-1为几种主要炭黑的典型性质。

表6-1　几种主要炭黑的典型性质

炭黑类型	粒径/μm	黑度值	比表面积/(m²/g)
高色素槽黑	$0.010 \sim 0.014$	$260 \sim 188$	$1100 \sim 695$
中色素槽黑	$0.016 \sim 0.027$	$175 \sim 150$	$275 \sim 115$
中色炉黑	$0.017 \sim 0.027$	$173 \sim 150$	$235 \sim 100$
双色素炉黑	$0.029 \sim 0.070$	$130 \sim 60$	$65 \sim 20$
热裂黑	$0.225 \sim 0.300$	$40 \sim 25$	$19 \sim 10$

（三）彩色颜料

彩色颜料中的无机颜料具有较好的耐候性、耐光性、耐热性和着色性，是用量最大的彩色颜料。无机颜料的缺点是色谱不全，并且有些有毒性（如含铅颜料）。无机彩色颜料中用得最多的是氧化铁颜料，主要品种有铁黄［FeO（OH）］和铁红 Fe_2O_3。铁黄在 150℃脱水转变成铁红。铁黑 Fe_3O_4 和铁红混合可得氧化铁棕。透明氧化铁是一种颜料的新品种，它除具有氧化铁颜料的优良化学稳定性外，还具有透明性，在涂膜中不会引起散射，从而使漆膜呈现透明状态，可用于金属闪光漆中。其他无机彩色颜料主要有铬黄（$PbCrO_4$）、铬绿、镉黄（CdS）、镉红、群青（含有硫化钠的铝硅酸盐）和铁蓝（铁氰化钾、亚铁氰化钾）等。常用有机颜料按化学结构可分为偶氮颜料、酞菁颜料、多环颜料、三芳甲烷颜料等。其中在粉末涂料中常用的有耐热较好的偶氮颜料、酞菁颜料和多环颜料。

1. 偶氮颜料

偶氮颜料是指分子结构中含有偶氮基（—N＝N—）的有机颜料，其颜色分布广泛，红、橙、黄、棕是其主要的色彩。偶氮颜料由于分子量小，耐光耐温等性能较差。通过化学家的不断努力，偶氮颜料的品种不断增加，目前占到有机颜料的一半以上。偶氮颜料品种的发展从化学结构上主要有几个发展趋势：一是增加酰氨基团；二是引进杂环基团，特别是环状酰氨基团，以增加耐热、耐光、耐洗涤、耐迁移性。

偶氮颜料以偶氮基多少可分为单偶氮颜料（苯胺、取代苯胺）和双偶氮颜料（联苯二胺类）。

以与偶氮反应的负离子分类又可分为以下几类。

① 乙酰乙酰苯胺系，代表为乙酰乙酰氨基苯并咪唑酮：

② β-萘酚系（或者 2-萘酚系），代表为 2-羟基-3-苯甲酰芳胺：

③ 吡唑啉酮系，代表为苯基吡唑啉酮：

2. 酞菁颜料

1927 年酞菁蓝颜料首次合成，1933 年确立其结构并定名为酞菁（phthalocya-nin）。酞菁的化学结构是含有四个苯并吡唑、有 4 个氮连接的化合物，与天然的叶绿素 α 和血红素的结构相似，其基本结构如下：

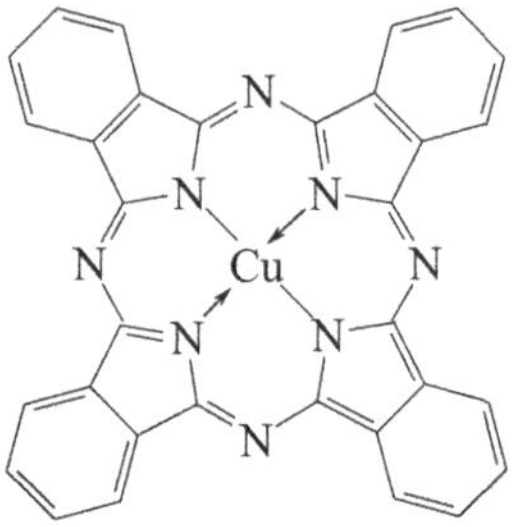

无金属酞菁中的两个氢可被多种金属置换，被 Fe、Co、Ni、Cu、Zn 置换最常见，其中酞菁铜稳定且易于制备，由于其优异的性能和价格优势，在蓝、绿颜料市场具有垄断地位，占有机颜料市场的四分之一。

常用的酞菁蓝（P/B15：3、P/B15：4），即为酞菁铜，它有多种结构型，有 α型、β 型和 ε 型，形成了不同的产品品种。

酞菁蓝在催化剂（Cu_2Cl_2、$AlCl_3$ 等）作用下，在 $180 \sim 250 \,℃$ 氯化，得到苯环上有 $14 \sim 15$ 个氯原子的酞菁绿。

3. 多环颜料

由于偶氮颜料（含—N＝N—）在高温、紫外线的情况下，容易氧化而使鲜艳的颜色变暗，因此耐热耐候性能更好的一批多环颜料出现了，特别是在紫色、橙色、鲜红色方面填补了很多市场空白。尤其是汽车业的高速发展，也给多环颜料的发展提供了广阔的市场。

（1）异吲哚啉酮类颜料　如异吲哚酮黄：

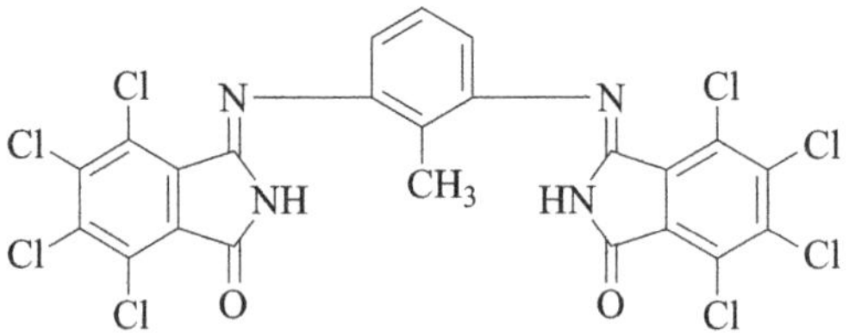

"桥"联基团不同，色彩就不同。常用的为全氯取代的，常用的有 PY109、PY110、PO42、PR180。

（2）喹吖啶酮类颜料　如酞菁红：

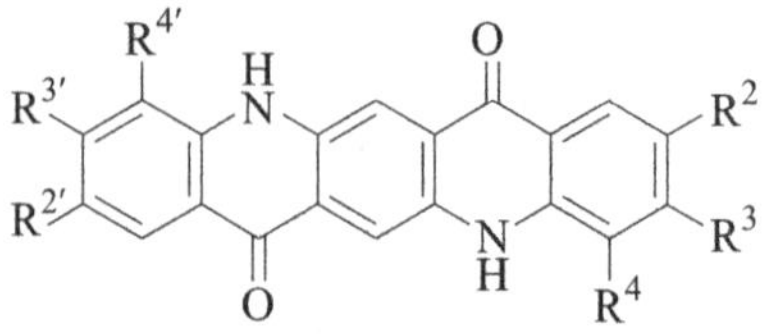

常用为 2～9 位取代（Cl、甲基、甲氧基）的红紫色颜料，以 PV19 为代表。

（3）咔唑二噁嗪颜料 如永固紫 RL：

常用以 PV23 为代表的紫色颜料。

（4）苝系颜料 如苝系红：

苝朱红是典型的苝系颜料，以 PR123、PR179、PR190 为代表。

（5）苯基吡咯并吡咯 如苯基吡咯并吡咯红：

苯基吡咯并吡咯红以 PR255、PR254、PO73 为代表。

（四）金属颜料

金属颜料主要有锌粉、铝粉、不锈钢片和黄铜粉等。锌粉用于富锌防腐蚀底漆；铝粉分为漂浮型和非漂浮型两种，它既可以粉末形式也可以浆状形式使用。经表面处理后仍具有片状结构的铝粉具有漂浮性，在成膜过程中可平行排列于表面，显示出金属光泽，并有屏蔽效应，主要用于防腐蚀涂料的面漆。非漂浮型铝粉，表面张力较高，不能漂浮于表面，但在漆膜下层可平行定向排列，主要用于金属闪光漆。铝粉作为颜料可以提高涂料耐热性，并使涂膜有较好的反射光和反射热的性能，但它可和酸及碱作用。不锈钢片用于涂料能赋予漆膜以极好的硬度和抗腐蚀性。黄铜粉又称为金粉，是含有少量铝的铜和锌的合金，它很容易和酸反应，一般用于室内装饰涂料。

（五）珠光颜料

珠光颜料最主要的品种是二氧化钛包覆的鳞片状云母，光线照射其上时，可发生干涉反射，一部分波长的光线可强烈地被反射，一部分则因透过位置不同、包覆膜的厚度不同、反射光和透过光的波长不同，而显示出不同的色调，可赋予涂料以美丽的珠光色彩。除云母外，还有鱼鳞和碱式碳酸铅、氧氯化铋等。

（六）发光颜料

发光颜料包括荧光颜料、磷光颜料、自发光颜料和反光玻璃微珠。荧光颜料是指光线照射时会发出荧光的颜料。荧光颜料一般用于荧光涂料，荧光颜料在阳光照射下发出的荧光的颜色要求和荧光颜料选择反射光的颜色（即本色）相一致，这样涂层的反射光实际是反射光和荧光的叠合，因此显得鲜艳而醒目。荧光颜料通常是由有机荧光染料和树脂相混合而形成的固溶体粉末。荧光颜料的浓度不能太高，否则，反而不能发出荧光。荧光颜料价格非常高。磷光颜料是指在光照后长时间发光的颜料，主要是掺杂有活化剂的硫化锌或硫化镉，掺入不同的活化剂后硫化锌可发出不同的颜色，如掺入 ZnS/Cu 的黄绿色、掺入 ZnS/Ag 的紫或黄色等。磷光颜料也常被归入广义的荧光颜料中，但硫化锌等无机发光颜料不能用于荧光涂料，因为它们的本色为浅色，它们主要用于夜光涂料，在夜间它们发出微光，可用于照明标志。自发光颜料是指掺有铑（Rh）或放射性元素如钍（Th）等的硫化物，它们在无光照射时也会自己发光，主要用于夜光涂料。玻璃微珠本身不发光，但它可以将照射在其上的光线进行回归反射，用于道路标志涂料。

涂料中所用的着色颜料以无机颜料为主，其中钛白粉的用量最大。涂料中也用一部分耐候性良好的有机颜料，特别是红色有机颜料和蓝色有机颜料。表 6-2 为无机颜料和有机颜料的常见性能比较。

表 6-2 无机颜料和有机颜料常见性能比较

颜料性质	无机颜料	有机颜料
色彩	有些是无光的	色彩明亮
不透光性	高	相对较低
着色强度	较低	高
耐溶剂性	好	范围宽，好到不好都有
耐化学性	不同	不同
耐热性	大多数较好	不同
耐候性	一般都较高	不同
价格	相对便宜	不同,但有些很贵

第二节 防锈颜料

防锈颜料的主要功能是防止金属腐蚀、提高漆膜对金属表面的保护作用。防锈颜料的作用可以分为两类：物理性防锈和化学性防锈，其中化学性防锈颜料又可以分为缓蚀型和电化学作用型两种。

一、物理性防锈颜料

物理性防锈颜料是借助其细密的颗粒填充漆膜结构，提高漆膜的致密性，起到屏蔽作用，降低漆膜渗透性，从而起到防锈作用，如氧化铁红、铝粉、玻璃鳞片等。以下介绍常用的两种物理防锈颜料。

① 铁红又称氧化铁红，其性质稳定，遮盖力强，颗粒细微，在漆膜中可以起到很好的作用，耐热、耐光性好，对大气、碱类和稀酸都非常稳定。

② 云母氧化铁的化学成分为三氧化二铁，有良好的化学惰性，在涂层中可形成鳞片排列，形成涂层内复杂曲折的扩散路径，使得腐蚀介质的扩散渗透变得相当曲折，很难渗透到基材。而且在面漆中使用可以提高耐候性。

二、缓蚀型防锈颜料

化学缓蚀作用的防锈颜料，依靠化学反应改变表面的性质或利用反应生成物的特性来达到防锈目的。化学缓蚀作用的防锈颜料能与金属表面发生作用，如钝化、磷化，产生新的表面膜层、钝化膜、磷化膜等。这些薄膜的电极电位比原金属高，使金属表面部分或全部避免了成为阳极的可能性；另外薄膜上存在许多微孔，便于漆膜的附着。常用的化学缓蚀颜料有铅系颜料、铬酸盐颜料、磷酸盐颜料等。

铬酸盐防锈颜料中主要使用的是锌铬黄，主要成分是铬酸锌。锌铬黄是铬酸盐类中应用最广泛的防锈颜料，主要用作铝、镁等轻金属的防锈漆，当然也可以用于钢铁表面防锈。铬酸锌的防锈机理是使金属表面钝化，从而起到缓蚀作用，达到防锈目的。

三、电化学防锈颜料

电化学防锈颜料中，最主要是锌粉。以锌粉为颜料的防锈漆，可在钢铁表面形成导电的保护涂层，在涂层表面形成锌盐及锌的络合物等，这些生成物是极难溶的稳定物并沉淀在涂层表面上，以防止氧、水和盐类的侵蚀，从而起到防锈效果，使钢铁得到保护。

四、防锈颜料在涂料工业中的应用

防锈漆分为化学防锈漆和物理防锈漆两类。以化学性防锈颜料为主体的防锈漆称为化学防锈漆，以物理性防锈颜料为主体的防锈漆称为物理防锈漆。为了降低成本、改善机械性能等，还加入一些体质颜料如滑石粉、碳酸钙、硫酸钡等。

涂层的防锈作用除来自防锈颜料的各种物理、化学作用之外，由漆料（油、树脂等）构成的连续涂膜，担负着将各种腐蚀介质和钢铁界面隔离开来以防止钢铁腐蚀的重要作用，所以它的性能优劣与防锈能力有直接关系，例如涂膜的附着力、渗水性、透气性、耐化学介质能力、绝缘性和涂层厚度等都是影响涂膜防锈能力的重要因素。为了提高涂膜的上述性能，必须对漆用树脂的化学结构进行综合分析，并根据使用要求进行平衡。例如，成膜物质含有大量极性基团（如羟基等），虽然可以提高涂膜的附着力，但其耐水性却受到严重影响，以致水分易从微细裂纹中渗透进去，而使涂膜成片剥落、失去耐水性。所以漆用树脂品种的选择是由多种因素决定的，必须综合考虑，切忌顾此失彼。

防锈颜料的漆用树脂的配比也是一个重要因素。这要从颜料体积浓度、施工性能和技术条件以及经济效益等方面进行综合分析，以确定最佳的配比。一般来说，在颜料临界体积浓度以下时，防锈能力随颜料体积浓度的增加而增加，若超过颜料临界体积浓度，则其防锈能力急骤下降。所以实际应用中颜料体积浓度应低于临界体积浓度，一般以 30%～35% 为宜，而对铅系防锈颜料（如红丹、铅铬黄等）来说，常采用 35%～40% 的颜料体积浓度。

第三节 体质颜料

体质颜料亦称填料，包括许多化合物，可从自然界得来、直接制造或作为副产品获得。这些物质主要是钡、钙、镁或铝的盐类，硅或铝的氧化物，及从前两类物质衍生的错合双盐类。体质颜料大多是白色或稍有颜色的粉体，基本不具备着色力和遮盖力，但具有增加漆膜厚度、调节流变性能、改善机械强度、提高漆膜耐久性和降低成本等作用，涂料中常用的填料主要有以下几种。

一、碳酸钙

碳酸钙是涂料用的主要填料，广泛用于各类涂料中，包括重质碳酸钙和轻质碳酸钙两类，重质碳酸钙是天然石灰石研磨而成，轻质碳酸钙通过人工合成。

1. 轻质碳酸钙

轻质碳酸钙又称沉淀碳酸钙，简称 PCC，是用化学加工方法制得的。由于它的沉降体积（2.4～2.8mL/g）比用机械方法生产的重质碳酸钙沉降体积（1.1～1.9mL/g）大，因此被称为轻质碳酸钙，为白色粉末或无色结晶，无味，在 825℃ 分解为氧化钙和二氧化碳，溶于稀酸而放出二氧化碳，不溶于水及醇。轻质碳酸钙有两种结晶，一种是正交晶体文石，一种是六方菱面晶体方解石，其中方解石有刺激性。

轻质碳酸钙粉体具有如下特点：

① 颗粒形状规则，可视为单分散粉体，但可以是多种形状，如纺锤形、立方形、针形、链形、球形、片形和四角柱形，这些不同形状的碳酸钙可通过控制反应条件制得；

② 粒度分布较窄；

③ 粒径小，平均粒径一般为 1～3μm，要确定轻质碳酸钙的平均粒径，可用三轴粒径中的短轴粒径作为表现粒径，再取中位粒径作为平均粒径，以后除说明外，平均粒径，即指平均短轴粒径。

轻质碳酸钙在溶剂型涂料中的用量较大，是不可缺少的骨架，在稠漆中用量为

30％以上，酚醛磁漆 4％～7％（质量分数）里酚醛细花纹皱纹漆 39％以上，在水性涂料行业的应用更为广泛，能使涂料不沉降、易分散、光泽好等，在水性涂料用量为 20％～60％。

2. 重质碳酸钙

重质碳酸钙又称重钙，由天然碳酸盐矿物如方解石、大理石、石灰石磨碎而成，为白色粉末，无色、无味，在空气中稳定，几乎不溶于水，不溶于醇，遇稀乙酸、稀盐酸、稀硝酸发生泡沸，并溶解，加热到 898℃开始分解为氧化钙和二氧化碳，是常用的粉状无机填料。重质碳酸钙具有化学纯度高、惰性大、不易发生化学反应、热稳定性好、在 400℃以下不会分解、白度高、吸油量低、折射率低、质软、干燥、不含结晶水、硬度低磨耗值小、无毒、无味、无臭、分散性好等优点。重质碳酸钙的形状都是不规则的，其颗粒大小差异较大，而且颗粒有一定的棱角，表面粗糙，粒径分布较宽，粒径较大，平均粒径一般为 1～10μm。重质碳酸钙按其原始平均粒径（d）可分为：粗磨碳酸钙（>3μm）、细磨碳酸钙（1～3μm）、超细碳酸钙（0.5～1μm）。

重质碳酸钙的粉体特点：①颗粒形状不规则；②粒径分布较宽；③粒径较大。其在涂料中的主要用途包括：增加产品体积、降低成本，改善加工性能（如调节黏度、流变性能、流平性能），提高尺寸稳定性，补强或半补强，提高印刷性能，提高物理性能（如耐热性、消光性、耐磨性、阻燃性、白度、光泽度）等。

二、镁颜料

1. 硅酸镁

硅酸镁［$H_2Mg_3(SiO_3)_4$］可从天然产物中获得，其中含有滑石、皂石以及其他一些组分，其颗粒形貌主要有两种，纤维状或针状、片状或云母状。典型的硅酸镁产品一般含有 7.0％ CaO，某些特殊用途的高达 15.0％。硅酸镁的相对密度为 2.60～2.98，吸油量范围很大，可从 20g/100g 至 89g/100g，折射率约为 1.59，颗粒大小的分布较宽。当 CaO 含量低于 6.0％时，硅酸镁对普通的涂料基料具有化学惰性。

由于硅酸镁耐久性好，并且不会在常用的油性基料中出现沉淀，因而适用于室外涂料。因为其组织结构较粗，硅酸镁不能用于磁漆，但新开发的细颗粒品级硅酸镁使硅酸镁的应用范围扩大。硅酸镁在外墙漆中最主要的用途是增加薄膜强度，防止开裂，主要原因是其纤维状或针状、片状或云母状的颗粒对涂膜的开裂产生了抑制作用。在室内平光漆中，硅酸镁用来控制光泽或亮度，防止流挂，同时减少流动和流平。

2. 其他镁颜料

碳酸镁、碱性水合碳酸镁以及氧化镁是三种其他的镁颜料，分别有不同的用途。

碳酸镁在自然界中以菱镁矿存在，其开采过程与一般矿物相同，包括粉碎、研磨、分级等，主要用在水泥、橡胶产品和纸张中。虽然某些碳酸镁含量高达 45％的天然碳酸钙（白云石）在欧洲有一定的应用，但直接应用于涂料的场合很少。

碱性水合碳酸镁 [$MgCO_3 \cdot 3Mg(OH)_2 \cdot 11H_2O$] 也叫做镁的轻碳酸盐，其制取步骤如下：将白云石矿煅烧，去除 CO_2 后余下的氧化物浮悬在水中，通入 CO_2，有选择性地沉淀出钙的碳酸盐，同时溶解氢氧化镁得到酸性碳酸盐，加热滤液，沉淀出碱性碳酸镁，在进一步加热后去除 CO_2，过滤出碱性水合碳酸镁，干燥并研磨。

$$CaCO_3 \cdot MgCO_3 \longrightarrow CaO \cdot MgO + 2CO_2$$
$$CaO \cdot MgO + 2H_2O \longrightarrow Ca(OH)_2 + Mg(OH)_2$$
$$Ca(OH)_2 + Mg(OH)_2 + 3CO_2 \longrightarrow CaCO_3 + Mg(HCO_3)_2 + H_2O$$
$$14Mg(HCO_3)_2 \longrightarrow 11MgCO_3 \cdot 3Mg(OH)_2 \cdot 11H_2O + 17CO_2$$

此种镁的轻碳酸盐作为轻度洗涤剂应用在橡胶中，在印刷油墨合涂料中也有应用。

氧化镁（MgO）是用碱性水化碳酸镁或粗的白云石矿石煅烧而成，可应用在橡胶、水泥，但很少应用在涂料中。

三、硫酸钡类颜料

硫酸钡类颜料稳定性好，耐酸、碱，但密度高，主要用于调合漆、底漆和腻子，包括重晶石（天然硫酸钡）和沉淀硫酸钡两种。

1. 重晶石

重晶石，从天然矿物中提取，折射率为 1.64，相对密度为 $4.30 \sim 4.46$，吸油量为 $5 \sim 12g/100g$，平均颗粒大小为 $2 \sim 5\mu m$，粒径范围为 $0.1 \sim 30\mu m$。重晶石颜料的化学性质不活泼，其作为体质颜料最重要的性质是它的高密度和低吸油量，易为油和涂料基料所润湿和容易研磨。由于在酸和碱条件下都相当稳定，重晶石颜料可用于高酸性或高碱性涂料，但在应用时需要特别注意配方的调整，因为比起大部分其他颜料，重晶石更易趋向于快速沉淀。重晶石的其他应用还包括油毡和地板复合涂料。

2. 沉淀硫酸钡

沉淀硫酸钡是用含有硫酸离子的水溶液和含有钡离子的水溶液反应制得的，其性质和重晶石颜料相似，相对密度为 $4.18 \sim 4.40$，吸油量为 $13 \sim 30g/100g$。因为沉淀硫酸钡的填充率较低，是比较贵重的一种填料。沉淀硫酸钡与重晶石颜料一样易于快速沉淀，因此需要注意调节涂料的配方。其作为涂料的填料对最终产品亮度的影响很小，在印刷油墨、油毡、油布和橡胶中也有一定的应用。

高品质的沉淀硫酸钡或重晶石至少含有 96% 的硫酸钡，其余的主要是氧化硅、石膏以及微量的氧化铁。此外，硫酸钡是立德粉的主要组分，也是二氧化钛-钡复合颜料的组分，后者为 25% 锐铁矿型二氧化钛和 75% 硫酸钡的共沉淀物。当铅白作为室外建筑涂料的主要颜料时，硫酸钡有时可作为掺合剂。由于涂料是以质量销售，因而硫酸钡因其较高的相对密度而成为一种常用的体质颜料。

四、硅酸盐颜料

1. 云母

云母为铝和钾的正硅酸盐，化学结构式为 $K_2O \cdot 3Al_2O_3 \cdot 6SiO_2 \cdot 2H_2O$。颜料级云母只可从白云母或金云母取得，具有片状颗粒结构，这正是其可用作体质颜料的主要原因。云母主要生产过程是用干磨或湿磨对云母矿进行沉淀，浮悬的云母用离心机回收，然后干燥分选。特级云母或微粒云母的平均颗粒大小分别为 $5\sim 10\mu m$ 和 $10\sim 20\mu m$，也有经过表面处理的品级。

云母的折射率为 $1.58\sim 1.606$，相对密度为 $2.5\sim 2.83$，吸油量为 $30\sim 74g/100g$，除了微粒级外，325 号筛余物为 $3\%\sim 30\%$。云母颗粒的片状结构和对紫外线的不透明度可以增强室外建筑底漆和最后加工涂膜的抗裂性和耐久性。当涂膜暴露在空气中时，小片颗粒的发光特性有时会影响到涂膜的外观。云母颗粒的形状以及化学稳定性使其在多孔表面和金属的底漆、乳胶漆、水性漆、壁纸、金属粉状涂料（如铝、青铜、金箔）等多种体系中都有一定程度的应用。

2. 其他硅酸盐颜料

① 浮石是一种火山灰或由铝、钾和钠硅酸盐组成的类似玻璃的物质，由于具有颗粒粗、多孔、质脆的特性，在平漆、交通标志漆以及其他的加工漆中有一定程度的应用。典型品级的浮石约含有 84% 硅酸铝，相对密度为 2.22，粒径为 $40\sim 60$ 号筛孔大小。

② 膨土是一种胶质土，其膨胀作用可进行有效的填充并且矿物本身具有填充性能，因而在水性漆或乳胶漆中有少量的应用，典型品级的相对密度为 2.75，吸油量为 $23g/100g$。

③ 白土与膨润土的成分、性质和用途相似，折射率为 1.63，相对密度为 2.9，吸油量为 $26g/100g$。

天然存在的硅铝酸盐呈薄片状，能降低漆膜的透气、透水性，减少漆膜的开裂和粉化，多用于户外涂料。

五、高岭土

高岭土通常称为"瓷土"，通常 Al_2O_3 含量为 $37.5\%\sim 44.5\%$，SiO_2 为 $44.8\%\sim 53.1\%$，并含有少量的铁、钠、钾、钛、钙和镁的氧化物，折射率约为 1.56，相对密度为 $2.58\sim 2.63$，吸油量的范围较广，从 $25g/100g$ 到 $70g/100g$，较细的高岭土粒径为 $0.2\sim 2\mu m$，较粗的可达 $70\mu m$。

高岭土的颜色差别较大，从白色至乳白色或灰色都有。高岭土的化学性质不活泼，填充率较大，加上价格便宜，所以被广泛应用。涂料的应用包括室内平光漆、半光漆、底漆、仓栅漆、货车漆等。由于有良好的干遮盖力，高岭土也广泛用于水性漆、乳胶漆以及造纸工业和纺织涂料。颜色性能较差的高岭土多应用在油毡、地板配料和油布中。

通常需要对高岭土进行后续处理，如煅烧，以改善其某些性质。煅烧高岭土的 Al_2O_3 含量在 $42.1\%\sim 45.3\%$ 之间，SiO_2 含量为 $51.0\%\sim 53.1\%$，烧灼损失几乎为零，其吸油量略高于未经煅烧的高岭土，通常为 47～75g/100g。煅烧的作用是改进光泽或亮度，同时使涂料有更好的遮盖力。

对高岭土的后处理还包括添加分散剂和在颗粒表面用树脂或疏水性有机物质进行处理，最后分成各种品级。分级高岭土的颗粒大小较平均且分布范围较狭窄，这样的高岭土多应用在喷漆、磁漆以及平漆中。

六、硅藻土

硅藻土在世界各地有许多的沉积矿，但只有少数具有足够细和足够多的原料而值得开发。天然的硅藻土最高含有 60% 的自由水分，可通过干燥减少或去除，主要有三种方法：第一种方法是将干燥后的物质加热、研磨以及空气浮选；第二种方法是首先在约 540～1100℃燃烧，除去自由水、结合水以及有机物质，接着研磨和空气分选；第三种方法也包括研磨和燃烧，但不同的是和某些化学物质一起在约 870～1100℃温度下燃烧，这些化学物质是用来漂白和将杂质转变成为合成硅酸盐的，燃烧后的产品用空气浮选以获得不同的品级。

硅藻土的主要成分是氧化硅，含量为 83%～89% 或更多，其他组分主要为 Al_2O_3 和 Fe_2O_3，以及少量或微量的钠、钾、钙、镁、钛以及其他氧化物。因为硅藻土具有开口、多孔的结构，因而其物理性质的变化较大，折射率为 1.4～1.5，相对密度为 2.0～2.30，平均颗粒大小为 1～60μm，比表面积为 7050～67000cm^2/g，吸油量为 30～210g/100g。

颜料级硅藻土在 1900 年起已在涂料中使用，但从 1935 年起慢慢减少，由于开发了适合一般涂料使用的、更白、更细的颗粒，其应用又重新受到了重视。硅藻土的化学性质不活泼，光泽低、填充率高、吸油量高，在平墙涂料、底漆、交通标志漆、半光涂料、伪装漆、表面漆、水泥和灰泥加工漆、房屋漆、平清漆、平磁漆等方面得到了较多的应用。在乳胶漆和其他水性涂料中，硅藻土不仅可以作为消光剂，也给涂膜提供了遮盖力。因为硅藻土的结构形状多样，在涂膜中也可以产生层叠结构，从而能够增强涂膜的强度，改进抗裂性。硅藻土颗粒的开口结构和不规则形状会导致涂膜产生相当程度的多孔性，这在某些特定情形下是极为有用的。如果表面涂膜需要利用硅藻土的这种独特结构，则要避免过度研磨，否则将使硅藻土颗粒破损而降低涂料稠度、增加光泽、减少涂膜的多孔性。

七、石英

用作颜料的氧化硅取自石英石或硅藻石，以及单细胞水产植物的砂质骨架沉积物，合成的胶质氧化硅也可以用作颜料。从水产有机质所得的氧化硅叫做硅藻土或硅藻土氧化硅，在近代颜料应用中具有独特的地位，它们不同于动物性或植物性的颜料。后者有时叫做"化石"树脂，由于原始有机质的种类太多，用于普通颜料的价值较小。

从石英或硅藻石所得的氧化硅叫做无定形氧化硅，这一用词虽然不是十分准确，但通常用来和硅藻土进行区分。石英或硅藻石在开采后，第一步通常是煅烧和用水骤冷，使后续的打碎和研磨较为容易，最后用水分选、筛分或空气浮选。

氧化硅颜料通常含有99％的纯SiO_2。颜料级氧化硅的折射率为1.55，相对密度为2.55～2.65，吸油量为15～47g/100g，325号筛余物不大于5％。氧化硅的磨蚀性非常好，在常用的涂料基料中难于研磨或分散，因此很少作为涂料的填料。

八、石膏

石膏应用在涂料中已经有几世纪，目前其主要是用于二氧化钛-钙复合颜料中的钙组分，在立德粉和硫化锌颜料中也有少量的应用。石膏很少作为一种单独的颜料使用，这主要是因为它们在水中的溶解度和对水的敏感性。硫酸钙在自然界中以石膏的形式存在，经粉碎、湿磨、水分选、干燥、筛分或用空气浮选成为成品。石膏在约650℃完全脱水，成为无水物，也叫做"烧死"的硫酸钙，硫酸钙以此形式应用在上述几种复合颜料中。硫酸钙也可以用钙离子和硫酸离子反应制得，成为水合沉淀物，然后经干燥成为无水物。

第四节 颜料的选择原则

一、颜料的色彩

颜色的存在是由于物体反射可见光而产生的，当物体全部反射照射在它上面的光线时，这种物体为白色；反之，当它全部吸收时为黑色物体；介于两者之间，只吸收部分光线而将其他光线反射出去，就显示出各种颜色。如黄色的呈现是颜料吸收了白光中的蓝光，反射出红色光与绿色光的缘故；青色的显示是颜料吸收了白光中的红光，反射出蓝色光与绿色光的结果，那么在黄、青这两种颜料混合后，黄颜料反射出的红、绿色光中的红色将被青颜料吸收而仅剩绿光，得到的是绿颜料。若在黄、青两种颜色混合时，再加入红色颜料一起混合，由于红色的显现是红色颜料吸收了蓝、绿色光，反射出红色光的缘故，但是黄、青混合颜料会吸收红色光，红色颜料会吸收黄、青混合颜料唯一反射出的绿光，这就是说，红、黄、青色颜料混合在一起后，把白光中的所有色光都吸收了，没有什么色光被反射出，那便成了黑色。从这里可以知道，颜色的相加，实则是色光的相减，混合颜色越多，则吸收光线也越多，接近无光线反射时就近于黑色了。

二、颜料的粒径

颜料通常是一种结晶体，微小的晶体缺陷和晶格变化可引起颜料特性的变化。这些微晶大小一般小于$100\mu m$，称为初级粒子。但在实际应用中，颜料粒子一般以聚集态存在。在聚集态中，粒子之间充满了空气，通过研磨可将它们分散到较小的微细粒子状态。在涂料配方体系中，这些被分散的微细粒子又有聚集成团的趋势，而在这种情况下，粒子之间充满了基料，基料代替空气使颜料粒子保持在微细粒子状态以获得高的遮盖力。表6-3列出了一些常用颜料的粒径大小。

表 6-3　常用颜料粒径表

颜料	粒径/μm	颜料	粒径/μm
TiO₂	0.2~0.3	BaSO₄	0.8~50
铁红	0.3~0.4	硅灰石	3~100
铁蓝	0.01~0.2	炭黑	0.01~0.02
CaCO₃	0.5~100	CaSiO₃	0.1~5
SiO₂	1.5~9	铬黄	0.3~200
Al(OH)₃	0.05~100	高岭土	20~50
滑石粉	1~12		

涂料的性能与颜料粒子的形状和比表面积有关。颜料的形状有球形（如 TiO_2）、针形（如针状 ZnO）、片形（如叶状铝颜料）。颜料的比表面积可由 BET 技术测定，用粒径分析仪、渗透法、电镜等方法可计算颜料的粒径分布。

三、颜料的分散性

在涂料生产过程中，关键的一步就是颜料的分散：即将聚集成团的颜料分散成微细粒子，用基料置换聚集体中的空气，通过机械力破碎可将聚集体重新分散，这个过程称为研磨。研磨不能使粒子全部破碎到初级粒子，只能研磨到所期望的细度。在颜料分散过程中，用基料置换颜料表面的水分、空气的过程称为颜料的润湿过程。润湿过程的效率主要取决于固-液界面的表面张力或界面张力以及颜料粒子的表面状态。

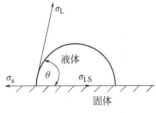

图 6-1　液滴在固体表面的润湿情况

颜料表面的润湿能力由液体基料的表面张力和固-液面之间的接触角决定。利用测定纯液体接触角的技术，可以在涂料中测定相关接触角的大小。最简单的方法就是观察颜料在基料中的分散速率。图 6-1 为一个液滴在固体表面的润湿情况。从图中可以看出，接触角 $\theta = 0°$ 时，液体将固体完全润湿；$\theta \leqslant 90°$ 时，固体可被液体部分润湿；$\theta > 90°$ 时，固体不能被液体润湿。

一般来说，颜料可能具有亲水性，也可能具有疏水性，而大多数无机颜料都是疏水性的，因此不能很快分散在水中。可以通过表面处理技术将颜料表面变成亲水性的，一般常用表面活性剂对颜料表面进行处理。

这些表面活性剂可以是阳离子型、非离子型、两性或阴离子型表面活性剂，在水性涂料体系中常使用阴离子表面活性剂。当有表面活性剂存在时，可以在涂料中加入触变剂或增稠剂（如氢化蓖麻油或膨润土）以增加涂料的黏度，提高涂料的稳定性，防止颜料的沉降。

颜料的理想分散状态，是惰性的颜料粒子稳定悬浮在基料中。而实际情况往往与理想状态有所偏差，因为颜料和基料之间存在着复杂的、物理的、化学的相互作用，使颜料分散后的微细粒子仍很活跃，存在着许多不稳定因素，如絮凝、沉淀、浮色、触变等现象。

四、颜料的遮盖力

颜料的遮盖力是指颜料粒子反射光的能力。对白色颜料，光线可以完全进入颜料粒子中；对于有色颜料，颜料的遮盖力是颜料粒子吸收某些光线并反射其他光线的能力。

白色颜料的遮盖力大小由颜料的折射率和颜料粒径大小决定。遮盖力的光学本质是颜料和周围介质折射率之差所造成的。当颜料的折射率和基料的折射率相等时，涂料就是透明的；当颜料的折射率大于基料的折射率时，涂料就有遮盖力；两者之差越大，涂料的遮盖力就越大。表 6-4 是几种物质的折射率数据。

表 6-4　几种物质的折射率

品名	折射率	品名	折射率	品名	折射率
水	1.33	滑石粉	1.57	氧化锌	2.06
基料	1.5～1.6	硅藻土	1.55	硫化锌	2.37
碳酸钙	1.55	云母粉	1.58	锐钛型钛白粉	2.55
高岭土	1.56	硫酸钡	1.64	金红石型钛白粉	2.75

影响遮盖力的因素如下。

（1）折射率　涂料遮盖力大小取决于颜料和介质折射率之差，这可由下式看出：

$$F = (n_1 - n_2)^2 / (n_1 + n_2)^2$$

式中　F——反射系数；

　　　n_1——颜料折射率；

　　　n_2——介质折射率。

在乳胶漆干燥过程中，折射率会发生变化。在湿的涂膜中，TiO_2 和体质颜料周围都是水；而在干的涂膜中，TiO_2 和体质颜料却被基料包围，基料-水界面转变成基料-颜料界面，水的折射率从 1.33 变到接近基料的 1.5。

（2）颜料粒径　颜料粒径与涂料遮盖力密切相关。细的颜料粒子每单位体积具有更多的界面。颜料粒径越小，涂料的遮盖力越大，但通过减小颜料粒径来提高涂料遮盖力的方法是有限的；对任何给定波长的反射光，最佳颜料粒径应是该特定波长的一半。因为白色颜料可以反射所有的可见光，因此它们的粒径范围应为 $0.2～0.4\mu m$（可见光波长 $400～1000nm$ 的一半）。若颜料粒子被分散得更细，光波就只能绕射而不能被全反射，使涂料的遮盖力降低。颜料粒径大小可由下式计算：

$$D = (2/\pi) \times \lambda / (n_1 - n_2)$$

式中　D——涂料中颜料粒径，μm；

　　　λ——空气中光线波长（大约 $0.56\mu m$）；

n_1——颜料的折射率；

n_2——介质的折射率；

π——3.14。

由上式可以计算出，分散在水中的 TiO_2 最佳粒径是 $0.25\mu m$，分散在基料中的 TiO_2 最佳粒径应为 0.29。图 6-2 为颜料粒径与着色力、遮盖力的关系示意图。

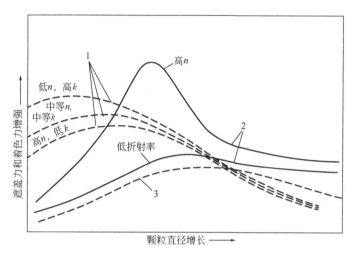

图 6-2　颜料粒径与着色力、遮盖力的关系

1—着色颜料的着色力；2—白色颜料的着色力和遮盖力；3—着色颜料的遮盖力

注：n 为折射率，k 为吸收系数。

（3）颜料浓度　在涂膜干燥过程中，颜料的浓度会增大。这是由于在干燥过程中，颜料粒子之间空隙的平均距离缩小。颜料粒子之间空隙大小对遮盖力的影响可由下式表示：

$$S = (0.75/\text{PVC})^{1/3} - 1.0$$

$$HP = KS/(S+1)$$

式中　HP——遮盖力，一般用对比率表示（对比率约为 0.98，即认为完全遮盖）；

S——颜料粒子之间的空隙直径；

K——比例常数。

（4）干遮盖力　体质颜料在湿态下刷在墙上，由于体质颜料和水的折射率差不多，所以看起来遮盖力相当差；而当涂膜干了以后，随着水分的蒸发，两者折射率之差变大，所以涂膜干燥后，遮盖力大为提高。这就是"干遮盖力"的概念。本来，在涂料中的颜料粒子应被基料润湿，但为了提高涂膜遮盖力，将部分低遮盖力的体质颜料在涂料中作为填充剂，其用量较大，使颜料的 PVC>CPVC；这样，一些颜料粒子被空气包围而不被基料润湿，从而提高涂膜的遮盖力。用体质颜料代替 TiO_2 用在涂料中时，干遮盖力与 PVC 的关系如下：

当 PVC<CPVC 时，涂膜的干遮盖力随干燥时间增加而降低，最后降到一个固定值。

当 PVC＞CPVC 时，随着干燥时间的增加，涂膜的干遮盖力先下降到一个最小值，后上升到一个固定值，若选择合适的体质颜料，可使涂膜干遮盖力的最后固定值大于湿膜遮盖力，从而达到提高涂膜遮盖力的最终目的。一些白色颜料的遮盖力如表 6-5 所示。

表 6-5 白色颜料的遮盖力

颜料名称	遮盖力 /(m^2/kg 颜料)	颜料名称	遮盖力 /(m^2/kg 颜料)
金红石型 TiO_2	30.1	锑白	4.5
锐钛型 TiO_2	23.6	ZnO	4.1
50％金红石型 TiO_2＋$CaSO_4$	16.8	35％铅化锌白	4.1
ZnS	11.9	铅白	3.7
30％金红石型 TiO_2＋$CaSO_4$	11.7	碱式硫酸铅	2.9
锌钡白	5.1	碱式硅酸铅	2.5

五、颜料的表面改性

在涂料配方设计中，颜料作为着色剂使用，一般不溶于水、油和小分子有机溶剂。为了充分发挥颜料的作用，颜料必须很好地分散在水、溶剂和基料中。要达到这个目的，应对颜料进行表面处理，改变颜料的表面特性，才可提高颜料在涂料中的分散性、流变性、耐候性、耐光性、耐化学品性。对不同种类的颜料和不同的性能要求，表面处理方式也各不相同。

光线对未经处理的钛白粉有活化作用，易使涂料发生粉化。改用金红石型钛白粉后，可以减轻粉化的程度，但光的活化作用还是存在的。因此，可在钛白粉表面加一层膜，来隔绝它对基料的光活化影响。过去曾采用钛酸盐、铝盐、二氧化硅、三氧化锑等化合物对钛白粉进行表面处理，但效果不明显。现在发展到用不溶性的硅酸铝、氧化铝、二氧化硅、氧化锆来包膜，用量可达颜料质量的 2％～5％，甚至超过 10％。有些钛白粉在经过无机物表面处理后，又用有机化合物如长链醇、胺、有机硅等来处理，这样处理可提高颜料的分散性、抗粉化性、光泽等性能。

碳酸钙颜料表面带有碱性，在其表面吸附长链脂肪酸，可形成有羧酸盐的多分子层包膜，可改善碳酸钙的应用性能。

氧化铁颜料表面带有碱性或酸性，也能利用季胺、硬脂酸、磺酸等有机化合物进行表面处理而改性。氧化铁不稳定，在其表面以氧化铝-二氧化硅或有机硅包膜可降低它的活性，提高涂料的使用寿命。

铬黄颜料是一种鲜艳的黄色颜料，但其耐光性不好，易变暗，且不耐 SO_2 气体，可以用氧化铝、二氧化硅及氧化锑等的包膜来改善其性能。

有机颜料一般为较微细的晶体，比表面积为 10～100m^2/g，颜料粒子之间容易相互结合,不易分散。采用松香皂、胺类对其进行表面处理,就能解决这一问题。处理后的颜料着色力、耐光性都有提高。有机颜料还可以在本身的化学结构上直接引入少量所需基团,形成具有新性能的颜料衍生物。

以松香和松香衍生物进行表面处理时,可以提高颜料的透明度和着色力;应用胺类化合物作为颜料的表面处理剂,可使颜料具有良好的分散性。

第七章
助剂的选择

助剂在涂料配方中所占的份额较小，但却起着十分重要的作用。各种助剂在涂料的生产、储存、施工过程中以及对所形成漆膜的性能都有着非常重要的影响。

第一节　润湿分散剂

颜料分散是涂料制造技术的重要环节，是指把颜料粉碎成细小的颗粒，均匀地分布到连续相中，以得到稳定的悬浮体。在涂料生产中颜料分散与颜料、树脂、溶剂三者的性质及其相互间的作用有关。

颜料分散相当复杂。一般认为有润湿、粉碎、稳定三个相关过程。润湿是指用树脂或添加剂取代颜料表面上的吸附物如空气、水等，即固-气界面转变为固-液界面的过程；粉碎是指用机械力把凝聚的二次团粒分散成接近一次粒子的细小粒子，构成悬浮分散体；稳定是指无外力作用下形成的悬浮分散体仍能处于分散悬浮状态。

要获得良好的涂料分散系，除树脂、颜料、溶剂的相互配合外，还需使用润湿分散剂才能达到预期的目的。

润湿剂、分散剂一般是表面活性剂。润湿剂主要是降低物质的表面张力，其分子量较小。分散剂吸附在颜料的表面上产生电荷斥力或空间位阻，防止颜料产生有害絮凝，使分散体系处于稳定状态，一般分子量较大。但目前也有相当一部分具有活性基的聚合物作为润湿分散剂使用。

润湿剂和分散剂的作用有时很难区分，有的助剂兼备润湿和分散的功能。

一、颜料润湿分散的基本原理

涂料中颜料的分散主要取决于分散系组成物的性质及它们之间相互作用，颜料在漆料中的分布情况及分散结构，决定了整个分散系的稳定性。

1. 分散体系的构成

干颜料有三种结构形态：①原级粒子，即单个颜料晶体或一组晶体，粒径相当小；②凝聚体，即以面相接的原级粒子团，其表面积比其粒子组成之和小得多，再分散困难；③附聚体，即以点、角相接的原级粒子团，其总表面积比凝聚体大，但小于单个粒子组成之总和，再分散较容易。凝聚体和附聚体统称为二次粒子。

分散体系的制作方法有分散法和凝聚法。涂料分散体系是采用分散法制造的，涂料可分成 6 种分散系：①亲水性颜料分散在水性漆料中；②亲水性颜料分散在油性漆料中；③亲油性颜料分散在水性漆料中；④亲油性颜料分散在油性漆料中；⑤亲水性颜料和亲油性颜料分散在水性漆料中；⑥亲水性颜料和亲油性颜料分散在油性漆料中。

当然，把颜料和基料绝对地分成亲油还是亲水是困难的。这里把无机颜料视为亲水的，把有机颜料视为亲油的。

2. 润湿作用

在润湿过程中表面性质及能量发生了变化。只有在固-液之间的黏合力大于液-液之间的黏合力时，才能获得较好的润湿性。

（1）固-液接触角-杨氏定理　当固-液表面相接触时，在界面边缘处形成一个夹角，即接触角，用它衡量液体对固体润湿的程度，见图 7-1。

各种表面张力的作用关系可用杨氏定理表示：

$$\gamma_S = \gamma_{SL} + \gamma_L \cos\theta \qquad (7\text{-}1)$$

式中　γ_S——固体、气体之间的表面张力；

γ_{SL}——固体、液体之间的表面张力；

γ_L——液体、气体之间的表面张力；

θ——液-固之间的接触角。

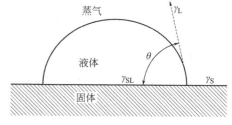

图 7-1　润湿接触角

Dr. A. Capelle 等指出润湿效率 B_S 为：

$$B_S = \gamma_S - \gamma_{SL} \qquad (7\text{-}2)$$

将式（7-2）带入（7-1）式得　$B_S = \gamma_L \cos\theta$ （7-3）

由式（7-3）可以得出接触角越小，润湿效果越好。

利用杨氏定理来衡量润湿程度时，应注意下述几点：①固体和固-液界面的表面张力不能用试验方法测定，只能做相关测定，所以解释这些测定值时必须小心谨慎；②固体物质表面上吸附了蒸汽、液体或其他气体，存在着 1 个单分子润湿层，因此应用时必须修正杨氏定理；③物体表面的平整度不同，根据固体物质表面的粗糙度，在计算接触角时必须有一个校正因数。另外，还应注意，接触角的滞后现象和温度对接触角的影响。

（2）颜料粒子间隙和漆料黏度对润湿的影响　颜料润湿比率与漆料和颜料的表面张力、颜料粒子间隙的大小、漆料的黏度有关。

Washbone 用公式表示了润湿最初阶段颜料粒子大小的效果。润湿比率计算公式如下：

$$K\gamma_{FL}\cos\theta \, \frac{r}{\eta l} \qquad (7\text{-}4)$$

式中　K——常数；

$\quad\quad\gamma_{FL}$——漆料的表面张力；

$\quad\quad\theta$——接触角（漆料-颜料界面）；

$\quad\quad r$——颜料粒子的间隙半径，m；

$\quad\quad l$——颜料粒子间隙的长度，m；

$\quad\quad\eta$——漆料的黏度，Pa·s。

颜料润湿缓慢的原因：①扩散压力非常小（疏水颜料分散在水中，表面张力高）；②颜料粒子的间隙非常小（高密度填充的微粒颜料）；③漆料黏度高。

通过上述分析看到，降低黏度可提高润湿效率，但涂料黏度的降低是有一定限度的，所以要使用润湿剂来降低颜料和漆料之间的表面张力，缩小接触角，提高润湿效率。

3. 分散体系的稳定性

分散体系形成后会受重力、热力学等因素作用而发生许多变化。

（1）重力作用　制成的分散体系中，假若颜料粒径过大，会由于重力作用产生沉降。当分散粒子半径比分散介质半径大得多，而且是在无限扩展的牛顿流体中时，单一球形粒子的沉降速度可利用斯托克斯公式求出：

$$V_S = \frac{2a^2(\rho - \rho_0)g}{9\eta} \tag{7-5}$$

式中　V_S——沉降速度，m/s；

$\quad\quad a$——粒子半径，m；

$\quad\quad\rho$——分散相的密度，kg/m³；

$\quad\quad\rho_0$——分散介质的密度，kg/m³；

$\quad\quad g$——重力加速度，m/s²；

$\quad\quad\eta$——分散介质的黏度，Pa·s。

由式（7-5）可以得出沉降速度与粒子半径和两相的密度差成正比，与分散介质的黏度成反比。

布朗运动和重力沉降会产生不同效果。沉降产生浓度差，布朗运动又会使其扩散，向均一化方向发展。若沉降速度过快，就会出现沉降；若布朗运动速度大，粒子就会形成均匀分散的悬浮体。从重力作用的角度考虑，在一定黏度、温度条件下，体系是否稳定的决定性因素是粒径。

（2）表面自由能和奥氏熟化作用　当较大的颗粒被粉碎成微小粒子时，比表面积增加了。粉碎该物体所用的能量传递给了新形成的表面。在制成的微细分散体内，颜料粒子一般是疏液的。表面张力值和比表面自由能值大体相等。粒径变得越小，比表面积 S 就越大，总表面自由能 $G_s = \gamma S$ 也就越大，从热力学角度看就越不稳定。粒子以凝聚来降低比表面积。如分散介质中含有表面活性剂等吸附物，该物质吸附在粒子表面上，表面张力 γ 就下降了，自由能也就降低了，分散体系于是趋于稳定。若颜料粒子亲水，则由于水化作用，焓减少，因此分散体系的自由能也就降低了，体系也趋向于稳定。

分散体系中粒径分布不是均一的，粒子多少有溶解性。在微粒体系中，会由于粒径不同出现溶解度差。大粒子溶解度比小粒子溶解度小，因此小粒子周围溶解的分子向大粒子周围析出扩散。由于这种奥氏熟化，小粒子逐渐消失，大粒子不断增大。分散系的稳定性也就降低了。

（3）表面电荷作用　利用粒子间的表面电荷和吸附层，可以克服粒子间的范德华引力，防止和减缓凝聚作用，使分散体系稳定化。其作用原理在水性漆料和油性漆料中基本是相同的。

涂料中的颜料带电与吸附分子和颜料表面之间的电荷移动有时没有决定性关系。特异吸附与其相似，具有多数强电子供给或接受置换基的吸附分子牢固地吸附在颜料表面，颜料的带电就是由吸附分子和分散介质的接触带电而决定的。

（4）聚合物在颜料表面上的吸附　当固体颜料和聚合物溶液混合时，聚合物就会以吸附链吸附在颜料的表面。聚合物在颜料表面上的吸附，对涂料中颜料的分散、分散体系的稳定性、涂料施工时的流动性和涂膜的附着力均有较大的影响。所以，如何提高聚合物在颜料表面吸附层的厚度，是提高涂料产品质量的重要因素。颜料表面和吸附的聚合物分子链节间的作用力有范德华色散力、静电力（离子间的作用力）、氢键、电荷移动力、表面化学价力等。各种力的大小与颜料表面的特性、溶剂性质、聚合物的化学结构及这些材料的组合有重要关系。

影响聚合物在颜料表面上吸附的因素是很多的，主要因素有以下几点。

① 聚合物浓度对吸附的影响。在不同聚合物浓度的溶液中颜料表面吸附的聚合物的分子量是不相同的。

在聚合物浓度低时，吸附量增高，当聚合物浓度增加时，溶剂吸附量减少。在浓度低的范围内，聚合物被选择吸附。在高浓度范围内，选择吸附移向低分子化合物。在低浓度和高浓度范围内，吸附的聚合物的分子量分布都是很窄小的。实际上，颜料表面对聚合物的吸附由全部同等程度到选择性吸附，在浓度上存在一个迁移点，迁移点前分子量对吸附的影响不大。

② 酸碱基对吸附的影响。酸碱基理论是颜料分散的重要理论。应用润湿分散剂是为了提高颜料的润湿、分散效率，所以在使用时必须考虑颜料表面对酸、碱基的特性及润湿分散剂的类型。具有碱性表面的颜料应使用阴离子型表面活性剂；具有酸性表面的颜料应使用阳离子型表面活性剂；具有两性表面的颜料，阴离子型及阳离子型表面活性剂都能产生化学吸附层，但两种类型的表面活性剂不能同时使用，否则它们之间会优先发生反应而失去润湿的作用力，如需使用两种润湿分散剂，则应分开使用，先用阳离子型的后用阴离子型的或先用阴离子型的再用阳离子型的。

③ 颜料的大小形态对吸附的影响。不同大小的颜料粒子对聚合物的吸附形态、吸附量和吸附层的厚度是各不相同的，因而造成了对分散体系稳定性的影响。

④ 竞争吸附及添加顺序对吸附的影响。涂料是一个多相体系，树脂、溶剂、添加剂会在颜料表面产生竞争吸附。

聚合物能否吸附在颜料表面上，溶剂所起的作用是非常重要的。因为溶剂在固相上吸附作用也能够按不同方式表现在聚合物的吸附作用上，所以首先应该考虑溶剂与吸附剂相互作用的强度。如在极性溶剂中，极性溶剂能以较多的数量吸附在亲

水的 TiO_2 上，妨碍了聚合物的吸附。

在极性和非极性溶剂中过氯乙烯树脂聚合物的结构是不一样的。过氯乙烯树脂在丙酮中成球体结构，这种结构妨碍了过氯乙烯在亲水颜料表面上的吸附作用，如果把颜料换成亲油性的炭黑，那么聚合物就会在颜料表面产生定向作用，这种定向作用使球体聚合物在界面层内展开，吸附在炭黑的表面上。

甲苯是过氯乙烯树脂聚合物的不良溶剂，聚合物粒子析出较多，形成致密的网状结构。聚合物与颜料表面亲合性较强，所以在 TiO_2 等亲水性颜料表面上吸附量是较多的。

树脂、溶剂、添加剂等，其中若有两个以上在颜料表面上具有共同吸附中心，那么在涂料分散体系内将会出现竞争吸附，吸附的结果将会影响涂膜的性能。所以应考虑材料的添加顺序对涂料性能的影响，添加顺序不同，对涂膜的力学性质，甚至对涂料的黏度、屈服应力、流动曲线、法线应力也能产生影响。

（5）聚合物吸附层的作用　颜料在树脂溶液中分散时，在某一适宜的树脂浓度下显示出极好的分散稳定性。若提高树脂浓度，其分散稳定性变坏。这是因为在这一浓度下，颜料表面除了吸附树脂中的低分子量化合物外，还选择性地吸附了一定数量的聚合物，因而吸附层较厚。但在高浓度下有足够的低分子量极性物吸附在粒子表面上，不会有聚合物吸附。吸附层变薄，稳定性下降。在高浓度下还会出现负吸附，产生溶剂化，影响吸附层的厚度。如果浓度过低又会出现聚合物的交联吸附，颜料产生絮凝、沉淀，破坏了分散体系的稳定性。

粒子表面的吸附层具有一定厚度。当两个带吸附层的粒子相互接近，还没有重叠时，相互之间不发生作用，吸附层重叠时会出现又再次分开的倾向，这就是熵斥力的作用结果。

聚合物在粒子表面形成紧密吸附层时具有分散稳定作用。可在疏松的聚合物吸附层就不这样：粒子表面上空余的吸附中心较多，吸附在一个粒子表面上的聚合物会用其他链节吸附在另一个粒子空余的表面上，将两个粒子连接起来产生交联絮凝。

为了有效地利用空间位阻，获得良好的分散体系，要注意如下几点：①吸附层越厚越好，所以聚合物比表面活性剂好；②粒子吸附的聚合物的链节在溶剂中溶解性越小越好，而伸展在溶剂中的链节溶解性越大越好；③为获得厚的吸附层，要注意吸附物的形态，伸展出的链和环以长的为好。

当然长度也是有限制的，过长容易反扭或与其他链节缠绕产生絮凝及因搅拌而脱吸。过短，吸附层厚度不够，产生不了分散稳定作用。还有一端吸附是不牢固的容易脱吸，平伏吸附不能形成吸附的厚度。所以由可溶性的和不可溶性的嵌段共聚和接枝共聚的聚合物活性剂是非常理想的添加剂。

例如，颜料粒子在醇酸树脂中分散。颜料粒径 $1\mu m$，醇酸树脂平均分子量为2500 时，

颜料粒径　$1\mu m$　　　　　　$10^{-6}m$（10000Å）$\left.\vphantom{\begin{array}{c}a\\b\end{array}}\right\}200:1$

醇酸树脂（分子量 2500）　$5\times10^{-9}m$（约 50Å）

若把颜料粒径粉碎到 $0.1\mu m$ 时，其比例则为 20：1。粒径变小，引力减弱，

吸附层增厚，熵斥力增强，稳定性提高了。关于吸附层的厚度有许多研究报告，例如 TiO_2 和铅酞菁蓝分散在醇酸树脂溶液中，吸附层的厚度为 $1 \times 10^{-8} \sim 2 \times 10^{-8}$ m（$100 \sim 200$Å）；铬酸铅分散在醇酸和硝基纤维素的乙酸丁酯溶剂中，吸附层厚度为 4×10^{-8} m（400Å）；TiO_2 分散在分子量为 8400 的聚丙烯酸甲酯的苯溶液中，吸附层的厚度为 438×10^{-10} m（438Å）。如果降低聚丙烯酸甲酯的分子量，吸附层的厚度也低，其分子量为 2600 时，吸附层的厚度则变成了 105×10^{-10} m（105Å）。不难看出吸附层的厚度是由溶剂、树脂、颜料的性质所决定的。

二、润湿分散剂的基本结构及类型

润湿分散剂大部分是表面活性剂。表面活性剂分子一般总是由非极性的、亲油的碳氢链部分和极性的、亲水的基团构成，两部分分别处在分子的两端，形成不对称的、亲油、亲水分子结构。表面活性剂的性质是由非对称的分子结构所决定的。大多数溶于水的表面活性剂，在水中的溶解度及其效率，随着疏水基碳链的增长而急速地降低。C_{14} 或更高碳的脂肪族同系物用于非水系涂料中，具有较大溶解性。

润湿分散剂根据表面活性剂在水中离解度，可分成离子型的和非离子型的两类。其中离子型的又可分成阳离子型、阴离子型和两性表面活性剂。此外还有一种电中性的活性剂。

1. 阴离子型表面活性剂

阴离子型表面活性剂的非极性基带有负电荷，如油酸钠 $C_{17}H_{33}COONa$。阴离子型表面活性剂主要有羧酸盐、硫酸酯盐（$R—O—SO_3Na$）、磺酸盐（$R—SO_3Na$）、磷酸酯盐 $[(RO)_2POONa]$。

阴离子型表面活性剂作为润湿剂使用最久，无论在水系或非水系涂料中使用量都较大，其在非水系中（多数不产生电解作用）与带负电荷的颜料中均可产生有效吸附。涂料所用的颜料（氧化物或体质颜料）多半具有负电荷，另外，涂料的基料多数是阴离子型的，所以与阴离子型的润湿分散剂混溶性较好。

2. 阳离子型表面活性剂

阳离子型表面活性剂的非极性基带正电荷，如十八碳烯胺乙酸盐 $C_{17}H_{33}CH_2NH_2OOCCH_3$。阳离子型表面活性剂主要有烷基季铵盐、氨基丙胺二油酸酯、特殊改性的多氨基酰胺磷酸盐等。

阳离子型表面活性剂吸附力非常强，在非水系分散系中适用于具有正电荷的颜料（炭黑、各种氧化铁、有机颜料类）。

阳离子型表面活性剂在氧化干燥涂料中会延缓干燥时间，能与基料的羧基发生化学反应，产生副作用，因此使用时要非常慎重。

3. 非离子型表面活性剂

非离子型表面活性剂不能电离，不带电荷，在颜料表面上吸附能力比较弱，主要在水系涂料中使用，如脂肪酸环氧乙烷的加成物 $C_{17}H_{33}CH_2COO(CH_2CH_2O)_nH$。

非离子型表面活性剂主要有聚乙二醇型、多元醇和聚乙烯亚胺衍生物 3 种类型。这类表面活性剂主要是用于降低表面张力和提高润湿性。

聚二甲基硅氧烷和改性的有机硅聚合物在涂料中得到了广泛的应用。它们具有降低表面张力、防止发花、浮色和改善流平性的作用。

4. 两性表面活性剂

通常所说的两性表面活性剂系指由阴离子型表面活性剂和阳离子表面活性剂所组成的表面活性剂。蛋黄里的卵磷脂是天然的两性表面活性剂。它是由磷酸酯盐型的阴离子部分和季铵盐型的阳离子部分构成的两性表面活性剂。

$$
\begin{array}{l}
CH_2-OOCR^1 \\
CH-OOCR^2\ O \qquad\qquad\qquad\quad CH_3 \\
CH_2-O——P-O-CH_2-CH_2-\overset{+}{N}-CH_3 \\
\qquad\qquad\quad O^- \qquad\qquad\qquad\qquad CH_3
\end{array}
$$

卵磷脂是一种较好的天然润湿剂，很早就被涂料工业使用。涂料工业使用的卵磷脂多为大豆卵磷脂，从豆油中提炼加工而成。

5. 电中性表面活性剂

在电中性表面活性剂分子中，正负有机基团的大小基本相等，所以整个分子呈中性，但却具有极性。如德国 BYK 公司的电中性润湿分散剂油氨基油酸酯 $C_{17}H_{33}$ $CH_2NH_2OOC_{17}CH_{33}$ 就是长链多氨基聚酰胺和极性酸构成的。

电中性表面活性剂在涂料中使用范围较广，与所有溶剂型基料都具有良好的混溶性，没有副作用，是一种很好的润湿分散剂。

另外，最近出现了一种具有超分散能力的高分子分散剂，这种聚合物分子由两部分组成，一部分是与溶剂具有强亲和力的聚合链，另一部分是与粒子表面具有强亲和力的锚碇基团，在分散系中锚碇部分和粒子表面进行聚合反应，高分子化合物像铁锚一样牢牢地扎在粒子表面上，其分散部分伸展在溶剂中，形成的吸附层称为锚碇吸附层。

三、涂料工业使用的润湿分散剂的种类

因为涂料种类不同，所需要的润湿分散剂的种类也各不相同。为了满足各类涂料的需要，各种润湿分散剂的分子结构、特性及作用机理也各不相同。

1. 溶剂型涂料使用的润湿分散剂

（1）天然聚合物类　卵磷脂是这类添加剂的代表品种，作为油性润湿分散剂用在涂料和油墨之中。卵磷脂吸附在无机颜料的表面上有润湿和分散的效果，使颜料形成絮凝结构，因此具有防浮色、防沉淀、防流挂的作用。卵磷脂添加必须准确，多加、少加都会影响涂料的性能。由于卵磷脂中含有磷脂质，容易和基料中游离酸反应，会降低涂膜性能；使用不当还会降低涂膜的光泽。

（2）合成聚合物类　这类添加剂一般是合成的长链聚酯的酸和多氨基盐，属于两性的表面活性剂，所以应用范围比较广。其吸附在颜料表面上，吸附膜较厚，提高了颜料分散的稳定性，可以防止浮色发花。另外静电涂装时能降低电阻值，增强导电性。

（3）多价羧酸类　该类添加剂可以使混合颜料形成杂絮凝，防止单一颜料的过度絮凝。还可添加到颜料色浆中，作为研磨助剂使用。

（4）特殊乙烯类聚合物　这类添加剂具有低聚物分子量，属于高分子活性剂，可作为分散稳定剂、润湿剂。根据分子量和组成不同，还可作流平剂、消泡剂使用。

（5）偶联剂　目前应用较多的有硅系和钛系偶联剂。偶联剂分子的两端结构不同，一端亲有机物，另一端亲无机物。在体系内，偶联剂起到了有机物和无机物的架桥作用，将有机物和无机物连接起来。偶联剂在涂料中使用具有润湿、分散、防沉、增加涂膜的附着力等作用。

（6）其他类　作为润湿分散剂使用的还有松香的顺丁烯二酸酐化合物、植物油的磷酸盐、蓖麻油脂肪酸、脂肪醇的硫酸盐、磺基琥珀酸的衍生物等。

合成的表面活动性剂有烷基磺酸盐、烷基磷酸酯盐、烷基氨基的氯化物和磷酸盐、山梨糖醇脂肪酸酯等。

2. 水性涂料使用的润湿分散剂

（1）润湿剂　阴离子型的润湿剂有十二烷基（辛基、己基、丁基）磺基琥珀酸盐、烷基萘磺酸钠、蓖麻油硫酸化物、十二烷基磺酸钠、硫酸月桂脂、油酸丁基酯硫酸化物等。阳离子型的润湿剂有烷基吡啶盐氯化物。非离子型的有烷基苯酚聚乙烯醚、聚氧己烯烷基醚、聚氧乙烯乙二醇烷基酯、聚氧乙烯乙二醇烷基芳基醚、乙炔乙二醇等。

（2）分散剂　分散剂有 3 大类：无机类、有机类、高分子类，效果较好的是高分子类。

无机类有聚磷酸盐（焦磷酸钠、磷酸三钠、磷酸四钠、六偏磷酸钠等）、硅酸盐（偏硅酸钠、二硅酸钠）等。

有机类分散剂又分为阴离子型、阳离子型、非离子型的三类。烷基聚醚硫酸酯、烷基芳基磺酸盐、烷基苯磺酸盐、烷基钠磺酸盐、二烷基磺基琥珀酸盐、烷基苯磺酸盐、脂肪酸酰胺衍生物硫酸酯、蓖麻油硫酸化物、聚乙二醇烷基芳基醚磺酸钠等为阴离子型。烷基酚聚乙烯醚、二烷基琥珀酸盐、聚氧乙烯烷基酚基醚等为非离子型。烷基吡啶鎓氯化物、三甲基硬脂酰铵氯化物等为阳离子型。

高分子类分散剂有聚羧酸盐、聚丙烯酸衍生物、聚甲基丙烯酸衍生物、顺丁烯二酸酐共聚物（二异丁烯-顺酐、苯乙烯-顺酐）、缩合萘磺酸盐、非离子型水溶性高分子（聚乙烯吡咯酮、聚醚衍生物）等。

四、润湿分散剂在涂料工业中的应用

润湿分散剂主要是在界面处发挥作用。润湿、分散、稳定作用的基础是吸附层，由于吸附层覆盖在固体粒子的表面上，改变了相与相之间的作用。

举例来说，在极性溶剂中醇酸树脂能吸附在华蓝的表面上，这是因为华蓝表面上具有两种活性中心，所以呈酸性的醇酸树脂仍可吸附在其表面上，但其覆盖率较低，故而造成其润湿分散性较差，必须选择适宜润湿分散剂来提高其分散效率。

聚合物与颜料可以产生吸附作用，但往往达不到饱和吸附，空余吸附点就容易产生粒子间的交联，构成均相的或杂相的絮凝体。所以要利用分散剂，依靠其吸附的亲合性来达到致密的吸附层。

1. 润湿分散剂在水性涂料中的应用

颜料在比其自身的临界表面张力低的溶液中分散性较好，在同一表面张力的分散介质中，颜料表面张力高的，$\cos\theta$ 值较大，润湿分散性较好，随着分散介质表面张力的降低，$\cos\theta$ 值也随之增大，颜料润湿分散性变好。表面亲水性较强的颜料，在水中的润湿性差。如 TiO_2 在纯水中只能分散成 $1\sim3\mu m$ 的粒子。

通常颜料粒子在水中的分散要比在有机溶剂中困难得多。其原因是水的表面张力较高 $\delta=7.28\times10^{-4}N/cm(72.8dyn/cm)$，而有机溶剂的表面张力大约是 $\delta=3\times10^{-4}N/cm(30dyn/cm)$。为了提高颜料的分散性，通常采用表面活性剂来降低水的表面张力，增强颜料的润湿性。

水性涂料的润湿分散剂的稳定性主要依靠电荷斥力起到润湿分散的效果，当然，吸附层的空间位阻效应也起到了一定的作用。

（1）利用颜料粒子表面的电荷斥力　许多无机颜料粒子在分散介质中会表面带电，由于粒子表面带电，就会在粒子的周围产生双电荷层，由电荷斥力构成了分散体系的稳定性。例如，在高岭土的分散系中添加焦磷酸盐，当分散体系的 pH 值等于 7 时，粒子的负电位会提高，构成的双电荷层，使分散体系处于稳定状态。

（2）利用表面活性剂的吸附作用　在水性涂料中经常使用阴离子和非离子型的表面活性剂，作为润湿分散剂使用。

亲水性颜料能够与添加的离子型表面活性剂的极性基或离子发生相互作用，在颜料粒子表面形成单分子吸附层，这时疏水基朝外，是不可能获得稳定分散体的。随着表面活性剂浓度的增加，表面活性疏水基之间相结合会形成第二层吸附层。

疏水性颜料在水性分散介质中分散时，一般相当于有机颜料在水中分散，这实际上是颜料的偶联过程，也就是利用表面活性剂来使颜料亲水化的过程。颜料粒子同表面活性剂依靠极性基间的引力而结合，形成单分子吸附层，吸附层的亲水基朝外，这时还会与分散介质中的表面活性剂依靠电荷力形成第二层吸附层。

（3）微皂化的化合物的应用　在水性分散体中使用电解质，容易受其他电解质的影响，使稳定性发生变化。使用聚磷酸盐、聚偏磷酸盐和三聚磷酸盐等分散剂时会使化学稳定性变差，降低漆膜的光泽，有的还会影响涂膜的耐水性。为了克服这些缺点，人们开始使用聚合体型的分散剂。这种分散剂属于低聚物，所以被称为聚合体型聚合物，分子内具有疏水部分和亲水部分，所以它是具有表面活性的化合物。但其表面活性能力却比普通的表面活性剂小。奈磺酸钠与甲醛的缩合物、聚丙烯酸钠盐等就属于这类化合物。

近年应用的低聚物表面活性剂有马来酸的衍生物、烷基聚氧乙烯醚、丙烯酸和丙烯腈的共聚物等。

这些微皂化的聚合物作为炭黑和酞菁蓝的分散剂使用效果较好。即使在0.01% 的低浓度下，也比阴离子型表面活性剂分散能力大。其疏水基吸附于颜料表面。这种大体积结构和对分散有效的多官能团（侧链烷基、羧酸盐、磺酸盐酯基等），形成牢固的、厚的吸附层，具有良好的分散稳定作用。

关于添加剂的添加量，到目前还没有理论上的定论，主要是根据配方设计、原材料的性质，按照试验的数据进行加添。

2. 润湿分散剂对溶剂型涂料性能的影响

涂料分散体系稳定与否归结于一点是该分散体系的絮凝程度如何，在溶剂型涂料中如果不加分散剂，树脂又不能在颜料表面上形成足够厚度的吸附层，颜料就容易产生絮凝，严重者会形成沉淀结块。这就是涂料分散体系稳定性不好的基本原因，能够造成产品批次之间质量上的波动和色相上的差异。为了减少这种缺欠，可在颜料制造时进行表面改性处理，或者制漆时添加适当的润湿分散剂加以改善。润湿分散剂对溶剂型涂料性能的影响如下。

（1）增加涂膜光泽、改善流平性　涂膜的光泽是树脂基料决定的。添加过多的颜料，会降低涂膜光泽。

这类润湿分散剂对于难分散的着色颜料尤为重要，它能使分散体系处于稳定状态，黏度较低，能够显示出牛顿流动，例如德国 BYK 公司的 Anti-Terra-U 和 Disperbyk-10 等润湿分散剂就有这种功能。

（2）降低色浆的黏度、改善流动性　在相同黏度下，使用润湿分散剂，能够提高颜料的体积浓度，增加填充性，在相同的颜料体积浓度下，可以降低分散体系的黏度，改善流动性。例如 Daniel 公司的 Disperswaid 6，ICI 公司的 Solsperse-3000，国产钛酸酯偶联剂 TC 系列产品都有这样的功能。

（3）提高涂料储存的稳定性　涂料储存稳定性取决于颜料分散的好坏。如果颜料分散不好，会产生沉淀，造成辐射、发花、着色度下降，涂料流变性也会发生变化。其原因与树脂基料和溶剂的比例、树脂基料的分散性能有密切关系。

（4）提高颜料的着色力和遮盖力　光的散射程度和颜料的遮盖力随着粒径的变化而变化，存在一个最大值，在涂料中以颜料粒度小为宜，即一般来说，粒径减小则着色力增大，遮盖力提高，透明度加强，涂膜的色彩鲜艳度强。能够降低体系黏度的润湿分散剂及锚锭式的超分散剂也能达到这样的效果。

（5）能取得防止浮色、流挂、沉降效果　使用控制絮凝的润湿分散剂可以防止复色漆的浮色、发花。

（6）提高涂膜的物化性能　这些性能主要是依靠树脂来实现的，但在涂料中使用颜料量较多时，涂膜的物化性能变差。而润湿分散剂可以提高对紫外线的吸收和反射能力，增加颜料的耐候性和耐化学药品性，因而提高了涂膜的物化性能。

（7）改变涂料的流变性　使用不同的润湿分散剂有时会得到近似于牛顿流体的低黏度分散体系，颜料粒子可分散到接近于原生粒子状态，可得到一种稳定的理想分散体系，但有的润湿分散剂会使分散体系具有假塑性黏度和触变性黏度，这是由于分散剂对颜料有控制絮凝的作用。

前者主要是用于降低黏度改善流动性，使涂膜具有较好的流平性，具有较高的光泽。这类分散剂主要用于色浆制造、高颜基比的色漆或吸油量较高的易于形成触变结构的有机颜料涂料中。后者能够使涂料体系形成结构黏性，这种润湿分散剂可使涂料分散体系处于稳定状态，同时还具有防沉、防流挂、防止浮色发花的作用。

（8）节省时间及能源　加入润湿分散剂可以减少颜料研磨粉碎时间，节省能源、提高工作效率。

3. 润湿分散剂在溶剂型涂料中的应用

润湿分散剂在溶剂型涂料中的使用方法如下。

（1）润湿分散剂在非极性基料中的应用　在各种不同性质的分散介质中，同一种颜料的润湿分散效率和它们的最佳浓度都不同。因此，在使用润湿分散剂时要考虑分散介质的性质和颜料表面的状态、特性、它们之间的相互作用以及外界条件的影响。

同一种颜料的分散，所使用的润湿分散剂及用量会有较大差别，主要原因在于分散介质的性质、聚合物基料中混杂的具有表面活性物的含量及性质，都会影响润湿分散剂发挥作用。

当使用对颜料润湿性较差的非极性基料，例如以过氯乙烯树脂、丙烯酸树脂等为基料对华蓝进行分散时，因为过氯乙烯树脂对华蓝的润湿效果不好，所以分散是极其困难的，经过 5 昼夜的分散，颜料细度还高于 $130\mu m$。使用颜料用量的 3%～4% 的润湿分散剂（如十八烷基胺），经过 24h 研磨分散，细度不超过 $10\mu m$，大约 85% 的粒径不超过 $5\mu m$，如果助剂的用量增加 2 倍，分散效果不再继续提高。如果超出颜料的化学吸附量，分散性变差。

这个实例说明了润湿分散剂的用量对颜料的分散起相当重要的作用。当颜料粒子表面亲液化（亲液指与溶剂有强亲和力）已达到足够程度，但还没有饱和时，颜料达到分散的最佳条件，因为没有吸附助剂的地方还可以吸附聚合物基料，增加吸附层的厚度，对分散系的稳定创造了条件。在聚合物基料中，若颜料粒子表面亲液化程度低，分散效果也不理想，必须借助于润湿分散剂，提高粒子表面的亲液化程度，达到分散的目的。

对于过氧乙烯树脂中对华蓝的分散，十八烷基胺要比硬脂酸效果好，这是因为十八烷基胺的吸附量大、亲液化程度高。

总之，在非极性基料中，颜料的分散是困难的，原因是基料对颜料的亲合性差，产生不了足够厚度的吸附层，所以必须借助于润湿分散剂的吸附作用，增加吸附层的厚度和粒子的亲液化程度，达到稳定的分散目的。

（2）润湿分散剂在吸附活性基料中的应用　在许多情况下，以低聚物和含有活性基的聚合物为基料时，基料具有较好的表面活性，能吸附在颜料的表面上，特别是甘油醇酸树脂和季戊四醇醇酸树脂，分子中含有大量活性官能基，并且分子量比较小，分子量分布范围广。小分子量的含有极性基团的聚合物更容易吸附在颜料表面上，所以它们是一种活性吸附基料。有人测定了炭黑、TiO_2 在季戊四醇醇酸树脂中的分散情况，分散系的稳定性不是单纯地随树脂浓度的增加而提高，分别有一个最佳树脂浓度值。

各种颜料都是如此。在不同的树脂基料中分散时，树脂的浓度对分散系的稳定性都有极大的影响，这种影响只发生在聚合物对颜料表面产生吸附的情况下。

还应该指出，颜料在具有少量极性基团的高分子树脂中的分散同具有大量活性基团的低分子量基料中的分散是有区别的。前者，甚至在聚合物对颜料表面发生吸附作用时，由于基料对颜料润湿不好，所以必须借助于润湿剂。因为聚合物在颜料表面上的吸附量少，涂料的存储稳定性较差，所以必须借助于分散剂的作用。润湿分散剂有助于固相表面的亲液化和溶剂化，使颜料达到饱和吸附，利用吸附层的空间位阻达到储存的稳定。对于后者，随着树脂在颜料表面的吸附，由于活性基团含量多、不解吸，对颜料的强化分散是足够的，只要正确地选择分散系的比例、固/液之间的比例及聚合物的最佳浓度就可以了。颜料粒子表面所需要的亲液化的程度，由树脂的低分子馏分在颜料表面上的强化吸附而自然实现，涂料储存的稳定性较好。

含有活性基团的基料有助于颜料的分散和分散系的稳定。当然，在这种分散系中添加润湿分散剂也能够提高分散效率。在醇酸树脂中分散炭黑及 TiO_2 时，添加 1% 的氨基醇类分散剂，分散效率可提高 3 倍。在颜料粒子吸附了聚合物基料的条件下，使用低分子量的润湿分散剂作补充改性，润湿分散剂和聚合物基料按比例吸附在粒子表面上和进入颜料凝聚体的缝隙内，置换水和空气，降低表面张力，从而对颜料粒子团产生破坏作用。在外力作用下，颜料能够很快地从凝聚体变成微细粒子，甚至达到原始粒子状态。

在颜料分散过程中选择助剂时要使其性质和分散介质相近。因此，当颜料在过氯乙烯基料中分散时，比较有效的是添加带有直链的脂肪族化合物及其衍生物（例如十八烷基胺用于铁蓝，硬脂酸用于二氧化钛）。然而当这些颜料在亚麻油、甘油醇酸和季戊四醇醇酸树脂中分散时，可以发现，具有支链的含有极性基团的烃基化合物较为有效。当炭黑在丙烯酸树脂中分散时，一般使用直链胺达不到效果，应使用特殊的胺。

综上所述，在溶剂型涂料中使用润湿分散剂有 3 条原则：①选择好溶剂，为聚合物基料在颜料上吸附提供条件；②确定聚合物的最佳浓度范围，可根据悬浮体的稳定性确定；③要注意润湿分散剂产生化学吸附的必要条件和最佳浓度，使其分子性质接近于聚合物的性质。

（3）超分散剂在研磨色浆中的应用　超分散剂多为锚碇式的，其分子是由亲固体的锚碇基团和亲溶剂的聚合链（亲液链）两部分组成。锚碇基团和颜料表面反应，牢牢地固定在颜料表面上。超分散剂的第二部分是亲液链，为了在有机系统中有效地分散，必须增加这种亲液链的长度，以提供良好溶剂化性能、增加吸附层的厚度、提高分散体的稳定性。但链的长度必须适宜，若太短则空间稳定性差，若太长则对溶剂亲和性过高，易产生脱吸作用，或者反扭到颗粒表面上，降低吸附层的空间厚度，或者与其他链节缠绕而使粒子靠得过紧，这些因素都会导致颜料凝聚。

超分散剂和传统表面活性剂之间的区别在于超分散剂可形成极弱的胶束，易于活动，能很快移向颗粒表面，起到保护作用。另外超分散剂不会像传统型表面活性剂那样，在固体表面上导入一个亲水膜。另外它在相的界面处是没有活性的。在研磨色浆时使用超分散剂可获得以下几方面的好处。

① 在高颜料分研磨色浆中使用会获得较好的流动性。采用超分散剂可大幅度提高固含量，其固含量可达一般研磨色浆固含量的两倍以上，而黏度相似。用于有机颜料的分散，颜料含量可达 $40\%\sim50\%$；用于无机颜料则颜料含量可达 80％以

上。假设色浆为 1000 份，则生产效率之比为 2.1（含超分散剂的漆/用传统方法制的漆等于 401.33 份/190.67 份＝2.1）。也就是说采用超分散剂生产效率提了 2.1 倍。

② 在无树脂研磨介质中分散稳定性好。在烃类溶剂中采用超分散剂制造的含有机颜料 40％的色浆，贮存 2 年无变化、无分层、无沉淀结块现象；含无机颜料 80％的色浆贮存了 9 个多月无变化。

③ 通用性强、混溶性好。因为色浆中不使用树脂，超分散剂色浆与其他色浆混溶性很好，所以在配漆时通用性强。只有研磨介质中的溶剂可以限制它的使用。

④ 超分散剂对涂料无不良影响。采用超分散剂生产的色浆，其颜料润湿分散的效果良好，贮存稳定性好，因此对涂料的光泽、耐候性、施工性能都具有提高的作用。

第二节　消泡剂

　　泡的形成过程常以肥皂泡作为例子。肥皂泡的形状近似理想球体，其膜极薄，重量实际上往往可以忽略不计。20 世纪后，表面活性物的单分子膜可以在水面展开的假说已被人们所接受。人们认为肥皂泡的膜是肥皂分子的亲水基向着内部、疏水基向着外部（空气）排列，最后形成的双分子膜结构（图 7-2）。

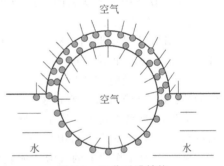

图 7-2　双分子膜结构

　　在科学研究和生产过程中，泡沫有时是很有实用价值的，例如泡沫浮选、泡沫分离、泡沫灭火、泡沫杀虫、泡沫塑料和泡沫橡胶等工艺过程中，就是希望形成稳定的泡沫来解决实际生产技术和人们生活中的一些问题。在这里一般总是使用起泡剂和泡沫稳定剂。但在另一些生产工艺中，如发酵、蒸馏、印染、造纸、污水处理、锅炉用水和乳胶涂料的制造等，泡沫的形成会给操作带来很大的困难，甚至有可能使工作无法进行下去。因此，就必须设法破坏泡沫或防止泡沫的产生。最有效的方法就是使用消泡剂。

一、起泡原因

　　在涂料的生产过程中，起泡主要有两方面的原因，一方面配方组成中有起泡的因素，另一方面是生产工艺中有起泡因素。

　　近代科学技术的发展，对涂料工业提出高质量、高效益的要求，因此无论是水性涂料还是溶剂型涂料，都在配方中应采用各种助剂，其中有帮助颜料润湿分散的助剂，有改善涂料成品贮藏稳定的助剂，有调整漆膜外观平整的助剂，还有一些达到特殊功能的助剂。上述这些助剂品种大多都属于表面活性剂，都能改变涂料的表面张力，致使涂料本身就存在着易起泡或使泡沫稳定的内部因素。此外，颜料的使用也是起泡的原因之一，一般着色颜料如炭黑、酞菁蓝和酞菁绿等有机颜料在水性涂料中有增加泡沫的倾向，这可能是由于颜料粒子细的原因；含有氧化铁颜料的水性涂料，消泡特别困难。因为许多消泡剂影响颜料的分散性，消泡剂本身又易被颜料粒子吸附，所以选用消泡剂时，必须进行贮藏稳定性试验。填料对泡沫的影响尚不清楚。

涂料制造过程中需要使用各种高速混合机，如三辊机、砂磨机和球磨机等。涂料涂装时所用的各种施工方法，如空气喷涂、无气喷涂、辊涂、流涂和淋涂等。在这些过程中，都会不同程度地增加涂料体系的自由能，促使产生泡沫，这是产生泡沫的外部因素。

涂料工业中水性乳胶涂料的泡沫问题最为突出，这是由于它的特殊配方和特殊生产工艺所致，产生原因如下：

① 乳胶漆以水为稀释剂，在乳液聚合时就必须使用一定数量的乳化剂，才能得到稳定的水分散液，乳化剂的使用，致使乳液体系表面张力大大下降，这是产生泡沫的主要原因；

② 乳胶漆中分散颜料的润湿剂和分散剂也是降低体系表面张力的物质，会促进泡沫的产生及稳定；

③ 乳胶漆黏度低则不易施工，使用增稠剂后则使泡沫的膜壁增厚而增加其弹性，使泡沫稳定而不易消除；

④ 生产乳液时游离单体的抽取、配制乳胶漆时的高速分散及搅拌、施工过程中的喷、刷、辊等操作，所有这些都能不同程度地改变体系的自由能，促使泡沫产生。

乳胶漆的泡沫问题，使生产操作困难，泡沫中的空气不仅会阻碍着色颜料或填料的分散，也使设备的利用率不足而影响产量，此外，装罐时因泡沫还需多次罐装。施工中给漆膜留下的气泡造成表面缺陷，既有损外观，又影响漆膜的防腐性和耐候性。

二、消泡机理

消泡剂是能在泡沫体系之中使表面张力不平衡，能破坏发泡体系表面黏度和表面弹性的物质，应具有低的表面张力和 HLB 值，不溶于发泡介质之中，但又很容易按一定的粒度大小均匀地分散于泡沫介质之中，产生持续的和均衡的消泡能力。当泡沫介质由于某种原因要起泡时，它首先能阻止泡沫的产生。而在已经生成泡沫的泡沫体系之中，它又能迅速地散布，破坏气泡的弹性膜，使之破裂。为此，消泡剂又可分为抑泡剂和破泡剂两种。涂料工业主要使用抑泡性能好的消泡剂。

三、消泡剂的品种

消泡剂的用量不大，但它的专用性强，作用明显，可用作消泡剂的物质也比较多。水性涂料用消泡剂有在水中难溶的矿物油、萜烯油、脂肪酸低级醇酯、高级醇、高级脂肪酸、高级脂肪酸金属皂、高级脂肪酸甘油酯、高级脂肪酸酰胺、高级脂肪酸和多乙烯多胺的衍生物、聚乙二醇、聚丙二醇、丙二醇与环氧乙烷的加成聚合物、乙二醇有机磷酸酯、有机硅树脂、改性有机硅树脂、二氧化硅与有机硅树脂配合物等。非水性涂料用消泡剂的成分则多为在有机溶剂中难溶的低级醇、高级脂肪酸金属皂、低级烷基磷酸酯、有机硅树脂、改性有机硅树脂、二氧化硅与有机硅混合物、有机聚合物以及低聚物的衍生物等。在使用有机硅树脂作消泡剂时，为防止缩孔或陷穴的倾向，多采用改性的或乳化的有机硅树脂。按照目前使用的消泡剂成分，消泡剂种类如表 7-1 所示。

表 7-1 消泡剂的种类

种类	消泡剂成分
低级醇系	甲醇、乙醇、异丙醇、仲丁醇、正丁醇等
有机极性化合物系	戊醇、二丁基卡必醇、磷酸三丁酯、油酸、松浆油、金属皂、HLB 值低的表面活性剂（例：缩水山梨糖醇月桂酸单酯、缩水山梨糖醇月桂酸三酯、聚乙二醇脂肪酸酯、聚醚型非离子表面活性剂）、聚丙二醇等
矿物油系	矿物油的表面活性剂配合物、矿物油和脂肪酸金属盐的表面活性剂配合物
有机硅树脂	有机硅树脂、有机硅树脂的表面活性剂配合物、有机硅树脂的无机粉末配合物

国内外各种牌号的涂料用消泡剂，大多是用于乳胶涂料的。乳胶涂料用消泡剂多以复配型为主，已不再使用单一的物质作为消泡剂。乳胶漆用消泡剂是各种憎水基和乳化剂改性的烃类化合物：有些是以聚二甲基硅氧烷乳液为基础的化合物；有些则为分散着消泡组分的水分散物。但是所有这些消泡剂品种在性能设计上都需兼顾两点，恰当的水分散性和适宜的表面张力，这两点对消泡剂的消泡性能和贮藏持久性是很重要的。

上海市涂料研究所已先后研制成 SPA-102 和 SPA-202 两个牌号的消泡剂。SPA-102 消泡剂的组成是以醚酯化合物和有机磷酸盐等为基础的复配型消泡剂，可有效地消除低黏度的乳液及其乳胶涂料制造时和施工中产生的泡沫，不会产生缩孔，无不良副作用。SPA-202 消泡剂的组成是硅、酯、乳化剂等的复合型消泡剂，可有效地消除苯丙、乙丙、纯丙等各种乳液和乳胶涂料中的泡沫，还能成功地用于美术颜料、印刷制版、聚乙烯醇体系的内外墙涂料等生产工艺过程中的消泡。经使用证明，它还具有改善涂料的涂刷性和贮存中防止颜料沉淀的优点。SPA-202 具有用量少、效率高、消泡持久性强、使用通用性好、无任何不良副作用等特点，其性能已达到美国大祥公司 NOPCO 8034L 和德国 BYK 公司的 BYK-073 等品种的水平。

四、消泡剂的选择

1. 影响涂料泡沫的因素

由于水性涂料配方中各物料的相互影响，它的泡沫问题十分复杂。如基料成分、各种添加剂的品种和用量、施工方法、施工时涂料的各项技术指标等都会影响泡沫的产生和消除。

经验表明，乳胶涂料的 pH 值高，对控制泡沫不利。丙烯酸系有光乳胶涂料的乳液粒子很细，消泡是困难的。水溶性醇酸树脂与水溶性聚酯相比较，水溶性醇酸树脂与消泡剂混溶性较好，这可能是由于醇酸树脂中含有植物油之故。

分散剂对某些水性涂料的泡沫有明显的影响。聚丙烯酸盐类分散剂的泡沫多于其他类型的分散剂。一般说来，分散能力低的分散剂，它的泡沫也较少。如二异丁基磺基丁二酸盐（Tamoi 731），对颜料来说，它的用量在 0.1%～0.25% 时就很少有泡沫。某些分散剂首先乳化消泡剂，将引起颜料的聚结和消泡剂的失灵。

润湿剂的选择，不仅影响泡沫的数量，而且也应考虑选择的消泡剂的品种。过量润湿剂将会稳定泡沫。

增稠剂使高黏度的涂料消泡特别困难，故厚浆型涂料有专用消泡剂。

涂膜的干燥时间在选择消泡剂时应着重考虑。干燥时间短的涂料涂层固定得快，湿膜流动的时间就少，消泡剂的作用几乎瞬间就要完成，即使气泡破裂了，没有一定的流动，留下的也是空穴。较短的晾干时间，就要选择消泡力强的消泡剂。

涂布方法对消泡剂的选择也有很大影响。一般说来，无空气喷涂的消泡比空气喷涂的消泡要困难，需要抑泡剂和破泡剂混合使用。流涂施工比浸涂施工的泡沫要多。流涂施工不仅涂层表面会有气泡，而且金属表面和涂层之间也会有气泡，需设法去除。幕涂过程中破泡困难，所以涂料及施工件本身必须尽可能无气泡，在涂料中就需要使用抑泡剂。表面涂布上漆以后，气泡又需尽快消除，所以也需要消泡剂。同向辊涂和逆向辊涂相比较，逆向辊涂的消泡较为困难。

流水线施工过程中，由于泡沫问题而引起的返工是应该严格防止的。在水性涂料的早期应用中，许多涂料制造者总是单独携带部分消泡剂去施工现场，灵活添加，以保证使用成功。

2. 如何选择消泡剂

消泡剂除了达到消泡的目的外，还必须没有颜料凝聚、缩孔、针孔、失光、缩边、丝纹和发花等副作用。还要求消泡能力持久。涂料生产过程中，要求消泡能力须保持几天。但经贮藏后的涂料施工中，要求保持初期的消泡能力就比较困难。因涂料中表面活性物质的存在，涂料制造过程中的高温和高剪切力，都不利于消泡能力的持久保持，因此涂料用消泡剂的选择主要还是凭实践经验，认真考虑各种实际因素，调整配方，取得一个平衡稳定的最佳点。下面介绍选择消泡剂的步骤。

① 搜集合成树脂、表面活性剂、颜料和其他用料的技术资料，还应包括应用施工的方法、消泡能力持久性的要求等，根据过去类似方面做过的工作进行仔细分析。

② 选用若干个消泡剂品种，采用后添加方法，完成初步的筛选试验，这里应包括热老化消泡能力持久性加速试验和施工工艺模拟试验。

③ 上述筛选中获得的最佳结果，用于涂料制造过程中添加消泡剂，再经过适当调整，取得最佳结果。

以下简单介绍水性有光涂料用消泡剂和弹性乳胶涂料用消泡剂。

水性有光涂料用消泡剂要求：①消泡能力强；②折射率高；③在涂料体系中分散稳定，无碍光泽。例如添加聚乙烯蜡、芳香族系化合物、改进有机硅树脂、有机胺等物质作为消泡剂是有效的，添加量通常为物料质量的 0.1%～2.0%。

为解决混凝土的微裂问题研制的弹性乳胶涂料，有极高的黏度。消泡剂的扩散和气泡的移动较困难，形成的泡沫较厚，弹性又高。所以此类涂料体系使用的消泡剂，就需要表面张力极低的有机硅化合物作为消泡成分。但这些物质若使用不当，就会引起缩孔。

五、消泡剂的使用

消泡剂的使用注意事项如下。

① 消泡剂的一般用量（质量分数）见下表。

涂料类型	用量
一般的及高黏度的乳胶涂料	0.3%～0.8%
低黏度乳胶漆和水溶性涂料	0.01%～0.3%
树脂乳液	0.03%～0.5%

② 消泡剂即使不分层，使用前也应适当搅拌一下比较好。若消泡剂分层，则使用前必须充分搅拌，混合均匀。

③ 在涂料或乳液搅拌情况下加入消泡剂。

④ 消泡剂使用前，一般不需用水稀释，可直接加入。某些水可稀释的品种，若使用时需要稀释，也应随稀随用。

⑤ 用量要适当。若用量过多，会引起缩孔、缩边、涂刷性差和再涂性差等问题。用量太少，则泡沫消除不了。

⑥ 消泡剂最好分两次添加，即研磨分散颜料制颜料浆阶段和颜料浆中配入乳液的成漆阶段。一般是每个阶段添加总量的一半，也可根据情况自行调节。在研磨分散颜料阶段最好用抑泡效果好的消泡剂，在成漆阶段最好用破泡效果好的消泡剂。表7-2介绍了这两类消泡剂。

表 7-2　抑泡和破泡效果好的消泡剂举例

研磨时用(抑泡效果好的)	成漆时用(破泡效果好的)
Nopco	Nopco-NXZ
Foamaster	Foamaster-VL
Foamaster-B	Foamaster-R
Foamaster-NS	Foamaster-S

经验证明，有机硅型消泡剂最好是加在研磨料中，并尽可能少加水，这样可使有机硅型消泡剂得到最大扩散，扩散越好，效果越佳，用量可以减到最小。成漆阶段则以加入非有机硅型消泡剂为宜。即使是使用相同的消泡剂，分两个阶段添加，也能使消泡剂的作用得到更好地发挥，用量也可减少。

⑦ 要注意消泡剂加入后至少需24h才能取得消泡性能与缩孔、缩边之间的平衡。所以若提前去测试涂料的性能，就会得出错误的结论。

⑧ 另外，消泡剂的用量总以最低的有效量为好。有些场合，使用某一个消泡剂，如果 $x\%$ 的用量效果是好的，那么 $2x\%$ 的用量，效果反而不好。实际上

$1/2x\%$的用量，倒可能是我们采用的用量。

⑨ 用于水性涂料工业的泡沫控制剂可以分为三个大类：有机物、二氧化硅和有机硅。每一个大类又能进一步细分为可乳化型和不可乳化型。可乳化的消泡剂在水中能够乳化分散，不可乳化的消泡剂在水中虽不能乳化，但在含有表面活性剂的水溶液体系中能够分散。下表简要概括出它们的优缺点。

乳化性	优点	缺点
可乳化的	容易分散、少缩孔倾向	储藏稳定性差
不可乳化的	好的持久性，好的储藏稳定性	有颜色吸收问题

消泡剂的乳化性能，一般不作为产品技术指标公开列出，但通过查阅有关资料可以获得这方面的技术信息。这一点，对选用消泡剂是有帮助的。

在水性涂料中，如果消泡剂 A 是不可乳化的消泡剂，那么它虽能控制泡沫，仍会出现缩孔或漆膜表面不平整。如果出现缩孔或漆膜表面不平整，应改用可乳化的消泡剂。

反之，消泡剂 B 如果是可乳化的消泡剂，起初它似乎控制了泡沫，但贮藏稳定性不好。那么要使体系有最初的泡沫控制和贮藏稳定性，应使用不可乳化的消泡剂。

第三节　流变助剂

液体的流变性能，对涂料工业来说，从原料选择、涂料配制、成品贮存、直到应用施工、转化成膜各个阶段是一个必须考虑的重要因素。流变助剂，在涂料体系中，具有独特的稳定结构，能保护已分散的颜料颗粒，形成有触变性的厚浆涂料，有助于流挂控制，保持优良的流平性，防止颜料沉降。

一、流变学基本概念

描述物体在外力作用下产生流动和形变规律的学科，称为流变学。

一个理想固体，施加外力时，产生弹性形变，一旦除去外力，形变又完全复原。一个理想流体，包含液体和气体，在外力的作用下，则产生不可逆的形变，仅仅释去外力，仍不能恢复到原状。只有少数液体，其流动性能近似理想液体。大多数液体，表现出介于液体和固体之间的流动性能，或多或少是弹性而黏稠的，所以这种性质也称为"黏弹性"。涂料就是呈现这种性能的液体。

构成流变学有三个要素，即剪切应力、剪切速率和黏度。

（1）剪切应力　作用于物体单位面积切线向上的力，称为剪切应力。

（2）剪切速率　流体的运动速度相对圆流道半径的变化速度。

（3）黏度　剪切应力与剪切速率之比，称为绝对黏度。其符号为 η。

黏度在流变学上占有重要地位。它往往随着温度、剪切应力、剪切速率、剪切历程等的变化而变化，流变学上使用曲线表示其关系。

（4）流动特性曲线和黏度特性曲线　一个液体的剪切应力和剪切速率之间的关系，决定了其流动行为。以 τ 为纵坐标，D 为横坐标的曲线图，称为流动特性曲线图；以 η 为纵坐标，D 为横坐标的曲线图，称为黏度特性曲线图。

二、流体的主要类型

根据流动（黏度）特性曲线，流体可分为牛顿型和非牛顿型两大类。

1. 牛顿流体

牛顿流体为理想液体，即在任何给定的温度下，在广泛的剪切速率下，有恒定的黏度。许多涂料原料，如水、溶剂和一些树脂液均可看作牛顿型，然而涂料成品却大都是非牛顿型的。牛顿流体的流动和黏度特性曲线如图 7-3 所示。

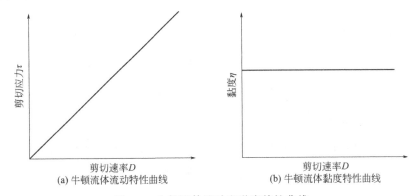

(a) 牛顿流体流动特性曲线　　(b) 牛顿流体黏度特性曲线

图 7-3　牛顿流体流动和黏度特性曲线

2. 非牛顿流体

当一个流体的黏度随着剪切速率的变化而变化时，该流体就称为非牛顿流体：其中黏度随着剪切速率的增加而降低的流体，称为假塑性流体（剪切稀化）；反之，黏度随着剪切速率的增加而上升的流体，称为膨胀性流体（剪切稠化）。两者的流动和黏度特性曲线见图 7-4。

剪切应力必须超过某一点 A，液体才开始流动，A 点称为屈服值或塑变点。剪切应力低于屈服值时，液体如同弹性固体，它仅变形而不流动，通常称为宾汉体。剪切应力一旦超过屈服值，液体开始流动，它可以是假塑性的，也可以是膨胀性的。

① 乳胶漆是典型的假塑性流体，其黏度随着剪切速率的增加而下降。当剪切速度率上升时，流变结构遭到破坏，黏度下降；反之，重行形成结构，黏度又上升。在任何给定的剪切速率下，其黏度是恒定的。

② 膨胀性流体的黏度与之相反，随着剪切速率的增加而增加，随着剪切速率的降低而降低。某些高颜料体积浓度的漆浆有此特性。

非牛顿流体还可分为触变性流体和震凝性流体。

③ 触变性流体。图 7-5 显示了触变性流体的黏度特性曲线，触变性流液体在某一剪切速率下，能够测得一系列黏度值，其黏度与剪切历程有关。经受剪切的时间越长，其黏度越低，直至某一下限值。

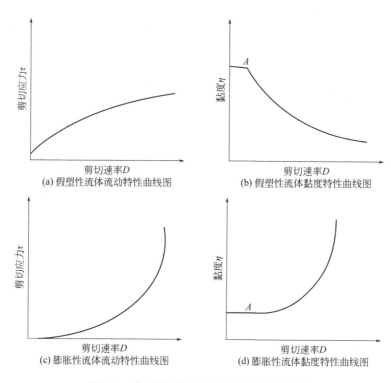

图 7-4   非牛顿流体的流动和黏度特性曲线

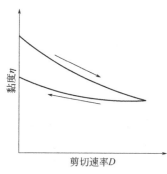

图 7-5   触变性流体
黏度特性曲线图

触变性涂料的黏度特性是：当剪切速率增加时，黏度逐步下降；一旦释去剪切力，黏度又回升。由于原始结构已遭破坏，必须经过一定的时间，才能回复到原始值。在任何剪切速率下，其黏度均低于未经剪切的原始材料黏度值。结构的破坏仅是暂时的。剪切速率增加和回降时黏度特性曲线所包围的区域面积是衡量其触变性能的尺度。

在涂料体系中添加一个有触变效应的助剂，建立起一个触变结构，就能形成一个可贵的性能，即在施工时的高剪切速率下有较低黏度，有助于涂料流动并易于施工；在施工前后的低剪切速率下，有较高黏度，可防止颜料沉降和湿膜流挂。

④ 震凝性流体。它一方面与触变性流体相反，黏度随着剪切速率的增加而增加；另一方面与触变性流动相似，其剪切速率-剪切应力曲线图也出现类似的滞后回线。

震凝性流体对涂料工业无特殊重要性，仅为学术上讨论。

上述 4 个类型的非牛顿流体，可归纳于表 7-3。

表 7-3　各类非牛顿流体的特点

剪切条件	黏度变化	
	下降	上升
剪切速率上升	假塑性(剪切稀化)	膨胀性(剪切稠化)
剪切时间增加(剪切速率恒定)	触变性	震凝性

三、涂料中建立触变结构的方法

在低剪切速率下建立触变结构的方法有颜料絮凝法和流变助剂法。

颜料絮凝法是一个较早使用的方法。这种方法是在涂料配方中添加表面活性剂使颜料疏松地附着在一起形成絮凝物,这一脆弱的结构形成了颜料颗粒链,总合起来成为颜料网络,因此使絮凝了的涂料体系在低剪切速率下显示高黏度。轻微的颜料絮凝是可以容许的,早期的涂料体系就采用了这个方法。但颜料絮凝法削弱了颜料颗粒分散效果。如果絮凝作用失去控制,就会析出颜料颗粒。少量的颜料絮凝即足以恶化涂膜的完整性,展色性就会随颜料絮凝程度而成比例地下降。

较新的方法是用流变助剂来形成凝胶网络,赋予涂料在低剪切速率下的结构黏度。现在这个低剪切速率下控制黏度的方法已被普遍地采用,颜料絮凝法已被迅速取代。

涂层流挂和流平是两个相互矛盾的现象。良好的涂膜流平性要求涂料黏度在足够长的时间内保持在最低点,有充分的时间使涂膜充分流平,形成平整的涂膜。这样就往往会出现流挂问题。反之,要求完全不出现流挂,涂料黏度必须特别高,将导致很少或完全没有流动性。为此需要一个优良的流变助剂,使其流挂和流平两个性能适当平衡,即在施工条件下,涂料黏度暂时降低,并在黏度的滞后恢复期间保持在低黏度下,具有良好的涂膜流平性。一旦流平后,黏度又逐步回复,这样就起了防止流挂的作用。

图 7-6 显示了在相同的条件下施工后 3 种涂料的黏度回复曲线。

曲线①是一种黏度回复速率快的涂料,它的流平性很差,但很少流挂或无流挂。

曲线③是一种黏度回复速率很慢的涂料,它流平完全但流挂严重。

曲线②是添加了高效流变助剂的涂料,它有恰到好处的黏度回复速率,流平性良好,并有效地控制了流挂。

涂料在贮存时,流变助剂在其内部形成 1 个疏松的结构。为了破坏其内部结构并使之流动,必须施加外力。当这个力超过该涂料的屈服值时(如施工),其内部结构遭到完全破坏,涂料变为极易流动的流体而便于流平,到一定阶段,湿膜内部又缓慢地回复疏松网状结构,而防止流挂。

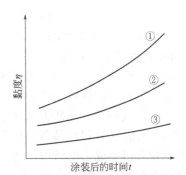

图 7-6　施工后 3 种涂料的
黏度回复曲线
①无流挂,流平性差;②流平和流挂良好平衡;③完全流平,严重流挂

涂料从贮存经过施工到达湿膜，经过了一个凝胶-溶胶-凝胶的历程。

四、流变助剂的种类

使用流变助剂的目的在于：防止涂装时流挂，调整涂膜厚度；防止贮存时颜料沉降，或使沉淀软化以提高再分散性；改善涂刷性；防止涂料渗入多孔性基材；改善刷痕和流平性。流变助剂可分为以下几种。

1. 有机膨润土类

有机膨润土类流变助剂用于涂料工业已有约 30 年历史。原料来自天然蒙脱土，主要是水辉石和膨润土两种。亲水性膨润土与鎓盐，如季铵盐，反应后生成亲有机化合物，可有效地使用于溶剂型涂料。某水辉石和膨润土的化学组成见表7-4。

表 7-4　某水辉石和膨润土化学组成　　　　　　　　　　　单位：%

组分	水辉石	膨润土	组分	水辉石	膨润土
SiO_2	53.95	55.44	K_2O	0.23	0.60
Al_2O_3	0.14	20.14	Na_2O	3.04	2.75
Fe_2O_3	0.03	3.67	TiO_2	—	0.10
FeO	—	0.30	H_2O^-	9.29	—
MgO	25.89	2.49	H_2O^+	5.61	11.70
CaO	0.16	0.50	Li_2O	1.22	—

从上表看，两种蒙脱土组成的主要区别在于：①水辉石含镁，膨润土含铝；②膨润土含 Fe^{3+} 量高。

我国膨润土资源丰富，含量较大的有浙江临安、辽宁黑山、新疆吐鲁番等矿。

2. 气相二氧化硅

（1）主要品种　气相二氧化硅是四氯化硅在氧-氢焰中水解而成的。

$$SiCl_4 + 2H_2 + O_2 \xrightarrow{1000℃} SiO_2 + 4HCl$$

凝结的气相二氧化硅是球形、X 射线下为无定形的颗粒，平均原始粒度为 7～40nm，相当于比表面积 380～500m²/g。其粒度可变更反应条件来控制，例如：火焰温度、引入惰性气体、调整四氯化硅浓度等。一般采用比表面积为 200m²/g 的产品。需要更高的触变性时，应使用比表面积更大的气相二氧化硅。

球形气相二氧化硅表面含有憎水性硅氧烷单元和亲水性硅醇基团。Aerosil 200（德国 Deguss 公司商品名）在表面上有 3～4 硅醇基/nm²。相邻颗粒的硅醇基团间的氢键合可形成三维结构，这一结构越显著，凝胶化作用也越强。三维结构能为机械影响所破坏，黏度由此下降。静止条件下，三维结构自行复生，黏度又上升，因此这一体系是触变性的。在完全非极性液体中，例如无氢键键合能力的烃类、卤代烃类溶剂中，黏度回复时间只需几分之一秒；在极性液体中，例如具有氢键键合倾向的胺类、醇类、羧酸类、醛类、二醇类中，回复时间可能长达数月之久，它取决于气相二氧化硅浓度和其分散程度。

上海电化厂、沈阳化工厂有类似产品，国外美国 Cabot 公司、美国 PPG 公司、美国 Monsanto 公司等也生产气相二氧化硅。

（2）添加量及使用方法　气相二氧化硅的添加量如表 7-5 所示。

表 7-5　气相二氧化硅的添加量　　　　单位:%（质量分数）

树脂品种	黏度/mPa·s			
	500	1000	5000	10000
醇酸				
Albertol KP648(50%)	—	—	4.3	5.2
Alftalat AS560(45%)	—	—	7.4	8.8
Alkydal R40(50%)	—	2.2	6.1	6.8
环氧				
ARALDIT 7072(50%)	1.9	2.5	3.8	4.1
Epikote 1001(50%)	1.8	2.3	3.3	3.7
聚氨酯				
Degadur ZL260	2.3	2.9	4.1	4.4

（3）气相二氧化硅的添加效果　气相二氧化硅的作用效果与使用的设备有关。使用叶片或螺旋桨式搅拌器，气相二氧化硅的增稠和触变效应不能充分体现。使用高速分散机效果较好，其分散强度取决于高速分散机转盘线速度而不是分散时间。使用三辊机更为有效，由子分散较好，达到的黏度值比高速分散机低，长期流变性能也大为改善。不饱和聚酚树脂可用三辊机先制成含有 8% 气相二氧化硅母料，然后以额外的聚酯树脂和苯乙烯稀释到所需气相二氧化硅浓度。使用球磨机先分散 48h 制备 6% 气相二氧化硅母料。捏和机也可先制成 6% 气相二氧化硅母料。砂磨机可分散成 2.5% 气相二氧化硅料，但最好先用捏和机预分散至 6% 的浆，然后稀释到 2.5% 后再用砂磨机分散。

（4）应用实例　在涂料中气相二氧化硅可用于防锈材料、厚浆涂料、装饰涂料、胶衣涂料、塑溶胶等，以提高黏度，防止颜料沉降，改善涂膜流挂。气相二氧化硅的缺点是在贮存中黏度和触变性有下降趋势。

① 不饱和聚酯清漆。不饱和聚酯清漆配方见表 7-6。

表 7-6　不饱和聚酯清漆配方

原料	用量（质量分数）/%
不饱和聚酯,60%苯乙烯溶液	80.0
白蜡,1%苯乙烯溶液	5.0
气相二氧化硅	1.0
环烷酸钴,6%Co	0.5
过氧化甲乙酮	2.0
其他	11.5

② 高固体聚酯涂料配方。高固体聚酯涂料配方见表 7-7。

表 7-7 高固体聚酯涂料配方

原料	用量
聚酯树脂	181.75
乙二醇乙醚	30.29
消泡剂,Surfynol PC	1.21
钛白	333.21
聚酯树脂	181.75
甲醇醚化三聚氰胺甲醛树脂	148
催化剂 BYK VP 451	12.72
甲乙酮	30.29
乙酸丁酯	182.48

该涂料最终固含量为 62%（体积分数）或 74.9%（质量分数），VOC[❶] 为 340g/L。在上述配方中可加入以下流变助剂（表 7-8）。

表 7-8 流变助剂类型及添加量

流变助剂	添加量	效果
气相二氧化硅	0.35 份	极微流挂
	0.17 份	轻微流挂
有机膨润土	0.75 份	流挂
	0.5 份	严重流挂

3. 氢化蓖麻油衍生物

近代涂料工业上广泛地使用厚浆涂料，通常用无气喷涂来施工。在无气喷涂设备的高剪切速率下，要求涂料黏度低，便于施工。在成膜时，很低的剪切速率下涂料黏度高，以防垂直表面上流挂。

厚浆涂料的特点是：基料黏度低，颜料体积浓度中或高并添加流变助剂，氢化蓖麻油衍生物就是很好的一种流变助剂。

4. 聚乙烯蜡

分子量 1500～3000 的乙烯共聚物统称聚乙烯蜡，使之溶胀和分散于非极性溶剂中，制成凝胶体，可用作涂料流变助剂。

(1) 主要品种 低分子量聚乙烯共聚物可以①以乙烯和其他单体在高压下发生聚合反应而得；②以高分子量聚乙烯热裂解而成。两种聚合物都可以是共聚物或可以经氧化处理，形成许多羟基、酯键、羧基、醛基、酮基和过氧化物极性基团。

---

❶注：VOC 指挥发性有机物，VOC 为挥发性有机物含量。

金山石油化工总公司有相似产品提供。国外有美国 Allied chemical 公司等生产的固体粉末，美国 NL 化学公司、西方石油公司、德国 BASF 公司也都有这类产品。聚乙烯蜡除了防沉剂外还可用作消光剂、耐刮耐磨改性剂、增滑剂、防粘连剂等。

（2）主要技术指标 美国 Allied chemical 公司 AC-405 为固体粉末，其技术指标见表 7-9。

表 7-9 AC-405 技术指标

硬度，ASTM D-5/dm	8.5
密度，ASTM D-1505/(g/cm³)	0.91
黏度，140℃/mPa·s	550
软化点，ASTM E-28/℃	96
乙酸乙酯含量/%	11

美国 NL 化学公司 M-P-A 系列流变助剂是氧化聚乙烯的浆状制品，性能见表 7-10。

表 7-10 M-P-A 系列产品性能介绍

指标 \ 牌号	M-P-A X	M-P-A 60X
色泽	白色半透明	白色半透明
外观	浆状	软质浆状
密度/(g/cm³)	0.87	0.87
不挥发分/%	40	24
最低操作温度/℃	45	45

（3）添加量及方法

① 固体粉末如 AC-405 的用量约 1%，使用时将 10 份 AC-405 加入 90 份二甲苯中，加热到 90～100℃，迅速搅拌并使用透明溶液冷却到 60℃左右。加入冷二甲苯 100 份，迅速冷却成为分散液。然后继续搅拌冷却到 30℃备用。固含量为 5%。

② 浆状制品如 M-P-A X 的用量为 0.3%～1.0%，M-P-A 60X 的用量为 0.5%～1.6%。它们应在涂料分散过程前加入基料-溶剂混合物中进行分散。为了充分活化，最低操作温度为 45℃，分散时间约 5min。

（4）应用实例 流变助剂提供优良的颜料悬浮体而不明显增稠，在稀释到喷涂黏度时可使颜料悬浮在体系中，改善流变控制而使流平性良好，防止在浸渍槽、喷漆罐和贮存容器中结块，有助于防止喷涂中发生拉丝，在烘烤过程中防止流挂，加强颜料润湿，有助于保持贮存中黏度稳定性，在闪光漆中还可控制金属片良好定向和提高抗冲击性能。

闪光轿车面漆的底涂涂料配方见表 7-11。

表 7-11　闪光轿车面漆的底涂涂料配方

原料	用量(质量分数)/%
高固体聚酯树脂(80%溶液)	9.14
三聚氰胺树脂(55%溶液)	3.32
醋丁纤维 CAB381-2	3.05
铝粉浆(65%浆液)	3.74
AC-405 分散液(5%)	13.49
乙酸丁酯/二甲苯(3:2)	67.26
总计	100.00

将上述配方生产所得的漆料喷涂到汽车基材上,当干膜厚度达 $15\mu m$,气干 1.5min 时,再喷上罩光清漆,即得汽车面漆。上述银铝浆的沉降性试验结果见表 7-12。

表 7-12　沉降性试验结果

流变助剂	沉降银粉体积/%	
	一周	二周
无	12.7	11
AC-405	50	40

上述结果表明流变助剂 AC-405 可大幅提高银铝浆的防沉降性能。

5. 触变性醇酸树脂

醇酸树脂用聚酰胺树脂（如 Schering 公司的 Euredur 460）改性可得触变性醇酸树脂。

这种触变性醇酸树脂在加热时失去凝胶强度,对共用的树脂和溶剂的极性基团敏感。用异氰酸酯改性的触变性醇酸树脂应用较广。

第四节　流平剂

一、概述

涂料施工后,有一个流动及干燥成膜过程,然后逐步形成一个平整、光滑、均匀的涂膜。涂膜能否达到平整光滑的特性,称为流平性。缩孔是涂料在流平与成膜过程中产生的特性缺陷之一。在实际施工过程中,由于流平性不好,刷涂时会出现刷痕,滚涂时会产生滚痕,喷涂时会出现橘皮,在干燥过程中相伴出现缩孔、针孔、流挂等现象,这些现象的产生降低了涂料的装饰和保护功能。

影响涂料流平性的因素很多,溶剂的挥发梯度和溶解性能、涂料的表面张力、湿膜厚度和表面张力梯度、涂料的流变性、施工工艺和环境等都会影响涂料流平性，其中最重要的因素是涂料的表面张力、成膜过程中湿膜产生的表面张力梯度和湿膜表层的表面张力均匀化能力。改善涂料的流平性需要考虑调整配方和加入合适的助剂，使涂料具有合适的表面张力并降低湿膜表面张力梯度。

流平剂是一种常用的涂料助剂，它能促使涂料在干燥成膜过程中形成一个平整、光滑、均匀的涂膜。流平剂种类很多，不同涂料所用的流平剂种类也不尽相同。

流平剂的作用就是改善涂层的平整性，包括防缩孔、防橘皮及流挂等现象。不同类型的涂料因成膜物质不同，其流平机理不一样，使用的流平剂的化学结构也不一样。但其作用机制都是从以下三个方面进行考虑和设计的：

① 降低涂料与底材之间的表面张力，使涂料对底材具有良好的润湿性；

② 调整溶剂挥发速率，降低黏度，改善涂料的流动性，延长流平时间；

③ 在涂膜表面形成极薄的单分子层，以提供均匀的表面张力。

二、溶剂型涂料用流平剂

溶剂型涂料成膜机理是靠溶剂的挥发，因此常使用含高沸点的混合溶剂来调整其稀料的挥发速率，通过延长流平时间来控制涂膜的平整度和致密性。在此情况下，高沸点的溶剂则是流平剂。

溶剂型涂料借助增加溶剂以降低黏度来改善流平性，将使涂料固含量下降并会导致流挂等弊病；或者保持溶剂含量，加入高沸点溶剂以调整挥发速率来改善流平，但这一方法使干燥时间也相应延长。故此两方案均不理想。只有加入高沸点溶剂混合物，赋予涂料各种递增特性（挥发指数、蒸馏曲线、溶解能力）较为理想。

高沸点的混合溶剂具有良好的溶解性，也是颜料良好的润湿剂。常温固化涂料由于溶剂挥发太快，涂料黏度提高过快妨碍流动而造成刷痕，溶剂挥发导致基料的溶解性变差而产生的缩孔，或在烘烤型涂料中产生沸痕、起泡等弊病，采用这类助剂是很有效的。另外采用高沸点流平剂调整挥发速率，还可克服泛白的弊病。

常用的有聚丙烯酸类、醋丁纤维素等。它们的表面张力较低，可以降低涂料与基材之间的表面张力而提高涂料对基材的润湿性，排除被涂固体表面所吸附的气体分子，防止被吸附的气体分子排除过迟而在固化涂膜表面形成凹穴、缩孔、橘皮等缺陷。此外它们与树脂不完全混溶，可以迅速迁移到表面形成单分子层，以保证在表面的表面张力均匀化，增加抗缩孔效应，从而改善涂膜表面的光滑平整性。聚丙烯酸酯类流平剂又可分为纯聚丙烯酸酯、改性聚丙烯酸酯（或与硅酮拼合）、丙烯酸碱溶树脂等。纯聚丙烯酸酯流平剂与普通环氧树脂、聚酯树脂或聚氨酯等涂料用树脂相容性很差，应用时会形成有雾状的涂膜，为了提高其相容性，通常用有较好混溶性的共聚物。

相容性受限制的长链硅树脂常用的有聚二甲基硅氧烷、聚甲基苯基硅氧烷、有机基团改性聚硅氧烷等。这类物质可以提高对基材的润湿性而且控制表面流动，起到改善流平效果的作用。当溶剂挥发后，硅树脂在涂膜表面形成单分子层，改善涂膜的光泽。改性聚硅氧烷又可分为聚醚改性有机硅、聚酯改性有机硅、反应性有机硅，引入有机基团有助于改善聚硅氧烷和涂料树脂的相容性，即使浓度提高也不会产生不相容的情况和副作用，改性聚硅氧烷能够降低涂料与基材的界面张力，提高对基材的润湿性，改善附着力，防止发花、橘皮，减少缩孔、针眼等涂膜表面的问题。

氟系表面活性剂主要成分为多氟化多烯烃，对很多树脂和溶剂也有很好的相容性和表面活性，有助于改善润湿性、分散性和流平性，还可以在溶剂型涂料中调整溶剂挥发速率。

三、水性涂料用流平剂

水性涂料分为水溶性涂料和水分散涂料。水溶性涂料的成膜机理与溶剂型涂料一样，是靠水或水/醇的挥发成膜，因此溶剂的挥发速率可通过添加高沸点的醇或水性增稠剂来控制，从而达到流平的目的。水溶性涂料多以水和醇（乙二醇单丁醚）的混合物为溶剂。

水分散涂料主要以乳胶涂料为主，因乳液成膜机制是乳胶粒子的堆积，因此涂膜的平整度取决于乳胶粒表面聚合物的 T_g 值，因此乳胶涂料均有一个施工时的最低成膜温度，为提高漆膜的流平，常用有机溶剂（200$^#$汽油、甲苯、丁醇）、水溶性醚酯、乙二醇单丁醚来增塑（溶解）乳胶粒子表面的聚合物，降低其 T_g 值。乳胶涂料最常用的流平剂是乙二醇单丁醚和 3,3-二甲基-1,3-二羟基戊酯。但应注意的是，在乳胶涂料中这些具有流平功能的助剂则称为成膜助剂，乳胶涂料的流平性不仅受聚合物的 T_g 值的影响，和溶剂型涂料一样，也受溶剂水的挥发速率、固含量的影响，因此在乳胶涂料中，增稠剂也起到漆膜的流平作用。

四、粉末涂料用流平剂

粉末涂料分为聚酯型、丙烯酸酯型、环氧树脂型粉末涂料。其成膜机制是在静电喷涂后烘烤下成膜，不涉及溶剂和水的挥发问题，因此其流平性主要决定于成膜物质对基材的润湿性，因此其流平剂的加入主要是提高成膜物质对基材的润湿性。粉末涂料常用的流平剂有两类：一类是高级丙烯酸酯与低级丙烯酸酯的共聚物或它们的嵌段共聚物；另一类是环氧化豆油和氢化松香醇。

第五节　增稠剂

增稠剂实质上也是一类流变助剂，目前在溶剂型涂料中称为触变剂，在水性涂料中则称为增稠剂。涂料中加入增稠剂后，黏度增加，形成触变性流体或分散体，从而达到防止涂料在储存过程中已分散的颗粒（如颜料）沉淀、聚集，防止涂装时的流挂现象发生。尤其制备乳胶涂料时，增稠剂的加入可控制水的挥发速率、延长成膜时间，从而达到涂膜流平的功能。

目前市场上可选用的增稠剂品种很多，主要有无机增稠剂、纤维素类、聚丙烯酸酯和聚氨酯增稠剂四类。

一、纤维素类增稠剂

纤维素类增稠剂的使用历史较长、品种很多，有甲基纤维素、羧甲基纤维素、羟乙基纤维素、羟丙基甲基纤维素等，曾是增稠剂的主流，其中最常用的是羟乙基纤维素。

1. 纤维素的结构与分类

纤维素基本结构如图 7-7 所示。

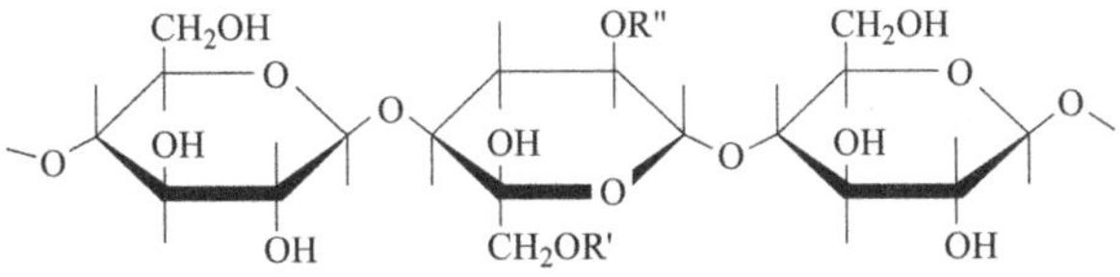

图 7-7　纤维素基本结构

其中根据纤维素主链上的取代烷基不同可以得到不同的纤维素产品，纤维素产品的取代基及名称如表 7-13 所示。

表 7-13　纤维素产品的取代基及名称

取代基	纤维素名称
a. CH_3 b. CH_2COONa c. CH_2CH_3 d. CH_2CH_2OH e. $CH_2CH_2CH(OH)CH_3$ f. $CH_2CH(OH)CH_3$	羧甲基纤维素钠（SCMC）（b）
	羧甲基-2-羟乙基纤维素钠（b+d）
	羟乙基纤维素（HEC）（c）
	甲基纤维素（MC）（a）
	2-羟丙基甲基纤维素（HPMC）（a+f）
	2-羟乙基甲基纤维素（HEMC）（a+d）
	2-羟丁基甲基纤维素（a+e）
	2-羟乙基乙基纤维素（c+d）
	2-羟丙基纤维素（HPC）（f）

此外，涂料配方中使用的纤维素分子量通常在 10 万～100 万之间，根据分子量的不同，纤维素还可分为低分子量、中分子量和高分子量纤维素等。一般，高分子量纤维素可以提供高剪切力下的黏度，但溶解性下降；而低分子量纤维素可提供低剪切力下的黏度，溶解性较好；中分子量纤维素性能介于两者之间。

2. 作用机理

纤维素类增稠剂的增稠机理是疏水主链与周围水分子通过氢键缔合，提高了聚合物本身的流体体积，减少了颗粒自由活动的空间，从而提高了体系黏度，如图 7-8 所示。也可以通过分子链的缠绕实现黏度的提高，表现为在静态和低剪切力下有高黏度，在高剪切力下为低黏度。这是因为静态或低剪切速度时，纤维素分子链处于无序状态而使体系呈现高黏性；而在高剪切速度时，分子平行于流动方向作有序排列，易于相互滑动，所以体系黏度下降。

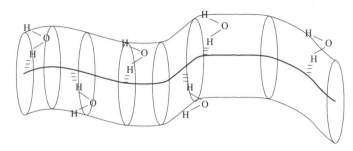

图 7-8 纤维素类增稠剂（羟乙基纤维素 HEC）的增稠机理

3. 特点

纤维素类增稠剂的增稠效率高，尤其是对水相的增稠；对涂料的限制少，应用广泛；可使用的 pH 范围大。但存在流平性较差，辊涂时飞溅现象较多、稳定性不好、易受微生物降解等缺点。

由于其在高剪切力下为低黏度，在静态和低剪切有高黏度，所以涂布完成后，黏度迅速增加，可以防止流挂，但另一方面造成流平性较差。纤维素类增稠剂由于分子量很大，所以易产生飞溅。有研究表明，随着增稠剂分子量的增加，乳胶涂料的飞溅程度也会更严重。此类增稠剂通过"固定水"达到增稠效果，对颜料和乳胶粒子极少吸附，增稠剂的体积膨胀充满整个水相，把悬浮的颜料和乳胶粒子挤到一边，容易产生絮凝，因而稳定性不佳。

二、聚丙烯酸酯类增稠剂

聚丙烯酸酯类增稠剂基本上可分为两种：一种是水溶性的聚丙烯酸盐；另一种是丙烯酸、甲基丙烯酸的均聚物或共聚物乳液增稠剂，这种增稠剂本身是酸性的，需用碱或氨水中和至 pH8～9 才能达到增稠效果，也称为丙烯酸碱溶胀增稠剂。

1. 结构

聚丙烯酸酯类增稠剂通常是由丙烯酸与丙烯酸酯类单体通过共聚反应得到的聚合物，其单体结构如图 7-9 所示，其中 R 为 CH_3 或 H。聚合物的链状结构如图 7-10 所示。

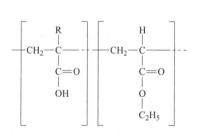

图 7-9 聚丙烯酸酯单体结构

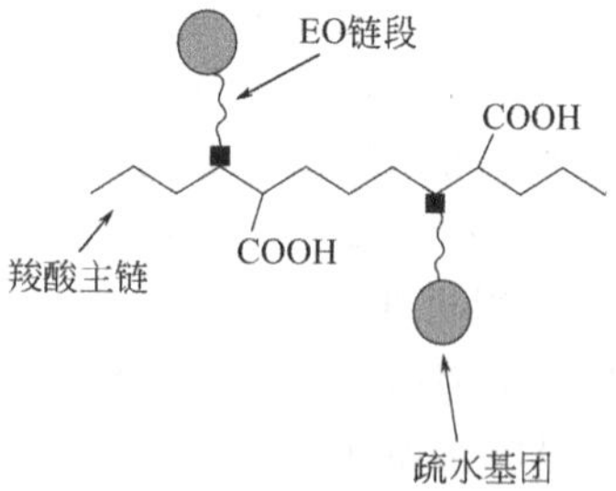

图 7-10 聚合物结构示意图

2. 作用机理

聚丙烯酸类增稠剂的增稠机理是增稠剂溶于水中，羧酸根离子产生同性静电斥力，分子链由螺旋状伸展为棒状，从而提高了水相的黏度，如图 7-11 所示。另外它还通过在乳胶粒与颜料之间架桥形成网状结构，增加了体系的黏度。

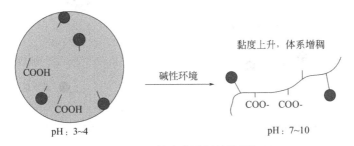

图 7-11　聚丙烯酸类增稠剂增稠机理

3. 特点

聚丙烯酸类增稠剂具有较强的增稠性和较好的流平性，生物稳定性好，但对 pH 值敏感、耐水性不佳。

三、聚氨酯类增稠剂

聚氨酯类增稠剂是近年来新开发的缔合型增稠剂。

1. 结构

聚氨酯增稠剂的主要成分是聚氨基甲酸酯，是由多异氰酸酯化合物和多羟基化合物合成的含有氨基甲酸酯结构单元的聚合物，从结构上分，有线型和支链型两种。用作涂料增稠剂的聚氨酯分子量 5 万～10 万之间，分子链段具有一定的柔顺性，其结构如图 7-12 所示。

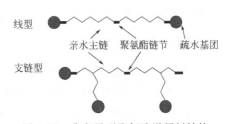

图 7-12　非离子型聚氨酯增稠剂结构

2. 作用机理

A. J. Reuvers 对缔合型聚氨酯类增稠剂的增稠机理作了详细的研究，如图 7-13 所示。这类增稠剂的分子结构中引入了亲水基团和疏水基团，使其呈现出一定的表面活性。当它的水溶液浓度超过某一特定浓度时，就会形成胶束，胶束和聚合物粒子缔合形成网状结构，使体系黏度增加。另一方面，一个分子带有几个胶束，降低了水分子的迁移性，使水相黏度也提高。这类增稠剂不仅对涂料的流变性能产生影响，而且与相邻的乳胶粒子间存在相互作用，如果这个作用太强的话，容易引起乳胶分层。

3. 特点

缔合型聚氨酯类增稠剂这种缔合结构在剪切力的作用下受到破坏，黏度降低，当剪切力消失黏度又可恢复，可防止施工过程出现流挂现象。并且其黏度恢复具有一定的滞后性，有利于涂膜流平。聚氨酯增稠剂的分子量（数千至数万）比前两类

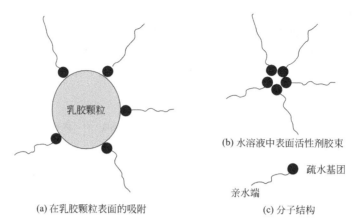

图 7-13　聚氨酯类增稠剂增稠机理

增稠剂的分子量（数十万至数百万）低得多，不会助长飞溅。纤维素类增稠剂高度的水溶性会影响涂膜的耐水性，但聚氨酯类增稠剂分子上同时具有亲水和疏水基团，疏水基团与涂膜的基体有较强的亲合性，可增强涂膜的耐水性。由于乳胶粒子参与了缔合，不会产生絮凝，因而可使涂膜光滑，有较高的光泽度。缔合型聚氨酯类增稠剂许多性能优于其他增稠剂，但由于其独特的胶束增稠机理，因而涂料配方中那些影响胶束的组分必然会对增稠剂的增稠性能产生影响。用此类增稠剂时，应充分考虑各种因素对增稠性能的影响，不要轻易更换涂料所用的乳液、消泡剂、分散剂、成膜助剂等。

四、无机增稠剂

无机增稠剂是一类吸水膨胀而形成触变性的凝胶矿物，主要有膨润土、凹凸棒土、硅酸铝等，其中膨润土最为常用。

无机增稠剂水性膨润土增稠剂具有增稠性强、触变性好、pH 值适应范围广、稳定性好等优点。但由于膨润土是一种无机粉末，吸光性好，能明显降低涂膜表面光泽，起到类似消光剂的作用。所以，在有光乳胶涂料中使用膨润土时，要注意控制用量。

纳米技术实现了无机物颗粒的纳米化，也赋予了无机增稠剂一些新的性能。

五、增稠剂的选择

水性涂料使用的增稠剂主要有水溶性和水分散型聚合物。早期水性涂料使用的增稠剂多为天然聚合物改性物，如树胶类、淀粉类、蛋白类及缩甲基纤维素钠，由于存在易腐败、易霉变及在水的作用下会降解而失去增稠效果，因此现在已很少使用。

为此近年来国内外均开发出增稠效率高、不霉变、不降解的合成聚合物型增稠剂，理想的乳胶漆增稠剂应满足以下要求：

① 用量少，增稠效果好；

② 不易霉变、不易受温度、pH 值的影响而使乳胶漆黏度下降，不会使颜料絮凝，贮存稳定性好；

③ 保水性好，无明显的起泡现象；

④ 对漆膜性能如耐水性、耐碱性、耐擦洗性、光泽度、遮盖力等无不良影响。

目前涂料行业仍在使用天然纤维素类增稠剂，主要使用羟乙基纤维素和羟丙基纤维素，但更多的还是使用合成聚合物型增稠剂，这是因为合成聚合物型增稠剂和纤维素类增稠剂相比具有触变性小、用量少的特点，因此漆膜的流平性好而其他性能则不受影响。合成聚合物型增稠剂主要有水溶性的聚丙烯酸钠、聚甲基丙烯酸钠、聚醚和聚氨酯等，前两者由于本身黏度高、用量大而将被淘汰，但优点是不产生原料的絮凝，后两者可通过控制水溶性直接制成水分散型的增稠剂，由于本身黏度低，使用方便。为了改进聚（甲基）丙烯酸钠的性能，目前国内已开发并生产出乳液型丙烯酸酯-（甲基）丙烯酸钠共聚物增稠剂，其本体黏度为 $(30\sim100)\times10^{-3}$ Pa·s，用量为 5kg/t 涂料，因用量小对漆膜性能几乎无影响。由于是共聚物型，成膜后可直接作为成膜物质。

除上述增稠剂外，吸水膨润土和钛酸酯偶联剂也可作为水性涂料的增稠剂，但由于前者会导致漆膜耐水性差，后者品种少、成本高等限制，在涂料中很少使用。

第六节 其他助剂

一、增塑剂

涂料加入增塑剂与塑料增塑一样，目的是改善漆膜的柔韧性，降低成膜温度。增塑剂的增塑作用是通过降低基料树脂的玻璃化转变温度（T_g）而实现的。玻璃化转变温度是指树脂由硬脆的固体状态（玻璃态）转变为橡胶状的高弹体状态的转变温度。对于某些本身是脆性的涂料基料来说，要获得较好的柔软性和其他机械性能的涂膜，增塑剂是必不可少的。如聚乙酸乙烯酯乳胶漆的成膜物质本身就加入了增塑剂邻苯二甲酸二丁酯。

有的成膜物质不能满足涂料的低温柔顺性，适当加入增塑剂就可以得到解决，但这种方法存在漆膜中的增塑剂的迁移问题。

增塑剂通常是低分子量的挥发度很小的有机化合物，但某些聚合物树脂也可用作增塑剂（也称增塑树脂），如醇酸树脂常用作氯化橡胶和硝酸纤维素涂料的增塑剂。

增塑剂的分类方法很多，其中一种分类是按其作用方式分为两大类，即内增塑剂和外增塑剂。内增塑剂实际上是聚合物的一部分。一般内增塑剂是在聚合物的聚合过程中所引入的第二单体。由于第二单体共聚在聚合物的分子结构中，这降低了聚合物分子链的有规度，即降低了聚合物分子链的结晶度。例如氯乙烯-醋酸乙烯共聚物比氯乙烯均聚物更加柔软。内增塑剂的使用温度范围比较窄，而且必须在聚合过程中加入，因此内增塑剂用得较少。外增塑剂是一个低分子量的化合物或聚合物，把它添加在需要增塑的聚合物内，可增加聚合物的塑性。外增塑剂一般是高沸点的较难挥发的液体或低熔点的固体，而且绝大多数都是酯类有机化合物。通常它们不与聚合物发生化学反应，和聚合物的相互作用主要是在升高温度时的溶胀作用。外增塑剂性能比较全面且生产和使用方便，应用很广。现在人们一般说的增塑剂都是指外增塑剂。邻苯二甲酸二辛酯（DOP）和邻苯二甲酸二丁酯（DBP）都是外增塑剂。

增塑剂按照其所起作用大小的不同，可分为主增塑剂（溶剂型增塑剂）和助增塑剂（非溶剂型增塑剂）。主增塑剂犹如基料树脂的溶剂，它们的某些基团能与树脂中的某些基团产生相互作用，因而主增塑剂和树脂能互相混溶。由于增塑剂的分子较小，它能进入树脂聚合物的分子结构中而减少了树脂的刚性，但增塑剂的加入也会使涂膜的机械性能受到一些损失。助增塑剂对基料树脂没有溶解作用，它们只有在加入量不太多的情况下才能与基料树脂混溶。助增塑剂对基料树脂只有物理作用（润滑作用），因而对涂膜机械强度的影响没有主增塑剂那样大。但助增塑剂易从涂膜中迁移或渗透掉而使涂膜的柔韧性变差。

涂料中增塑剂的加入对涂膜的许多性能如张力强度、强韧性、延伸性、渗透性和附着力都有一定的影响。根据基料聚合物以及增塑剂类型的不同，对这些性能的影响也各不相同。一般说来，增塑剂的加入会增加涂膜的延伸性而降低它的张力强度。在一定的增塑剂加入量之内，涂膜的渗透性将基本上保持不变，但增塑剂加入量继续增加时，涂膜的渗透性将急剧地增加。涂膜的强韧性和附着力先是随着增塑剂的加入而增加，但到达了一个峰值之后反而逐渐下降。除了对涂膜的机械性能有影响之外，增塑剂还会影响涂膜的一些其他性能，因而增塑剂的最适宜的加入量应根据对各方面因素的考虑进行综合平衡后来确定。

下面简要介绍几种涂料中常用的增塑剂。

① 邻苯二甲酸二丁酯（DBP）。这种增塑剂对各种树脂都有良好的混溶性，因而在涂料中使用较广。邻苯二甲酸二丁酯对涂膜的黄变倾向较小，但它的挥发性不是很低，所以涂膜经过一段时间使用后，会由于增塑剂的逐渐减少而发脆，这是它的不足之处。邻苯二甲酸二丁酯常用于硝酸纤维素涂料和聚乙酸乙烯乳液等涂料中。

② 邻苯二甲酸二辛酯（DOP）。它的性能和上述的邻苯二甲酸二丁酯相似，但它挥发性较小，耐光性和耐热性较好。它常用于硝酸纤维素涂料和聚氯乙烯塑溶胶和有机溶胶涂料中。

③ 氯化石蜡。氯化石蜡主要用作氯化橡胶涂料的增塑剂，它的加入量可高达50%而不会使氯化橡胶涂膜的抗化学性变差。

二、催干剂

催干剂又称干燥剂，是加在氧化聚合型固化的涂料体系中的一种涂料助剂，能加速漆膜氧化、聚合交联。常用的是油溶性的有机金属皂（也称金属皂）。与固化剂不同，催干剂不参与成膜。催干剂主要用于油性漆，油性漆中的甘油或亚麻油等既是成膜物质又是稀释剂，其分子结构中含有不饱和双键，遇空气中的氧气开始氧化，双键打开形成自由基，然后与其他双键进行交联固化。干燥和固化是同时进行的，类似无溶剂的光固化涂料。而其他涂料的干燥与固化是两种概念，干燥是连续相挥发的过程，固化则是漆膜形成网络结构的过程。

油性漆使用如环烷酸锰、钴、铅、锌等类催干剂，可以加快氧打开双键的速率，固化速率越快，干燥时间越短。因此涂料中所说的催干剂就是能对漆膜中干性油或树脂中双键的氧化过程起催化作用，缩短漆膜的干燥、交联时间的有机酸皂类混合物。

三、固化剂

固化剂亦称交联剂或架桥剂，其作用是使线型树脂发生交联反应，从而提高漆膜的耐热性（耐回黏性）、耐水性、耐溶剂性、耐打磨性或耐擦痕性等。

涂料的固化是一门综合性的科学，通常固化剂的反应基团与成膜物质决定了固化温度，对于不能进行烘烤的基材，如墙体、屋顶、木材等，必须进行低温或室温交联，尤其是水性涂料的室温交联一直是国内外涂料行业研究者们的重要课题。目前所有的常规化学基团的反应均难在室温下发生，即使发生，欲达到理想的交联效果往往需 7～15 天，有的甚至需要几个月。目前能进行温室快速交联的只有异氰酸酯基与羟基、环氧基、氨基等的反应以及环氧基与氨基反应两种类型，但这两种反应均很难在水性涂料中应用。最近国外的 BASF 公司、Room&Hass 公司已开发出室温可见光交联固化的丙烯酸酯共聚乳液技术，广泛用于建筑外墙涂层、建筑顶层的防水弹性涂层。

四、光稳定剂

凡能屏障或抑制光氧化还原或光老化过程而加入的物质称为光稳定剂。

按作用机理，光稳定剂可分为光屏蔽剂、紫外线吸收剂、猝灭剂、自由基捕获剂等。其中，光屏蔽剂能反射或吸收太阳光紫外线，即是在聚合物与光源之间设置一道屏障，阻止紫外线深入聚合物内部，从而可使聚合物得到保护。紫外线吸收剂是一类能选择性地强烈吸收对聚合物有害的紫外线而自身具有高度耐光性的有机化合物。猝灭剂是一类能有效转移聚合物中光敏发色基团激发态能量并将其以无害的形式消散掉从而使聚合物免于发生光降解反应的光稳定剂。自由基捕获剂则通过捕获和清除自由基，从而切断自动氧化反应。

按化学结构光稳定剂可分为水杨酸酯类、二苯甲酮类、苯并三唑类、三嗪类、取代丙烯腈类、草酰胺类、有机镍化合物类和受阻胺（HAL）类等。

选择光稳定剂应考虑以下因素：①能有效地吸收 290～400nm 波长的紫外线，或能猝灭激发态分子的能量，或具有捕获自由基的能力；②自身的光稳定性及热稳定性好；③相容性好，使用过程中不渗出；④耐水解、耐水和其他溶剂抽提；⑤挥发性低，污染性小；⑥无毒或低毒，价廉易得。

第八章
溶剂型涂料配方设计

建筑涂料基本以水性涂料为主，但大量的木器表面、塑料表面和金属表面仍然使用溶剂型涂料，溶剂型涂料目前仍是国内市场的主流产品。溶剂型涂料品种繁多，根据珠三角产业特色以及底材不同（木器、金属、塑料），本章介绍三类溶剂型涂料的配方设计：木器涂料、金属涂料、塑胶涂料。

第一节　木器涂料

木器表面的涂装大量用于家具、木质工艺品、乐器等行业。

木器涂料目前使用量较大的品种为双组分聚氨酯涂料、不饱和聚酯漆和硝基漆（硝酸纤维素涂料）。

一、双组分聚氨酯涂料

从木器涂料近年来的发展来看，双组分的聚氨酯涂料发展最为迅速，在市场份额中占主导地位。醇酸树脂、羟基聚酯树脂、羟基丙烯酸树脂与 TDI、HDI、IPDI❶等二异氰酸酯配伍，各种不同档次产品应有尽有。醇酸树脂通常与 TDI 配伍配制各种底漆，脂肪酸改性醇酸树脂、羟基聚酯树脂与 TDI、HDI 配伍配制各种通用面漆，羟基聚酯树脂、羟基丙烯酸树脂与 HDI、IPDI 配伍配制耐候性（耐黄变）要求高的各种高档面漆等。

异氰酸酯固化的各种羟基端树脂与异氰酸酯发生如下反应：

$$R_1\!-\!NCO + R_2OH \longrightarrow R_1\!-\!\overset{\displaystyle H}{\underset{\displaystyle |}{N}}\!-\!\overset{\displaystyle O}{\overset{\displaystyle \|}{C}}\!-\!OR_2$$

从上述化学反应可以看出，固化剂与羟基当量（或 mol）相当时就能结合成

---

❶TDI：甲苯二异氰酸酯。HDI，异氰酸酯。IPDI：异佛尔酮二异氰酸酯。

膜，但实际使用中由于异氰酸与水、醇等发生反应，因此通常用量比理论量大一些（20%～30%）。

木器漆中常用固化剂有 TDI 与三羟甲基丙烷加合物、缩二脲及 TDI、HDI、IPDI 三聚体。固化剂通常以丁酯、二甲苯为溶剂，以溶液形式存在。

双组分聚氨酯木器涂料在木器涂装使用过程中通常分以下品种（表 8-1）。

表 8-1 双组分聚氨酯木器涂料分类

聚氨酯木器涂料	透明	透明腻子
		透明底漆
		透明面漆（包括有色透明面漆）
	实色	腻子
		实色底漆（白底、黑底）
		实色面漆（包括常用白面、黑面）

底漆通常要求干燥速率和打磨性。面漆通常要求丰满度和硬度、光泽度、流平性能等。

下面就不同类型产品配方一一作出分析。

1. PU 系列（底漆）

PU 系列用作底漆可分为四类，分别是：高固底、透明底、水晶或特清底、无粉底等。

（1）高固底配方 高固底配方见表 8-2。

表 8-2 高固底配方

原料	用量❶/%	功能
醇酸树脂	45～55	成膜物质
二甲苯	8～12	助溶剂
丁酯	3～5	真溶剂
底用防沉浆	4	防沉助剂
800-1250 目滑石粉	30～40	填料
硬脂酸锌	2～3	助剂
底用消泡剂	0.1	助剂
流平剂	0.05	助剂
催干剂（天气冷加）	0.1 以下	助剂

（2）透明底配方 透明底配方见表 8-3。

❶注：用量为质量分数或质量比，本书余同。

表 8-3 透明底配方

原料	用量/%	功能
醇酸树脂	60～70	成膜物质
二甲苯	8～12	助溶剂
丁酯	3～5	真溶剂
底用防沉浆	3	防沉助剂
800～1250 目滑石粉	12～20	填料
硬脂酸锌	2～4	助剂
底用消泡剂	0.1	助剂
流平剂	—	
催干剂(天气冷加)	—	

（3）水晶或特清底配方 水晶或特清底配方见表 8-4。

表 8-4 水晶或特清底配方

原料	用量/%	功能
醇酸树脂	68～75	成膜物质
二甲苯	8～12	助溶剂
丁酯	3～5	真溶剂
底用防沉浆	2	防沉助剂
800～1250 目滑石粉	8～12	填料
硬脂酸锌	3～5	助剂
底用消泡剂	0.1	助剂
流平剂	—	
催干剂(天气冷加)	—	

（4）无粉底配方 无粉底配方见表 8-5。

表 8-5 无粉底配方

原料	用量/%	功能
醇酸树脂	70～80	成膜物质
二甲苯	≤8	助溶剂
丁酯	≤3	真溶剂
底用防沉浆	≤2	防沉助剂
800～1250 目滑石粉	0～5	填料
硬脂酸锌	4～8	助剂
底用消泡剂	0.1	助剂
流平剂	—	
催干剂(天气冷加)	—	

2. PU 系列（面漆）

（1）亚光面配方（调油比例为 1 : 0.5 : 0.7） 亚光面配方见表 8-6。

表 8-6 亚光面配方

原料	用量/%	功能
树脂	70~75	成膜助剂
溶剂	10~15	溶剂,溶解
亚粉（SiO_2）	适量	消光剂,根据光泽要求调整
防沉粉	0.3~1	防沉助剂
分散剂	0.1~0.5	助剂
流平剂	0.1~0.5	助剂
消泡剂	0.1~0.3	助剂
手感助剂	0.1~0.5	助剂

（2）亮光面配方（调油比例为 1 : 0.8 : 0.7） 亮光面配方见表 8-7。

表 8-7 亮光面配方

原料	用量/%	功能
树脂	80~85	成膜物质
溶剂	10~15	溶解
流平剂	0.2~0.5	助剂
消泡剂	0.2~0.5	助剂
其他助剂	适量	助剂

（3）耐黄半亚白面配方（调油比例为 1 : 0.5 : 0.8） 耐黄半亚白面配方见表 8-8。

表 8-8 耐黄半亚白面配方

原料	用量/%	功能
二甲苯	4	助溶剂
乙酸酯	3	真溶剂
醇酸树脂	16	成膜物质
合成脂肪酸树脂	23	成膜物质
蜡浆	0.6	防刮伤
亚粉	3.5	消光
消泡剂	0.3	助剂
PU 白面浆（金红石型）	46	白色颜料
流平剂	0.2	助剂
有机锡	0.1	催干剂
乙酸丁酯	3.3	真溶剂

（4）耐黄亮光白面配方（调油比例为1∶0.9∶0.8）　耐黄亮光白面配方见表8-9。

表 8-9　耐黄亮光白面配方

原料	用量/%	功能
乙酸酯	3	溶剂
合成脂肪酸树脂	42	成膜物质
PU 白面浆（金红石型）	45	白色颜料
氯醋树脂浆	3	成膜物质
流平剂	0.2	助剂
消泡剂	0.5	助剂
有机锡	0.2	助剂
防沉浆	1	防沉助剂
抗黄剂	1	抗黄变剂
二甲苯	4.1	助溶剂

二、不饱和聚酯漆

木器涂料中常用的不饱和聚酯漆以不饱和聚酯树脂、乙烯基单体稀释剂、引发剂、促进剂组成。

不饱和聚酯漆具有高固含、低 VOC 排放等优点，并且可以一次涂饰获得很厚的涂膜。

在过氧化物引发剂（以下简称白水）和促进剂（以下简称兰水）的共同作用下可以在常温下固化。

环烷酸钴与过氧化氢化物反应产生自由基、三价钴：

$$ROOH + Co^{2+} \longrightarrow RO^{·} + Co^{3+} + OH^{-}$$

接下步反应中重新生成环烷酸钴和自由基：

$$Co^{3+} + ROOH \longrightarrow ROO^{·} + Co^{2+} + H^{+}$$

由过氧化氢产生的自由基引发，不饱和聚酯中双键和苯乙烯的自由基聚合：

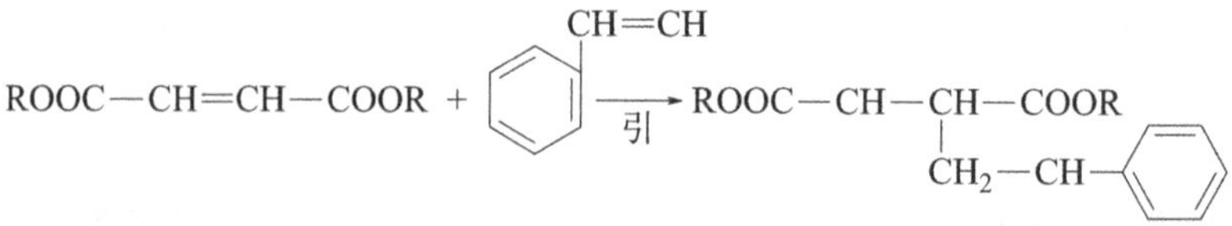

不饱和树脂漆由于由 4 个组分组成，因此在使用过程中要非常注意，通常将白水和一份漆混合，兰水和另一份漆混合，使用时将两份合并，加稀释剂混合均匀后应马上使用，并应尽快用完。通常温度越低使用量越大。不同型号的促进剂的有效成分含量可能不同，因此应通过试验确定用量，否则会出现干燥过快或过慢的问

题。同时，引发剂和促进剂相混产生过氧自由基，很易发生火灾，要特别注意。不饱和聚酯漆通常用作木器涂料的底漆使用，也有一些用于光泽、硬度要求很高的面漆。

不饱和聚酯配方可分为底漆和面漆两个系列，市场上底漆使用较多。

下面列出一些不饱和聚酯涂料的类型配方。

（1）透明底漆配方 透明底漆配方见表 8-10。

表 8-10 透明底漆配方

原料	用量/%	功能
不饱和聚酯树脂	60～75	成膜物质
分散剂	0.1～03	助剂
防沉剂	0.5～2	助剂
流平剂	0.1～0.3	助剂
滑石粉	10～20	填料
锌粉	2～4	着色颜料
消泡剂	0.1～0.3	助剂
溶剂	适量	溶剂

（2）面漆配方 面漆配方见表 8-11。

表 8-11 面漆配方

原料	用量/%	功能
不饱和树脂	85～95	成膜物质
分散剂	0.1～0.2	助剂
防沉剂	—	
流平剂	0.1～0.2	助剂
滑石粉	—	
锌粉	—	
消泡剂	0.1～0.2	助剂
溶剂	适量	溶解

调油比例可根据天气和气温的变化相应的增减兰水、白水的用量。在 25℃左右的环境下基料、兰水、白水、稀释剂质量比为 100：1.2：1.4：35。

三、硝基漆（硝酸纤维素涂料）

纤维素是一种天然聚合物，是以 β-葡萄糖（$C_6H_{12}O_6$）组成的脱水多糖大分子，分子式一般写成 $(C_6H_{10}O_5)_n$。

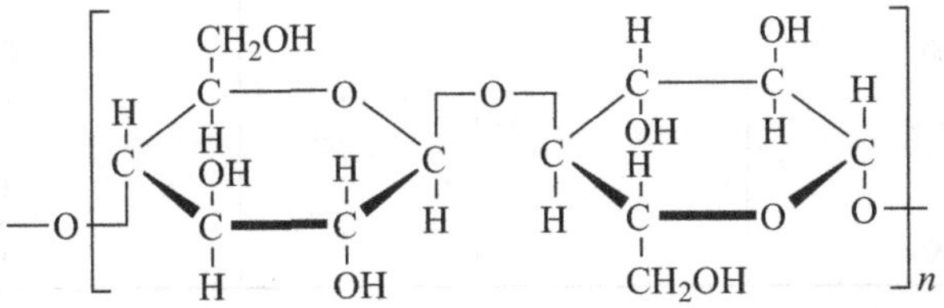

每个环上有一个伯羟基和两个仲羟基，因此可以对纤维素进行不同的改性。纤维素可由无机酸和有机酸酯化生成酯，其中用硝酸酯化的硝酸纤维素大量用于木器涂料中，而用乙酸、丁酸酯化的乙酸丁酸纤维素（CAB）则大量用于塑料涂料中。

$$[C_6H_{10}O_5] \; + \; 3HNO_3 \longrightarrow [C_6H_7O_2(ONO_2)_3]$$

三个羟基完全被酯化则生成三硝酸纤维素。

纤维素与硝酸反应可生成一硝酸酯、二硝酸酯、三硝酸酯，通常涂料工业用取代度为 1.8～2.3、含氮量为 10.5%～12.2% 的硝酸纤维素，其中含氮量 11.7%～12.2% 用量最多，而含氮量高于 12.3% 时易分解爆炸。由于常用硝酸纤维素制成的涂料光泽不高，附着力差，固含量太低，因此在制漆过程中通常加入与其相容性较好的树脂提高其性能。硝酸纤维素涂料常用树脂有以下品种。

① 松香树脂。松香的主要成分是松香酸，硝酸纤维素常用松香酸的甘油酯及其与顺丁烯二酸酐加成物的甘油酯，这些甘油酯与硝酸纤维素很好地混合成硝酸纤维素漆，通常能增加硬度、光泽度及打磨性。

② 醇酸树脂。不干性油（主要指椰子油及蓖麻油）改性的短油度或中油度醇酸树脂也是硝酸纤维素涂料中常用的树脂。通常作用是增加柔韧性、附着力、丰满度。

③ 丙烯酸树脂。热塑性丙烯酸树脂由不同单体共聚而成，具有不同的性能。因此也常用于调整硝酸纤维素涂料的各种性能。由于成本较高，应用受到限制。有一些可用于金属和塑胶表面。

硝酸纤维素涂料，由于通常需用大量的稀释剂，VOC 排放较高，在节能减排的大形势下，发展的潜力不大。

下面列出不同系列产品的示例配方。

1. 硝基系列（底漆）

（1）透明底漆配方　透明底漆配方见表 8-12。

表 8-12　透明底漆配方

原料	用量/%	功能
½″硝酸纤维素浆	50	成膜助剂
醇酸树脂	18	成膜助剂
底用防沉浆	3	防沉助剂
乙酸乙酯	4	真溶剂
硬脂酸锌	2.8	催干剂
滑石粉	5	填料
马材酸树脂	7	成膜物质
消泡剂	0.1	助剂
防白水	3	稀释剂
碳酸二甲酯	7.1	真溶剂

（2）白色底漆配方 白色底漆配方见表 8-13。

表 8-13 白色底漆配方

原料	用量/%	功能
乙酸丁酯	3	真溶剂
½″硝酸纤维素浆	37	成膜物质
醇酸树脂	10	成膜物质
蓖麻油树脂	2	成膜物质
润湿分散剂	0.1	助剂
底用防沉浆	3	防沉助剂
滑石粉	10	填料
重质碳酸钙	8	填料
硬脂酸锌	2	催干剂
底用白浆	18	白色颜料
流平剂	0.1	助剂
碳酸二甲酯	6.8	真溶剂

2. 硝基系列（面漆）

（1）亚光清面漆配方 亚光清面漆配方见表 8-14。

表 8-14 亚光清面漆配方

原料	用量/%	功能
碳酸二甲酯	10	真溶剂
二甲苯	10.2	助溶剂
防白水	4	稀释剂
$^1/_2$″硝酸纤维素浆	45	成膜物质
醇酸树脂	14	成膜物质
马来酸树脂	8	成膜物质
消光粉	1	消光助剂
蓖麻油树脂	2	成膜助剂
面用防沉浆	1	防沉助剂
手感剂	0.3	助剂
流平剂	0.3	助剂
碳酸二甲酯	4.2	真溶剂

（2）亮光清面漆配方 亮光清面漆配方见表 8-15。

表 8-15 亮光清面漆配方

原料	用量/%	功能
碳酸二甲酯	12	真溶剂
二甲苯	12.7	稀释剂

续表

原料	用量/%	功能
防白水	4	稀释剂
$^1/_2''$硝酸纤维素浆	45	成膜物质
醇酸树脂	14	成膜物质
马来酸树脂浆	8	成膜物质
蓖麻油树脂	2	成膜物质
面用防沉浆	1	防沉助剂
流平剂	0.1	助剂
消泡剂	0.2	助剂
碳酸二甲酯	1	真溶剂

（3）半亚白面配方　半亚白面配方见表 8-16。

表 8-16　半亚白面配方

原料	用量/%	功能
醇酸树脂	12	成膜物质
丁酯	6	真溶剂
分散剂	0.2	助剂
醇酸白色浆	28	白色颜料
蓖麻油树脂	2	成膜物质
$\frac{1}{2}''$硝酸纤维素浆	18	成膜物质
$\frac{1}{4}''$硝酸纤维素浆	18	成膜物质
3000 目滑石粉	7	填料
消光粉	0.5	消光助剂
面用防沉浆	1.5	防沉助剂
流平剂	0.2	助剂
消泡剂	0.3	助剂
碳酸二甲酯	6.3	真溶剂

（4）亮光白色面漆配方　亮光白色面漆配方见表 8-17。

表 8-17　亮光白色面漆配方

原料	用量/%	功能
醇酸树脂	16	成膜物质
丁酯	8	真溶剂
分散剂	0.2	助剂
醇酸白色浆	28.4	白色颜料
蓖麻油树脂	2	成膜物质

续表

原料	用量/%	功能
½″硝酸纤维素浆	20	成膜物质
¼″硝酸纤维素浆	25	成膜物质
流平剂	0.2	助剂
消泡剂	0.2	助剂

第二节 金属涂料

金属涂料涉及范围广泛，在此简单介绍家电中常用的氨基树脂固化涂料和双组分聚氨酯涂料。

金属涂料中最常用的是氨基树脂固化的醇酸树脂烤漆、丙烯酸树脂烤漆和聚酯树脂烤漆。由于反应性不同，这三种烤漆的固化温度分别为140℃、160℃和180℃。同时为增加漆膜韧性和附着力，人们在配方中添加了一些环氧树脂改性。

涂料用氨基树脂按母体化合物可分为脲醛树脂、三聚氰胺甲醛树脂、苯代三聚氰胺甲醛树脂，按醚化剂不同可分为丁醚化、甲醚化和混醚化。在涂料中用量最多的为丁醚化三聚氰胺甲醛树脂。

甲醛、醇类配比不同，形成不同的缩合物。在一定温度下氨基树脂与羟基端丙烯酸树脂、聚酯树脂、醇酸树脂发生醇交换反应，而形成交联度很高的大分子。

下面列出了三种烤漆的常用配方和用途。

一、丙烯酸氨基烤漆

丙烯氨基酸烤漆广泛适用于铁、铝、铜及锌合金、电木等制品，具有保光、保色、耐化学品优良、漆膜坚固耐用、附着力好等特点。

（1）清漆配方 清漆配方见表8-18。

表 8-18 清漆配方

原料	用量/%	功能
丙烯酸树脂	65.7	成膜物质
氨基树脂	21.9	成膜物质
环氧树脂	4	成膜物质
消泡剂	0.2	助剂
流平剂	0.2	助剂
附着力促进剂	1	助剂
溶剂(酯、酮、苯、醇类)	7	溶剂

（2）黑色色漆配方 黑色色漆配方见表8-19。

表 8-19　黑色色漆配方

原料	用量/%	功能
丙烯酸树脂	57.5	成膜物质
氨基树脂	19.1	成膜物质
环氧树脂	4	成膜物质
炭黑	3.5	黑色颜料
分散剂	1	助剂
消泡剂	0.2	助剂
防沉剂	0.5	助剂
流平剂	0.2	助剂
附着力促进剂	1	助剂
溶剂(酯、酮、苯、醇类)	13	溶剂

（3）白色色漆配方　白色色漆配方见表 8-20。

表 8-20　白色色漆配方

原料	用量/%	功能
丙烯酸树脂	30.8	成膜物质
氨基树脂	10.3	成膜物质
环氧树脂	4	成膜物质
钛白粉	40	白色颜料
分散剂	1	助剂
消泡剂	0.2	助剂
防沉剂	0.5	助剂
流平剂	0.2	助剂
附着力促进剂	1	助剂
溶剂(酯、酮、苯、醇类)	12	溶剂

（4）红色色漆配方　红色色漆配方见表 8-21。

表 8-21　红色色漆配方

原料	用量/%	功能
丙烯酸树脂	56.3	成膜物质
氨基树脂	18.8	成膜物质
环氧树脂	4	成膜物质
红色色粉	5	红色颜料
分散剂	1	助剂
消泡剂	0.2	助剂
防沉剂	0.5	助剂
流平剂	0.2	助剂

续表

原料	用量/%	功能
附着力促进剂	1	助剂
溶剂(酯、酮、苯、醇类)	13	溶剂

（5）稀释剂配方（包括聚酯氨基烤漆、醇酸氨基烤漆） 稀释剂配方见表8-22。

表8-22 稀释剂配方

原料	用量/%	功能
二甲苯	35	稀释剂
乙二醇醚乙酸酯	20	溶剂
环己酮	15	溶剂
正丁醇	10	溶剂
丁酯	10	溶剂
二丙酮醇	10	溶剂

二、聚酯氨基烤漆

聚酯氨基烤漆广泛适用于铁、铝、铜及锌合金底材，该产品具有丰满度好、流平好、硬度佳、耐冲击、柔韧性好、附着力优良、耐化学性好的特点。

（1）清漆配方 清漆配方见表8-23。

表8-23 清漆配方

原料	用量/%	功能
聚酯树脂	62.6	成膜物质
氨基树脂	24	成膜物质
环氧树脂	4	成膜物质
消泡剂	0.2	助剂
流平剂	0.2	助剂
附着力促进剂	1	助剂
溶剂(酯、酮、苯、醇类)	7	溶剂

（2）黑色色漆配方 黑色色漆配方见表8-24。

表8-24 黑色色漆配方

原料	用量/%	功能
聚酯树脂	55.6	成膜物质
氨基树脂	21	成膜物质
环氧树脂	4	成膜物质
炭黑	3.5	黑色颜料

续表

原料	用量/%	功能
分散剂	1	助剂
消泡剂	0.2	助剂
防沉剂	0.5	助剂
流平剂	0.2	助剂
附着力促进剂	1	助剂
溶剂(酯、酮、苯、醇类)	13	溶剂

（3）白色色漆配方　白色色漆配方见表 8-25。

表 8-25　白色色漆配方

原料	用量/%	功能
聚酯树脂	29.8	成膜物质
氨基树脂	11.5	成膜物质
环氧树脂	4	成膜物质
钛白粉	40	白色颜料
分散剂	0.8	助剂
消泡剂	0.2	助剂
防沉剂	0.5	助剂
流平剂	0.2	助剂
附着力促进剂	1	助剂
溶剂(酯、酮、苯、醇类)	12	溶剂

（4）红色色漆配方　红色色漆配方见表 8-26。

表 8-26　红色色漆配方

原料	用量/%	功能
聚酯树脂	55	成膜物质
氨基树脂	21	成膜物质
环氧树脂	4	成膜物质
红色色粉	5	红色颜料
分散剂	1	助剂
消泡剂	0.2	助剂
防沉剂	0.5	助剂
附着力促进剂	1	助剂
流平剂	0.2	助剂
溶剂(酯、酮、苯、醇类)	12	溶剂

三、醇酸氨基烤漆

醇酸氨基烤漆广泛适用于铁、铜、铝等金属用品，具有坚固有韧性的漆膜，具有优良的抵抗外力冲击及化学品侵入的特点。

（1）清漆配方　清漆配方见表 8-27。

表 8-27　清漆配方

原料	用量/%	功能
醇酸树脂	58	成膜物质
氨基树脂	28.1	成膜物质
环氧树脂	4	成膜物质
消泡剂	0.2	助剂
流平剂	0.2	助剂
附着力促进剂	1.5	助剂
溶剂（酯、酮、苯、醇类）	8	溶剂

（2）黑色色漆配方　黑色色漆配方见表 8-28。

表 8-28　黑色色漆配方

原料	用量/%	功能
醇酸树脂	51.1	成膜物质
氨基树脂	25	成膜物质
环氧树脂	4	成膜物质
炭黑	3.5	黑色颜料
分散剂	1	助剂
消泡剂	0.2	助剂
防沉剂	0.5	助剂
流平剂	0.2	助剂
附着力促进剂	1.5	助剂
溶剂（酯、酮、苯、醇类）	13	溶剂

（3）白色色漆配方　白色色漆配方见表 8-29。

表 8-29　白色色漆配方

原料	用量/%	功能
醇酸树脂	27.2	成膜物质
氨基树脂	13.6	成膜物质
环氧树脂	4	成膜物质
钛白粉	40	白色颜料

续表

原料	用量/%	功能
分散剂	0.8	助剂
消泡剂	0.2	助剂
防沉剂	0.5	助剂
流平剂	0.2	助剂
附着力促进剂	1.5	助剂
溶剂(酯、酮、苯、醇类)	12	溶剂

（4）红色色漆配方　红色色漆配方见表 8-30。

表 8-30　红色色漆配方

原料	用量/%	功能
醇酸树脂	53	成膜物质
氨基树脂	25.6	成膜物质
环氧树脂	4	成膜物质
红色色粉	4	红色颜料
分散剂	1	助剂
消泡剂	0.2	助剂
防沉剂	0.5	助剂
流平剂	0.2	助剂
附着力促进剂	1.5	助剂
溶剂(酯、酮、苯、醇类)	10	溶剂

四、双组分聚氨酯涂料

金属涂料常用羟基丙烯酸树脂与 TDI 或 HDI 配伍制备双组分聚氨酯涂料，耐候性要求高的户外用涂料常用 HDI 作固化剂。

双组分聚氨酯漆广泛适用于金属、塑料、电木等底材，该产品具有漆膜光、亮度高、丰满度好、优良的保光、保色及耐候性，高硬度、耐磨、耐腐蚀、耐溶剂、可自干或烘干等特点。

下面列出了常用的配方和用途。

（1）清漆配方　清漆配方见表 8-31。

表 8-31　清漆配方

原料	用量/%	功能
羟基丙烯酸树脂	88	成膜物质
流平剂	0.5	助剂
消泡剂	0.3	助剂

续表

原料	用量/%	功能
催干剂	0.1	助剂
溶剂(酯、酮、苯类)	11.1	溶剂

（2）黑色色漆配方　黑色色漆配方见表8-32。

表 8-32　黑色色漆配方

原料	用量/%	功能
羟基丙烯酸树脂	80.1	成膜物质
炭黑	4	黑色颜料
分散剂	0.5	助剂
防沉剂	0.5	助剂
流平剂	0.5	助剂
消泡剂	0.3	助剂
催干剂	0.1	助剂
溶剂(酯、酮、苯类)	14	溶剂

（3）白色色漆配方　白色色漆配方见表8-33。

表 8-33　白色色漆配方

原料	用量/%	功能
羟基丙烯酸树脂	46.1	成膜物质
钛白粉	40	白色颜料
分散剂	0.5	助剂
防沉剂	0.5	助剂
流平剂	0.5	助剂
消泡剂	0.3	助剂
催干剂	0.1	助剂
溶剂(酯、酮、苯类)	12	溶剂

（4）红色色漆配方　红色色漆配方见表8-34。

表 8-34　红色色漆配方

原料	用量/%	功能
羟基丙烯酸树脂	80.1	成膜物质
红色色粉	5	红色颜料
分散剂	0.5	助剂
防沉剂	0.5	助剂

续表

原料	用量/%	功能
流平剂	0.5	助剂
消泡剂	0.3	助剂
催干剂	0.1	助剂
溶剂(酯、酮、苯类)	13	溶剂

（5）稀释剂配方　稀释剂配方见表8-35。

表 8-35　稀释剂配方

原料	用量/%	功能
甲苯	20	助溶剂
二甲苯	20	助溶剂
乙二醇乙醚乙酸酯	20	真溶剂
丁酯	20	真溶剂
环己酮	20	真溶剂

双组分聚氨酯涂料 B 组分（固化剂）可选择以下三种：

① L-75（TDI）；

② N-75（HDI 缩二脲）；

③ N3390（HDI 三聚体）。

第三节　塑料涂料

塑料底材由于不耐高温因此常用热塑性丙烯酸树脂涂料和双组分聚氨酯涂料常温和低温固化。热塑性丙烯酸涂料通常用丙烯酸树脂与纤维素配伍，以增加溶剂挥发性，改善涂膜性能。低档漆常用硝酸纤维素，而现在多用乙酰丁酰纤维素（主要为美国 Eastmon Chemicals 公司的 CAB），涂料中常用的有 CAB-531、CAB-551、CAB-381。热塑性丙烯酸塑料涂料广泛适用于 ABS 底材、HIPS 底材、PVC 底材、PC 底材、PP 等底材，具有干燥快、施工方便、银粉排列好、遮盖力好、可自干或烘干等特点。

双组分聚氨酯涂料也经常用于塑料涂料，通常用于热塑性丙烯酸涂膜上，以提高表面耐磨性能。

（1）清漆配方　清漆配方见表8-36。

表 8-36　清漆配方

原料	用量/%	功能
丙烯酸树脂	70	成膜物质
纤维素(液)	20	助剂

续表

原料	用量/%	功能
流平剂	0.3	助剂
消泡剂	0.2	助剂
溶剂(苯、酯、醚类)	9.5	溶剂

（2）黑色色漆配方　黑色色漆配方见表 8-37。

表 8-37　黑色色漆配方

原料	用量/%	功能
丙烯酸树脂	73.2	成膜物质
纤维素(液)	10	助剂
炭黑	3	黑色颜料
分散剂	0.8	助剂
流平剂	0.3	助剂
防沉剂	0.5	助剂
消泡剂	0.2	助剂
溶剂(苯、酯、醚类)	12	溶剂

（3）白色色漆配方　白色色漆配方见表 8-38。

表 8-38　白色色漆配方

原料	用量/%	功能
丙烯酸树脂	51.2	成膜物质
纤维素(液)	10	助剂
钛白粉	25	白色颜料
分散剂	0.8	助剂
流平剂	0.3	助剂
防沉剂	0.5	助剂
消泡剂	0.2	助剂
溶剂(苯、酯、醚类)	12	溶剂

（4）红色色漆配方　红色色漆配方见表 8-39。

表 8-39　红色色漆配方

原料	用量/%	功能
丙烯酸树脂	72.2	成膜物质
纤维素(液)	10	助剂
红色色粉	4	红色颜料

原料	用量/%	功能
分散剂	0.8	助剂
流平剂	0.3	助剂
防沉剂	0.5	助剂
消泡剂	0.2	助剂
溶剂(苯、酯、醚类)	12	溶剂

（5）纤维素液　纤维素液配方见表8-40。

表 8-40　纤维素液配方

原料	用量/%	功能
纤维素	20	助剂
甲苯	30	溶剂
丁酮	30	溶剂
乙二醇单丁醚	20	溶剂

（6）稀释剂配方　稀释剂配方见表8-41。

表 8-41　稀释剂配方

原料	用量/%	功能
甲苯	20	稀释剂
丁酮	20	真溶剂
异丁醇	20	真溶剂
120#溶剂油	20	真溶剂
防白水	20	真溶剂

第九章
乳胶漆配方设计

乳胶漆也称为合成树脂乳液涂料，属于有机涂料的一种，是以水为分散介质、合成树脂乳液为基料，加入颜料及各种助剂配制而成的一类水性涂料。一些类型的乳胶漆见图 9-1 至图 9-4。

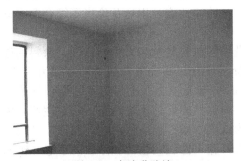

图 9-1　内墙乳胶漆

图 9-2　外墙乳胶漆

图 9-3　乳胶木器漆

图 9-4　水性金属漆

第一节　乳胶漆介绍

乳胶漆的品种繁多，分类方法也很多，按照应用范围可分为建筑乳胶漆、木器乳胶漆、金属乳胶漆等；按照成膜物质的结构，可分为乙酸乙烯系、丙烯酸酯系、苯乙烯系、聚氨酯系、环氧系、氯乙烯系、含氟系、马来酸系、无皂乳液系、核/壳乳液系等。无论哪种乳胶漆，其基本组成包括四大部分：成膜物质、分散介质（水和助溶剂）、颜料、助剂。

一、成膜物质

乳液是乳胶漆的主要成膜物质，起固着颜料的作用，并黏附在墙体上形成涂膜，提供涂层最基本的物理性能并抵抗各种外界因素的破坏。乳液对涂料制备、涂膜的初始及长久性能影响较大。乳液种类不同，对粉料的润湿包覆能力不同，它还影响增稠剂、消泡剂的选择，影响涂料的浮色发花、涂料的贮存稳定、涂膜附着力、耐水性、耐碱性、耐洗刷、保光保色、抗污、抗粉化、抗泛黄性、抗起泡和抗开裂性等。研究发现，苯丙乳液具有很好的耐碱性、耐水性，光泽亦较高，但耐老化性较差，适合作室内涂料的基料；纯丙乳液是综合性能很好的品种，尤其是耐老化性突出，涂膜经久耐用；硅丙乳液在丙烯酸酯共聚物大分子主链上引入了有机硅链段（或单元），其硅氧烷通过水解、同基材羟基（—OH）的缩合提高了涂膜的耐水性、透气性、附着力和耐老化性；氟碳或氟丙乳液属于高端乳液品种，有极低的表面能和优异的耐候性。因此，应根据对乳胶漆性能、用途及价格等综合要求进行乳液的选择。

内墙乳胶漆对乳液的选择主要考虑：乳液同颜料的亲和力、调色性，涂料的施工性、漆膜外观，漆膜的手感和丰满度，价格便宜。从乳液对颜料的亲和力来说，以苯丙乳液为最好，其颜基比高达 7.5∶1 时仍有大于 200 次的耐洗刷性，优于纯丙乳液和乙酸乙烯共聚乳液，价格亦便宜，耐碱性亦好，干燥迅速，稳定性好，因此中低档内墙乳胶漆大多选用苯丙乳液作为成膜物质。而高档内墙乳胶漆，乳液用量相对较多，耐洗刷性不成问题，主要考虑其施工性、调色性和漆膜的手感、丰满度，故选择乙酸乙烯共聚乳液为优，或醋丙叔醋乳液，其耐碱、耐水、耐洗刷性都比较好。有时为了优化性能采用两种不同乳液拼合的方法，这样可具有两种乳液的优点，性能更好。

外墙乳胶漆对乳液的选择除了内墙要求外，更主要考虑乳液耐水性、耐沾污性和耐老化性，因这几项决定外墙乳胶漆的品质。其中硅丙乳液、苯丙乳液、叔丙乳液、纯丙乳液、叔醋乳液的耐水性都较好，适合于外墙乳胶漆。耐沾污性好的乳液，一般来说其 T_g 较高，不宜选用 T_g 低于室温的乳液，另外，乳液的聚合工艺不同亦影响耐沾污性。如，同为苯丙乳液，不同供应商提供的耐沾污性不同。还有一个最主要的性能就是耐老化性，只有乳液的耐老化性优异，其漆膜耐老化性才有保障。这是外墙乳胶漆选择乳液时的一个最重要指标。氟碳乳液的耐老化性为最优，其他如硅丙乳液、纯丙乳液、叔丙乳液、苯丙乳液、叔醋乳液和叔醋丙乳液，耐老化性能都较好，适合于作外墙乳胶漆。

二、着色颜料

着色颜料主要提供遮盖力及各种色彩。着色颜料为颜色的呈现体，无机、有机颜料在着色能力和鲜艳度、耐化学性以及遮盖性方面都存在差异，着色颜料本身的色牢度和耐化学性直接影响到涂膜的保色性、粉化性。乳胶漆颜料中用量最大的着色颜料是钛白粉，其金红石（R）型晶格致密、稳定，不易粉化，耐候性好；锐钛（A）型晶格疏松，不稳定，耐候性差，主要用于室内用漆。为了进一步改进使用性能，近年来已有了各种包覆型金红石（R）型钛白粉。此外，铁红、铁黄、酞菁蓝（绿）、炭黑在乳胶漆中也有应用（一般磨成色浆使用）。

值得强调的是外墙乳胶漆对彩色颜料的要求更高，主要表现在三个方面：一是要其有优良的耐光性，一般应达到 7 级以上；二是要具有优良的耐候性，颜料冲淡后的耐候性应在 4 级以上；三是要具有优良的耐碱性。一般外墙乳胶漆应尽量选用无机颜料，如氧化铁红、氧化铁黄、炭黑等，因其分子结构稳定，耐光耐候性好，但由于无机颜料的颜色大多不够鲜艳，不能调制高饱和度的鲜艳颜色，因此还要使用一些有机颜料，如酞菁蓝、酞菁绿、永固紫、永固黄等耐候性好的颜料，调成各种需用的鲜艳颜色，以满足客户的需求。

三、填料（或称体质颜料）

填料能调节黏度、降低成本、提高漆膜硬度及改善各种物理性能。常用的品种有碳酸钙（轻质、重质）、高岭土、滑石粉、硅灰石粉、重晶石粉、沉淀硫酸钡、超细硅酸铝和云母粉等。以下简单介绍几种乳胶漆常用填料。

（1）碳酸钙 轻质碳酸钙可使涂料获得较高的干遮盖力（对比率）、良好的附着力和防霉性，还可以改进悬浮性，但由于有钙离子，要注意其与其他化学品作用可能产生贮存期间涂料增稠或返粗现象，使贮存稳定性变差，用量过多时涂刷性会变差，适合于内墙涂料。重质碳酸钙可以改善涂料的平滑性、悬浮性，提高附着力和防霉性、抗冻融性，降低漆膜起泡和开裂现象，内外墙涂料都可使用。

（2）高岭土 高岭土分水性高岭土和煅烧高岭土，它们都可以提高涂料的对比率（干遮盖力），提供优良的色延展性，抗浮色、发花，提供流变性和触变性，悬浮性较好。水性高岭土的白度不如煅烧高岭土，但涂膜手感更滑爽。前者一般只适用于内墙涂料，后者内外墙涂料都适用。

（3）滑石粉 滑石粉添加到乳胶漆中能够改善涂膜的柔韧性，降低漆膜的渗水性，提高漆膜的附着力，赋予涂料一定的触变性而减少颜料的沉降，增强漆膜的机械强度，内外墙涂料都可使用。

（4）硅灰石粉 硅灰石粉能增加白色涂料明亮的色调，有较强的反射紫外线能力，因而可提高漆膜的耐老化性能，还可以起到钛白粉增效剂的作用，提高遮盖力，改善涂料的流平性，提高漆膜耐磨性。硅灰石粉大多用于外墙涂料中。

（5）重晶石粉、沉淀硫酸钡 这两种填料耐酸、耐碱、耐光、耐候性优异，有很好的流动性，呈白色，与有色颜料合用能增强其色泽和明亮度，赋予涂膜硬度、耐磨性和耐沾污性。两者最大区别在于重晶石密度大，易引起沉淀结块，主要应用于高光泽漆、丝光漆及外墙涂料，而沉淀硫酸钡质地较软，粒径均匀，更易分散，且有较大的遮盖力，同时吸油量也大。

（6）超细硅酸铝 超细硅酸铝具有极好的悬浮性，它与各种颜料，特别是钛白粉配合使用，能改善分散稳定性、遮盖性能和颜色的着色强度，产生增效作用，可提高乳胶漆的白度、干膜对比率、贮存稳定性、耐候性，加入一定的量不影响漆膜的耐水性、耐碱性和耐洗刷性，另外还有消光作用，适合于外墙涂料。

（7）云母粉　云母粉有白色、淡黄色、浅（深）棕色、粉红色等颜色，有优良的耐热性、耐酸性、耐碱性，在乳胶漆中添加可显著降低涂膜对水的渗透性，减少龟裂和粉化倾向，因此可以改善涂膜耐候性，主要用于外墙涂料，还可改善涂料的耐化学腐蚀性。

一般来说，对乳胶漆的配方设计采用两种以上的填料较好，这样可以对涂料的性质作适当调节，可以相互补充、配合以满足相关的性能要求。当然，品种太多也没有必要，要靠相互补充的作用亦要考虑排斥的作用，且品种太多会使配方复杂化，不好管理。

填料是为了降低产品成本，又能起到一定的性能作用而添加的，它们与钛白粉等着色颜料的配合，不但不会影响颜料的性能，还可以用来控制流动性，使涂料具有稳定性和坚牢度。乳胶漆使用的填料可以分为两类，一类为吸水性较强的填料，如上述的高岭土、滑石粉、云母粉、硅酸铝等，它们提供强烈的触变凝胶倾向，有相当程度的脱水收缩作用、良好的涂刷性和均匀性；另一类为吸水性弱的填料，如硫酸钡、重质碳酸钙、硅灰石粉等，它们提供较少的触变性、良好的丰满度，稍有或没有脱水收缩作用，但使用过量会使湿边缘性变差。因此，在设计配方时要把两类填料进行搭配使用，或选择两种以上，进行性能、用量的筛选，并结合所要求的性能特点优化到一个合理的配比，从而可以有效地控制最终涂料的性能，做出性价比高的配方。

四、分散介质

乳胶漆的分散介质主要是水。乳胶漆所用水为去离子水，规模生产直接用自来水或井水是不合适的，否则在长期贮存中容易沉淀，并容易造成乳胶漆性能的变化。但现在工业化实际生产都采用自来水，一般来说先检验、试验并做配方产品，经过一定的冷热贮存试验及性能检测，如果没有问题，就说明自来水可以使用。

五、助剂

虽然助剂在乳胶漆中用量较少，但所起作用不可忽视。助剂在乳胶漆制造、贮存及施工过程中的主要作用有：

① 满足乳胶漆制造过程中的工艺要求，如润湿、分散、消泡等；
② 保持乳胶漆在贮存中的稳定性，避免涂料的分层、沉淀、霉变等；
③ 改善乳胶漆的成膜性能，如成膜助剂；
④ 满足乳胶漆的施工性能。

乳胶漆常用的助剂有：润湿剂、分散剂、增稠剂、消泡剂、成膜助剂、防冻剂、防腐剂、防霉剂等。

（1）成膜助剂　乳胶漆的基料是聚合物乳液，乳液的成膜是聚合物球状颗粒经过密集、蠕变、融合的过程最终形成连续、完整的涂膜。乳胶漆（或乳液）的这一成膜机理决定了乳液的良好成膜必然有一个最低成膜温度，也就是说，乳液只有在这个环境温度以上成膜时，才能获得连续膜，否则，在低于这个环境温度下所获得的膜是开裂的，是没有附着力和机械强度的膜，轻轻一抹就成飘落的散片或粉末。这个最低成膜温度与乳液聚合物的玻璃化转变温度（T_g）有关。这项技术特性是由乳液生产商控制的。

乳液 T_g 越高，可获得的涂膜越硬，涂膜的耐沾污性一般越高，这是用户所欢迎的。但是，乳液的最低成膜温度也因此越高。为了适应低温成膜，延长乳胶漆的施工季节，使较高的 T_g 的聚合物乳液（一般控制 T_g 在室温以上）得以在较低温度（一般控制在5℃左右）下成膜，就需要借助于助剂。这种能有效降低聚合物乳液最低成膜温度的助剂就是成膜助剂。当乳液完成成膜后，成膜助剂会从涂膜中挥发，不影响聚合物的 T_g，即不影响涂膜聚合物的设计性能。优良成膜助剂的应用使开发实用的高 T_g 优质乳胶漆成为可能。

常用的成膜助剂及其物理性质见表9-1。

表 9-1 常用成膜助剂及其物理性质

成膜助剂	相对挥发速率[①]	溶解度(20℃)/(g/100g)		沸点/℃	凝固点/℃	水解稳定性
		在水中	水溶性溶剂			
2,3,4-三甲基-戊二醇-1,3-异丁酸单酯	0.002	0.2	0.9	244～247	−50	优
丙二醇苯醚	0.01	1.1	2.4	243	−48	优
丙二醇丁醚	0.093	6	13	170	<−80	优
丙二醇甲醚乙酸酯	0.33	19	3	146	<−46	差
二丙二醇甲醚乙酸酯	0.015	19	3.5	209	−25	差
乙二醇丁醚	0.079	100	100	171	−77	优
二乙二醇丁醚	0.01	100	100	230	−68	优
乙二醇苯醚	0.01	2.5	10	244	13	优
乙二醇乙醚	0.35	100	100	136	—	优
二乙二醇乙醚	0.01	100	100	202	—	优
乙二醇乙醚乙酸酯	0.20	100	100	156	—	差
二乙二醇丁醚乙酸酯	0.002	6.5	3.7	—	—	差
苯甲醇	0.009	3.8	—	—	—	优

① 以乙酸丁酯的挥发速率为1为标准。

2,3,4-三甲基-戊二醇-1,3-异丁酸单酯为乳胶漆中的主流成膜助剂，它能显著降低乳液的最低成膜温度，提高涂膜的光泽、耐水性及耐老化性。加入5%的该成膜助剂可使最低成膜温度下降10℃左右。由于成膜助剂对乳液有较大的凝聚性，最好在乳液加入前加入到着色颜料、填料混合物中，这样就不会损害乳液的稳定性。

（2）润湿剂、分散剂　润湿剂的作用是降低被润湿物质的表面张力，使着色颜料和填料颗粒充分地被润湿而保持分散稳定。分散剂的作用使团聚在一起的着色颜料、填料颗粒通过剪切力分散成原始粒子，并且通过静电斥力和空间位阻效应而使着色颜料、填料颗粒长期稳定地分散在体系中而不附聚。

（3）增稠剂　乳胶漆是由水、乳液、着色颜料、填料和其他助剂组成的，因用水作为分散介质，黏度通常都较低，在贮存过程中易发生分水和着色颜料沉降现象，而且施工过程中会产生流挂，无法形成厚度均匀的涂膜，因此必须加入一定量的增稠剂来提高涂料的黏度，以便于分散、贮存和施工。涂料的黏度与浓度没有直接关系，黏度的最有效调节方法是通过加入增稠剂。羟乙基纤维素（HEC）、缔合型聚氨酯、丙烯酸共聚物为最常用的三种增稠剂。HEC 在乳胶漆中使用最方便，低剪切和中剪切力下黏度大，具有一定的抗微生物侵害的能力、良好的颜料悬浮性、着色性及防流挂性，应用广泛，其主要缺点是流平性较差。缔合型聚氨酯增稠剂的优点是具有良好的涂刷性、流平性、抗飞溅性及耐霉变性，缺点是着色性、防流挂性和贮存抗浮水性较差，尤其是对涂料中的其他组分非常敏感，包括乳液的类型、粒径大小及表面活性剂、共溶剂、成膜助剂的种类。比较好的方法是将 HEC 和缔合型聚氨酯增稠剂并起来使用，以获得平衡的增稠和流平效果。

（4）消泡剂　消泡剂的作用是降低液体的表面张力，在生产涂料时能使因搅拌和使用分散剂等表面活性物质而产生的大量气泡迅速消失，减少涂料制造与施工障碍，可以缩短制造时间，提高施工效率和施工质量。

（5）防霉剂、防腐剂　防霉剂的作用是防止涂料涂刷后涂膜在潮湿状态下发生霉变。防腐剂的作用是防止涂料在贮存过程中因微生物和酶的作用而变质。

（6）防冻剂　防冻剂的作用是降低水的冰点以提高涂料的抗冻性。

第二节　乳胶漆配方中的基本参数

一、颜基比（P/B）

在乳胶漆中，基料与颜料是重要的组成部分，在颜料和基料已经确定的情况下，涂膜的构造和物理性能基本上取决于二者之比。

在配方设计时，如果已经确立了基料、着色颜料和填料的品种和质量分数后，通过试验手段，可以通过改变颜基比来比较快捷地确立并优化配方。

选择适当的 P/B，对乳胶漆的原始配方设计是非常重要的。

不同乳胶漆的 P/B 如表 9-2 所示。

表 9-2　乳胶漆的 P/B

乳胶漆	P/B	乳胶漆	P/B
有光乳胶漆	0.4～0.6	外墙乳胶漆	0.4～5.0
半光乳胶漆	0.6～2.0	内墙乳胶漆	0.6～7.0

二、颜料体积浓度（PVC）

在进行乳胶漆配方设计时，往往是以质量分数表示，然而构成乳胶漆的树脂、着色颜料、填料及其他添加剂，它们的密度差异很大（见表 9-3），因此它们在整个涂膜中的体积分数与质量分数显著不同。而在确定涂料干膜性能时，体积分数比质量分数更为重要。对不同配方的涂料进行性能比较试验时，体积分数的重要性更为突出。因此，颜料体积浓度（PVC）是乳胶漆的重要参数。

表 9-3　几种常见颜料密度

颜料	密度/(g/m³)	颜料	密度/(g/m³)
TiO_2	3.9~4.2	氧化铁红	4.1~5.2
耐晒黄	1.4~1.5	高岭土	2.6
酞菁蓝	1.5~1.64	滑石粉	2.65~2.8
炭黑	1.7~2.2	重晶石	4.25~4.5
氧化锌	5.6~5.7	碳酸钙	2.53~2.71
氧化铁黄	4.1~5.1	云母	2.8~3.0

三、乳胶漆配方中的 P/B、PVC、CPVC

了解 P/B、PVC、CPVC 的概念并在实际中灵活运用，对设计出科学、合理的乳胶漆配方是至关重要的。

在实际应用中，按涂料的 P/B 来进行内外墙乳胶漆的分类是可行的，通常外墙漆 P/B 为 2.0~4.0，较为适宜的为 3.0/1.0，而内墙漆在 (4.0~7.0)/1.0 范围，如有光内墙漆 P/B<1.0。

通过 P/B 可以大概推知涂料的某些性能。P/B 高的配方，其性能不适于户外使用，因为外墙漆要求有良好耐久性和耐候性，而较少的基料不能在大量颜料粒子周围形成连续涂膜。运用 P/B 的概念，可以设计出各种类型的乳胶漆配方。

但是在对具有不同组成的涂料进行对比试验时，只用 P/B 就很难说明问题。PVC 对试验数据的解释更为科学。因为涂料的许多物理性能与其组成变化有非常明确的对应关系。

在低 PVC 配制涂料时，颜料粒子分散在基料聚合物的连续相里，形成所谓"海-岛"结构，但随着颜料的增加，PVC 超过某一极限值时，基料聚合物就不能将颜料粒子间的空隙完全充满，这些未被充满的空隙就潜藏在涂膜中，因而涂膜物性以该 PVC 的极限限值为界限，开始急剧下降，所以高性能或外墙涂料配方的 PVC 一般不应超过 CPVC，否则涂膜性能将变差。反之，一般性能或内墙涂料配方的 PVC 可超过 CPVC。外墙涂料的 PVC 一般为 35%~55%，内墙涂料的 PVC 可更大些，一般为 45%~70%，为了节省资源和降低成本，高 PVC 乳胶漆的研究已成为发展建筑涂料的重要内容之一。

涂料中最主要的固体组分是着色颜料、填料和基料聚合物。它们也是构成干涂膜的关键组分，着色颜料和填料在涂膜中起骨架作用，而乳液聚合物起黏结作用。PVC 反映这三者在涂膜中的体积关系。PVC 高说明黏结剂少，着色颜料、填料多；反之，说明黏结剂多，着色颜料、填料少。

不同光泽乳胶漆的 PVC 见表 9-4。

表 9-4 不同光泽乳胶漆的 PVC

乳胶漆	PVC/%	乳胶漆	PVC/%
有光	10～18	蛋壳光	30～40
半光	18～30	平光	40～80

把 PVC/CPVC 的比值定义为对比 PVC。在进行涂料的配方时，对比 PVC 更能反映本质。它们不仅反映了乳胶漆中乳液和着色颜料、填料的体积关系，而且反映了与 CPVC 的差距，从而与乳胶漆的性能更加相关。

一般乳胶漆的 PVC/CPVC 值如表 9-5 所列，但实际上内墙用平光乳胶漆对比 PVC 有的高达 1.35，外墙用平光乳胶漆对比 PVC 也有时超过 1.0。

表 9-5 不同光泽不同用途乳胶漆的 PVC/CPVC 值

乳胶漆	外墙用平光	内墙用平光	半光
PVC/CPVC	0.95～0.98	0.9～1.1	0.6～0.85

也有人建议配方设计时最好避开 PVC/CPVC=1.0，因为该点附近性能波动很大。总之，乳胶漆配方设计中的关键因素是 PVC/CPVC。

CPVC 的大小与所用原料的种类及配比有关。最佳配方首先是使 CPVC 尽可能高，并根据乳胶漆性能要求，将 PVC 设定在与 CPVC 有一定差值的安全范围，其次是协调好助剂的搭配使用。

第三节 乳胶漆的成膜机理和涂膜结构

一、乳胶漆的成膜过程

乳胶漆的成膜是一个从分散着聚合物颗粒和着色颜料、填料颗粒相互聚结成为整体涂膜的过程，该过程大致分为三个阶段：初期、中期和后期。

1. 初期

乳胶漆施工后，随着水分逐渐挥发，原先以静电斥力和空间位阻稳定作用而保持分散状态的聚合物颗粒和着色颜料、填料颗粒逐渐靠拢，但仍可自由运动。在该阶段水分的挥发与单纯水的挥发相似，恒速挥发。

2. 中期

随着水分进一步挥发，聚合物颗粒和着色颜料、填料颗粒表面的吸附层被破坏，达到紧密堆积，一般认为此时理论体积固含量为 74%，即堆积常数是 0.74。该阶段水分挥发速率为初期的 5%～10%。大致可以把涂膜表干定义为中期的结束，这时涂膜水分含量约为 2.7%，黏度约为 $1.0×10^3$ Pa·s。

3. 后期

在缩水表面产生的力作用下，也有认为在毛细管力或表面张力等的作用下，如果温度高于最低成膜温度，乳液聚合物颗粒变形，就会聚结成膜，同时聚合物界面分子链相互扩散、渗透、缠绕，使涂膜性能进一步提高，形成具有一定性能的连续膜。这阶段水分主要是通过内部扩散至表面而挥发的，所以挥发速率很慢。

另外，这一阶段还有成膜助剂的挥发。在此阶段初期，成膜助剂的挥发速率是挥发控制的，后期则是扩散控制的。

成膜过程如图 9-5 所示。

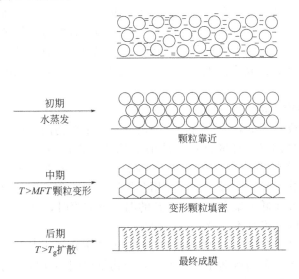

初期
水蒸发
→
颗粒靠近

中期
$T>MFT$颗粒变形
→
变形颗粒填密

后期
$T>T_g$扩散
→
最终成膜

图 9-5　乳胶漆成膜过程

二、乳胶漆的成膜条件

1. 水分挥发

乳胶漆成膜条件之一是水分挥发。水分不挥发，乳胶漆就不会成膜。而水分挥发的速率，就乳胶漆来说，与其所含的成膜助剂和助溶剂等有关；就其施工应用来说，不仅与周围环境的温度、相对湿度有关，而且与基层的温度、含水率、吸水性有关。因此应综合平衡各个因素，使其有一个合适的水分挥发速率，以获得优良的涂膜。

2. 成膜温度

乳胶漆成膜条件之二是施工时的环境温度和基层温度必须高于乳胶漆的最低成膜温度。否则，尽管水分挥发，乳胶漆也不能成膜。因为成膜需要乳胶粒子变形、分子链相互扩散和渗透，以致相互缠绕，达到聚结。而这些都要求乳胶漆体系中有大于 2.5% 的自由体积。这里所谓的乳胶漆体系，是指乳胶漆中所有组分的混合体。否则乳胶粒就会处于玻璃态而无法变形，乳胶分子链段和自由体积处于冻结状态而不能扩散。Hill 研究了乳胶膜结硬和成膜过程中自由体积的分布，从而得出，当温度低于 T_g 时，由于没有明显的相互扩散，结硬的乳胶膜是脆的。

3. 最低成膜温度

乳胶漆的最低成膜温度是指乳胶漆形成不开裂的、连续涂膜的最低温度。它不同于乳胶漆用乳液（包含成膜助剂）的最低成膜温度。一般来说，由于着色颜料、填料等影响，乳胶漆的最低成膜温度高于其所用乳液的最低成膜温度，尽管表面活性剂也有一定的降低乳液最低成膜温度的作用，但其最低成膜温度还是更高一些。

三、影响成膜过程的主要因素

乳液成膜过程是一种聚合物分子链凝聚的现象，是一个从乳胶颗粒相互接触、变形到分子链相互贯穿、扩散的过程，这个过程与聚合物分子链的初始构象、分子运动、成膜条件的扩散动力学过程密切相关，宏观上聚合物的玻璃化转变温度、聚合物的结构、乳化剂、成膜温度等会对成膜过程产生影响，并决定着最终涂膜的性能。

1. 玻璃化转变温度

乳液能否形成连续的乳胶涂膜，主要由分散相聚合物的玻璃化转变温度与成膜温度决定，聚合物的 T_g 对聚合物乳液的最低成膜温度（MFT）起着决定作用，而连续乳胶膜的形成与聚合物的 MFT 密切相关。当乳液在高于聚合物的 MFT 的温度下成膜时，乳胶粒子变形、融合和相互扩散能够正常发生，形成连续、透明的乳胶涂膜；当乳液在低于聚合物的 MFT 的温度下成膜时，乳胶粒子不发生变形和融合，形成的涂膜易脆且不连续，甚至粉化。

对具有不同 T_g 的聚合物共混乳液，在它们 MFT 以上的温度成膜时，低 T_g 聚合物运动速度快，布朗运动相对剧烈，聚合物链段间相互碰撞的机会增多，而高 T_g 树脂相反。当两种聚合物在 MFT 以上的温度成膜时都会发生自交联反应，不同的运动速度会影响聚合物自分层的程度。共混乳液体系中，一般要求聚合物的 T_g 之差不宜超过 10℃ 左右，否则，表层或低层会含有较多的某种聚合物。

2. 聚合物的结构

为保持乳胶颗粒粒径分布均匀，便于控制乳液性能，人们常常将乳液制备成具有核壳结构的形式。具有核壳结构的乳胶粒的成膜行为与常规结构的乳胶粒具有一定的差异，对成膜过程影响也不同，目前对其机理还没有权威的解释。

3. 乳化剂

在乳液的成膜过程中以及成膜之后，乳化剂一直处在体系之中，因而乳化剂不仅影响涂膜的性能，也影响乳液的成膜。它对成膜的影响主要体现在：乳胶体系的稳定性、乳胶粒的堆积、水分的蒸发、乳胶粒的变形以及聚合物链段的相互扩散。

在乳液聚合过程中所使用的乳化剂均含有亲水性基团，但在聚合物乳液中为小分子，因此，乳化剂分子比聚合物分子更容易运动、迁移、扩散。Belaroui 等使用 SANS（一种微观检测技术）对乳化剂在成膜过程中的脱附行为进行了研究，发现成膜后有部分吸附在乳胶膜表面的乳化剂会一直保留其上而不能脱附。因此，一般在乳液聚合过程中，宜将乳化剂用量降至最低，以提高涂膜的性能。

4. 温度

升高温度或热处理有利于聚合物乳液成膜，高温既可以活化聚合物的分子运动，又可增大分子链段间的自由体积。两种作用都有利于聚合物分子链的松弛，使分子链段相互扩散、贯穿成膜。

5. 水

聚合物在玻璃态时，主链处于被冻结状态，只有侧基、支链和小链节能运动，整个聚合物不能实现构象转变，外力只能促使聚合物发生刚性形变。当成膜温度升到玻璃化转变温度时，链段运动被激发，聚合物进入高弹态，分子链可以在外力作用下改变构象，在宏观上表现出很大的形变，从理论上来讲，成膜温度只有高于 T_g，聚合物的链段才可以运动，成膜才能进行，但在实际中，将 T_g 为 40℃左右的乳液在室温下干燥，也可以形成连续的涂膜，这主要是水在成膜过程中起到了增塑作用，只是对不同的体系，水的增塑作用不同而已。

第四节 乳胶漆的流变学

流变学是研究流体流动和变形的科学。涂料的流变性能对涂料的生产、贮存、施工和成膜有很大的影响，最终会影响涂膜性能，研究涂料的流变性对涂料的体系选择、配方设计、生产、施工及提高涂膜性能具有指导意义。

一、牛顿、非牛顿、假塑性流动

牛顿流动就是当对流体施加了外力，他就立即发生流动。换句话说，具有应力与应变成正比的流动叫牛顿流动。由此可知，牛顿流动体系的黏度不随时间和液体的剪切速率（在黏度测量、搅拌或施工时出现的）变化而变化。不过黏度随温度变化。

具有上述流动特性的流体叫做牛顿流体。牛顿流体实质上是一种简单的体系，典型实例是纯液体和稀溶液，如水、矿物油和某些低分子量树脂溶液。

反之，应力与应变不成正比的流动叫做非牛顿流动。对于非牛顿流动体系，当剪切速率变化时，其黏度也随之变化。这里，黏度的变化会出现三种情况：膨胀性流动、塑性流动和假塑性流动。

① 膨胀性流动的特征是表观黏度随剪切速率的增加而增加，实例为高浓度的悬浮液，如固含量很高的腻子、塑料溶胶、研磨漆料和过期涂料的颜料沉积层等。

② 塑性流动的特征是只有当体系克服某一最小应力时，才能发生流动，该应力称为屈服应力。低于这个屈服应力，涂料如同弹性固体一样，只能变形而不能流动，人们常称之为宾汉体。剪切应力一旦超过这个屈服值，体系黏度将变为牛顿型的，如溶剂型涂料。

③ 假塑性流动的特征是体系黏度随着剪切应力的增加而下降，即剪切变稀现象。假塑性流体没有屈服值，其剪切应力对剪切速率的曲线是非线性的，剪切速率比剪切应力增加得更快。假塑性流动可认为是由于剪切应力增加，而使长链分子呈直线排列的结果，如乳胶漆。

二、触变性

在恒定不变的剪切速率或剪切力下，随着时间进程而渐渐失去黏性（度）的流动行为，叫做触变性。触变是一种可逆过程，当撤除剪切力，停止搅拌并静置，体系会慢慢恢复到原有的结构黏度。这种恢复的速度取决于体系内产生次价键键合的强度以及分子本身再取向的难易程度。

乳胶漆具有不同程度的触变性，其触变性往往由触变助剂而获得。触变性可解释为某些呈松散结合的结构被破坏所致，而这种结构在涂料静置时产生，在应力作用下被拆散。乳胶漆的触变性是很有实际意义的。在施工时，涂料受到高剪切速率的作用，黏度变低，则有利于涂料的流动和流平，使施工作业变得轻松；在施工完毕后，即在低剪切速率下，黏度变高，则可减少在垂直面上涂料的流挂；在涂料贮存期间，黏度高可减少颜料的沉降，从而改善了涂料的贮存稳定性。

三、黏度、表观黏度

涂料的流变性能与涂料在不同条件下的黏度有关。黏度就是液体抵制流动的量度，即剪切应力与剪切速率的比值：

$$\eta（黏度）=\tau（剪切应力）/D（剪切速率）$$

影响涂料黏度的主要因素有温度、聚合物浓度、分子量大小及其分布、溶剂黏度等，涂料黏度一般随着温度的升高而降低，随聚合物分子量的增大而增大。

对于非牛顿流体，如合成树脂乳液和涂料，其黏度与剪切速率相关，在不同的剪切速率下测得的黏度是不同的，于是有了"表观黏度"的概念，应用表观黏度来表征非牛顿流体的黏度。"表观"一词并不表示所测得的黏度是一种虚假的数值，而是指这个黏度值仅仅对应一个剪切速率。显然，为了全面反映非牛顿流体黏度，应当用黏度分布图表示。黏度分布图是以剪切速率为横坐标、以黏度为纵坐标（均采用对数标尺表示），用在不用剪切速率下测得的黏度值作图而成。

四、乳胶漆黏度的表示方法

乳胶漆黏度通常有三种表示方法，他们分别表示涂料在低、中、高剪切速率条件下的动力学黏度情况（见表9-6）。其中，最常用的是克雷布斯单位（KU）和ICI黏度（Pa·s）。KU是涂料行业使用的标准黏度表示法，反映了涂料在中等剪切速率范围的黏度。ICI黏度则反映了涂料在高剪切速率下的黏度，亦称为应用黏度。

表9-6　乳胶漆黏度的表示方法

黏度	单位	说明	使用仪器名称	剪切速率范围/s	测试方法
施转黏度（Brookfield黏度）	mPa·s	低中剪切速率的黏度	旋转黏度计	$10^{-1}\sim10$	GB/T 2794
斯托默黏度	KU（克雷布斯单位）	①涂料行业使用的标准黏度表示法；②中等剪切速率下的黏度；③产生200r/min转速所需负荷的一种对数函数，一般用于表示刷涂和辊涂的涂料的黏度	斯托默黏度计	$10\sim10^2$	UDC667.65 32.133 或 GB/T 9269

续表

黏度	单位	说明	使用仪器名称	剪切速率范围/s	测试方法
高剪切速率下黏度（ICI黏度）	Pa·s	①高剪切速率下涂料动力学黏度；②该剪切速率与涂料涂装施工时的剪切速率大致相当	锥板型或圆筒型黏度计ICI锥板黏度计	$(0.5\sim2)\times10^4$	GB/T 9751

第五节 配方设计实例

一、内墙乳胶漆

内墙乳胶漆是目前用得最多的建筑涂料之一。

1. 简介

内墙乳胶漆由合成树脂乳液、着色颜料、填料、助剂和水制成。其主要特点是：

① 以水为分散介质，因而安全无毒、不污染环境、属环境友好型涂料；

② 涂膜透气性好，因而可避免因涂膜内外湿度差而鼓泡，也基本无结露现象；

③ 性能好，能满足内墙装饰和保护等要求；

④ 施工方便，可以刷涂、辊涂、无气喷涂，工具可用水清洗。

内墙乳胶漆已成为室内墙面和顶棚装饰的首选材料。其主要产品有乙酸乙烯乳胶漆，乙烯-乙酸乙烯乳胶漆、乙丙乳胶漆、苯丙乳胶漆。

乙酸乙烯内墙乳胶漆涂膜细腻，价格一般比其他共聚乳液制的乳胶漆低。其缺点是耐水性、耐碱性较差，不宜用于潮气较大的地方。

乙烯-乙酸乙烯内墙乳胶漆，由于其所用的乳液聚合物经乙烯改性后，成膜性能好，高温下不回黏，因此涂膜的耐水性、耐碱性和耐污性较好。乙烯-乙酸乙烯共聚乳液还能较方便地制成低 VOC（挥发性有机物）或零 VOC 内墙乳胶漆。

乙丙内墙乳胶漆和苯丙内墙乳胶漆，由于性能好，价格适中，是目前最广泛使用的两种内墙乳胶漆。

纯丙内墙乳胶漆质量好，但价格较高，目前使用很少。

根据光泽不同，内墙乳胶漆还可分为平光内墙乳胶漆、丝光内墙乳胶漆、半光内墙乳胶漆和有光内墙乳胶漆等。我国没有具体划分标准，德国和欧盟有此类标准，如 EN 13300：2001。

光泽是涂膜表面对光的反射能力，以涂膜表面反射光和黑平玻璃表面（$\eta_D=1.567$）反射光之比乘以 100 表示。光泽与观察角、涂膜表面平整度和涂膜材料的折射系数等有关。通常，观察角为 20°、60° 和 85°，特殊情况为 45°。

2. 性能和环保要求

我国内墙乳胶漆的性能要求如表 9-7、表 9-8 所示。

表 9-7 内墙底漆的要求

项目	指标
容器中状态	无硬块,搅拌后呈均匀状态
施工性	刷涂无障碍
低温稳定性(3 次循环)	不变质
涂膜外观	正常
干燥时间(表干)/h	2
耐碱性(24h)	无异常
抗泛碱性(48h)	无异常

表 9-8 内墙面漆的要求

项目	指标		
	合格品	一等品	优等品
容器中状态	无硬块,搅拌后呈均匀状态		
施工性	刷涂二道无障碍		
低温稳定性(3 次循环)	不变质		
涂膜外观	正常		
干燥时间(表干)/h	2		
对比率(白色和浅色[①]) ≥	0.90	0.93	0.95
耐碱性(24h)	无异常		
耐洗刷性/次 ≥	300	1000	5000

① 浅色是指以白色涂料为主要成分,添加适量色浆后配制成的浅色涂料形成的涂膜所呈现的浅颜色,按 GB/T 15608—2006 中规定明度值为 6～9 之间（三刺激值中的 $Y_{D65} \geqslant 31.26$）。

　　我国内墙乳胶漆在环境友好方面尚需满足表 9-9 的要求,才能允许进入市场销售。其中,挥发性有机化合物主要来自成膜助剂、助溶剂、乳液、色浆和其他助剂；游离甲醛高时,首先检查防腐防霉剂,其次是乳液；重金属来自于着色颜料和填料。

表 9-9 GB 18582—2008 室内装饰装修材料内墙涂料中有害物质限量

项目	限量值	
	水性墙面涂料[①]	水性墙面腻子[②]
挥发性有机物含量(VOC) ≤	120g/L	15g/kg
苯、甲苯、乙苯、二甲苯总和/(mg/kg) ≤	300	
游离甲醛/(mg/kg) ≤	100	

续表

项目		限量值	
		水性墙面涂料①	水性墙面腻子②
可溶性重金属/(mg/kg) ≤	铅 Pb	90	
	镉 Cd	75	
	铬 Cr	60	
	汞 Hg	60	

① 涂料产品所有项目均不考虑稀释配比。

② 膏状腻子所有项目均不考虑稀释配比；粉状腻子除可溶性重金属项目直接测试粉体外，其余3项按产品规定的配比将粉体与水或胶粘剂等其他液体混合后测试。如配比为某一范围时，应按照水量最小、胶黏剂等其他液体用量最大的配比混合后测试。

3. 配方举例

① 平光内墙乳胶漆。平光内墙乳胶漆参考配方如表9-10所列。

表9-10 平光内墙乳胶漆参考配方

配方号		01	02
序号	原料	质量分数/%	
1	水	37.70	38.10
2	羟乙基纤维素增稠剂 Natrosol 250HBR	0.50	0.60
3	聚磷酸钠分散剂	0.40	0.40
4	聚丙烯酸铵分散剂 Pigment Disperser A	0.30	0.30
5	Parmetol A26 防腐剂	0.30	0.30
6	消泡剂	0.30	0.30
7	200# 溶剂油	1.20	1.00
8	成膜助剂 Texanol	1.30	—
9	二乙二醇单丁醚 Butyl Carbitol	—	1.00
10	锐钛型钛白粉	5.80	6.00
11	2μm 碳酸钙 Omyacarb 2GU	10.00	35.00
12	5μm 碳酸钙 Omyacarb 5GU	35.20	—
13	高岭土 Polestar 200P	—	5.00
14	乳液 Acronal 296 D	7.00	12.00
合计		100	100
序号	产品性能指标	指标	
1	PVC/%	85	75
2	质量固含量/%	55	52
3	斯托默黏度/KU	122	117
4	ICI 黏度/Pa·s	0.11	0.13
5	耐洗刷性(DIN)/次	1100	>2500
6	亮度/%	91.2	93.4

续表

配方号		01	02
序号	产品性能指标	指标	
7	对比率/%	98.9	99.1
8	抗裂性/μm	1000	>1000

这两个配方仅采用 Natrosol 250HBR 羟乙基纤维素增稠剂，所以在满足 ICI 黏度时，斯托默黏度偏高。如采取缔合型增稠剂与之搭配使用，结果就要好得多。

② 半光内墙乳胶漆。半光内墙乳胶漆参考配方如表 9-11 所示。

表 9-11　半光内墙乳胶漆参考配方

序号	原料	配比	
		质量分数/%	体积分数/%
1	水	2.97	3.72
2	丙二醇	4.97	6.01
3	分散剂 Tamol 731	0.53	0.60
4	AMP-95	0.19	0.25
5	消泡剂 Colloid 643	0.29	0.42
6	防腐剂 Nuosept C	0.19	0.25
7	钛白粉 Kronos 2020	19.17	5.87
8	1.4μm 硅酸铝 Optiwhite	4.97	2.73
9	增稠剂 Attagel 50	0.48	0.25
调漆			
10	水	15.85	19.64
11	醋丙乳液 76RES 3083	34.50	40.00
12	成膜助剂 Texanol	1.71	2.44
13	消泡剂 Colloid 643	0.19	0.28
14	湿润剂 Igepal CO-630	0.19	0.23
15	水	12.03	14.95
16	Rheolate278	适量	适量
合计		100	100
序号	产品性能指标	指标	
1	PVC/%	29.5	
2	斯托默黏度/KU	90	
3	ICI 黏度/Pa·s	0.12	
4	光泽(60°)/%	33	

在该配方中，湿润剂 Igepal CO-630 一般应在制浆开始时加入。制浆时，固含量应低些，否则着色颜料、填料难以分散。

③ 经济型内墙乳胶漆。经济型内墙乳胶漆参考配方见表 9-12。

表 9-12 经济型内墙乳胶漆参考配方

序号	原料	质量分数/%	功能
1	水	25.00	分散介质
2	Disponer W-18	0.20	润湿剂
3	Disponer W-511	0.60	分散剂
4	PG	1.50	抗冻、流平剂
5	Defom W-090	0.15	消泡剂
6	DeuAdd MA-95	0.10	pH 调节剂
7	DeuAdd MB-11	0.20	防霉剂
8	DeuAdd MB-16	0.10	防腐剂
9	250HBR(2%水溶液)	10.00	流变助剂
10	BA0101 钛白粉(锐钛型)	10.00	着色颜料
11	重质碳酸钙(800 目)	16.00	填料
12	轻质碳酸钙(800 目)	6.00	填料
13	滑石粉(800 目)	8.00	填料
14	高岭土(800 目)	5.00	填料
15	Defom W-090	0.15	消泡剂
16	Texanol	0.80	成膜助剂
17	AS-398A	12.00	苯丙乳液
18	水	2.90	分散介质
19	DeuRheo WT-116(50%水溶液)	1.20	流变助剂
20	DeuRheo WT-204	0.10	流变助剂
合计		100	—

序号	产品性能指标	指标
1	PVC/%	73
2	斯托默黏度/KU	92
3	对比率	0.91
4	质量固含量/%	51

工艺：将水 1 加入分散罐中，在搅拌状态下依次将 2~9 加入，搅拌均匀，然后再依次加入 10~14，调整转速至高速，分散至细度≤60μm，再调整转速至中速状态加入 15~20，搅拌均匀后，用 6 调整 pH 值为 8.0~9.0，检验合格后过滤包装。

产品性能：该产品为一个高 PVC 的内墙乳胶漆，采用苯丙乳液，经济实惠，耐洗刷性好，具有优异的耐碱性，与颜料的亲和力强，采用国产锐钛型钛白粉，遮盖力较好，性价比较高，适合于工程装修。

④ 中档内墙乳胶漆。中档内墙乳胶漆参考配方见表 9-13。

表 9-13　中档内墙乳胶漆参考配方

序号	原料	质量分数/%	功能
1	水	15.00	分散介质
2	Disponers 715 W	0.30	分散剂
3	Disponers 740 W	0.10	分散剂
4	PG	2.00	抗冻、流平剂
5	Foamex K3	0.15	消泡剂
6	DeuAdd MA-95	0.20	pH 调节剂
7	锐钛型钛白粉 BA0101	10.00	着色颜料
8	金红石型钛白粉 R706	5.00	着色颜料
9	重质碳酸钙(1000 目)	8.00	填料
10	轻质碳酸钙(1000 目)	7.00	填料
11	滑石粉(1000 目)	5.00	填料
12	高岭土(1000 目)	5.00	填料
13	Natrosol250HBR(2.5%水溶液)	5.00	流变助剂
14	UCAR350A 乙丙乳液	33.00	成膜物质
15	Texanol	1.50	成膜助剂
16	Foamex K3	0.15	消泡剂
17	Kathon LXE	0.10	防腐剂
18	Aquflow NLS200	0.45	流变助剂
19	水	2.05	分散介质
合计		100	—

　　工艺：将水 1 加入分散罐中，在搅拌状态下依次加入 2~6，搅拌均匀，然后加入 7~12，调整转速至高速，分散至细度≤60μm，再调整转速至中速状态下依次加入 13~19，搅拌均匀，用 6 调整 pH 值为 8.0~9.0，检验合格后过滤包装。

　　产品性能：该配方产品 PVC 比配方③降低很多，增加了钛白粉用量并使用了金红石型钛白粉，遮盖力提高了很多，减少了填料，且成膜物质采用了乙丙乳液，成膜温度低，耐洗刷性好，颜料润湿性好。性价比较高，适合宾馆、办公场所、家庭住房等使用。

　　⑤ 高档内墙乳胶漆。高档内墙乳胶漆参考配方见表 9-14。

表 9-14　高档内墙乳胶漆参考配方

序号	原料	质量分数/%	功能
1	水	15.00	分散介质
2	Disponer W-18	0.20	润湿剂
3	Disponer W-511	0.60	分散剂
4	PG	2.00	抗冻、流平剂
5	Defom W-090	0.15	消泡剂
6	DeuAdd MA-95	0.20	pH 调节剂

续表

序号	原料	质量分数/%	功能
7	DeuAdd MB-11	0.10	防腐剂
8	DeuAdd MB-16	0.20	防霉剂
9	250HBR(2%水溶液)	5.00	流变助剂
10	R902 钛白粉	10.00	着色颜料
11	重质碳酸钙(1250目)	10.00	填料
12	滑石粉(1250目)	6.50	填料
13	高岭土(1250目)	6.50	填料
14	Defom W-090	0.15	消泡剂
15	Texanol	1.20	成膜助剂
16	2800 纯丙乳液	30.00	成膜物质
17	水	11.50	分散介质
18	DeuRheo WT-116(50%水溶液)	0.40	流变助剂
19	DeuRheo WT-202(50%PG水溶液)	0.20	流变助剂
20	DeuRheo WT-204	0.10	流变助剂
合计		100	

序号	产品性能指标	指标
1	PVC/%	52.3
2	斯托默黏度/KU	95
3	对比率	0.91
4	质量固含量/%	51.5

工艺：将水1加入分散罐中，在搅拌状态下依次加入2~9，搅拌均匀，然后加入10~13，调整转速至高速，分散至细度≤50μm，再调整转速至中速状态下依次加入14~20，搅拌均匀，用6调整pH值为8.0~9.0，检验合格后过滤包装。

产品性能：该配方产品成膜物质采用纯丙乳液，用量亦较多，成膜性更好，光泽相对配方④高，且耐候性、耐水性更好，钛白粉全部为金红石型，遮盖力好且易分散，填料种类减少，用量也减少。但本涂料成本明显增加，适合高级宾馆、别墅、学校、医院等要求耐久性高的场所使用。

二、外墙乳胶漆

外墙乳胶漆全名为合成树脂乳液外墙涂料。它以合成树脂乳液为主要成膜物质，加着色颜料、填料、助剂和水配制而成。

1. 外墙乳胶漆的特点

外墙乳胶漆的主要特点是：

① 以水为分散介质，因此不污染环境，安全无毒，属环境友好型涂料；

② 施工方便，可刷涂、滚涂、喷涂，施工工具可用水清洗；

③ 性能好，大多数外墙乳胶漆，性能完全能满足需要，而且透气性好，可在

稍湿的基层上施工，从而缩短施工周期。

外墙乳胶漆是目前最普遍使用的一种外墙涂料。

外墙乳胶漆的主要问题是最低成膜温度高，通常必须在 5℃ 以上施工才能保证质量，有的还要在 10℃ 以上。对于我国的北方，这一特点造成一年内可施工时期较短。

2. 外墙乳胶漆的分类

外墙乳胶漆有多种分类方法。

① 按所用乳液分。根据所使用乳液的不同，外墙乳胶漆可分为：硅丙乳胶漆、聚氨酯丙烯酸乳胶漆、纯丙乳胶漆、苯丙乳胶漆、乙叔乳胶漆和乙丙乳胶漆等。其中苯丙乳胶漆和纯丙乳胶漆，因为性能满足要求，价格适中，是目前广泛使用的两种乳胶漆。硅丙乳胶漆由于其耐水性、透气性好，耐沾污和耐久性好，而价格较高，在一些要求较高的工程中被使用。水性聚氨酯丙烯酸乳胶漆是由聚氨酯分散体、丙烯酸乳液、着色颜料、填料和助剂组成。脂肪族聚氨酯分散体耐水性和耐候性好，与水反应活性低，适用于水性外墙乳胶漆。聚氨酯分散体涂料流平性突出。脂肪族聚氨酯涂膜耐低温性、耐沾污性和耐酸性也很好，但聚氨酯分散体价格较高，配色性差，因此，将其和丙烯酸乳液一起使用，可使水性聚氨酯丙烯酸乳胶漆优势互补，具有很好的保护作用和装饰功能。

另据报道，日本已开发出含氟聚合物乳液，并以此生产了含氟树脂乳液涂料，简称氟乳胶漆，国内也正在积极开发中。

② 按光泽分。根据光泽不同，外墙乳胶漆可分为平光外墙乳胶漆、丝光外墙乳胶漆、半光外墙乳胶漆、有光外墙乳胶漆和高光外墙乳胶漆。我国没有具体划分标准，欧盟有此类标准，如 EN 1062-1：2002。

③ 按质感分。根据质感不同，外墙乳胶漆可分为薄质外墙乳胶漆、厚质外墙乳胶漆、饰纹外墙乳胶漆和砂壁状外墙乳胶漆等。

④ 按单一还是多种黏结剂分。根据黏结剂种类多少，外墙乳胶漆可分为普通单一黏结剂外墙乳胶漆和复合外墙乳胶漆，如硅溶胶丙烯酸复合外墙乳胶漆、硅酸盐丙烯酸复合外墙乳胶漆和硅丙复合外墙乳胶漆等。

3. 配方举例

① 平光外墙乳胶漆。平光外墙乳胶漆参考配方见表 9-15。

表 9-15　平光外墙乳胶漆参考配方

配方号		01	02
序号	原料	质量分数/%	
1	水	13.2	7.9
2	羟乙基纤维素 Natrosol 250HBR(2%)	13	12
3	聚磷酸钠分散剂	—	0.3
4	聚丙烯酸铵分散剂 Pigment Disperser A	0.2	0.2
5	Parmetol A26 防腐剂	0.3	0.3
6	消泡剂	0.3	0.3

续表

配方号		01	02
序号	原料	质量分数/%	
7	200# 溶剂油	1.3	1.3
8	成膜助剂 Texanol	0.7	0.7
9	金红石型钛白粉 R706	10	15
10	2μm 滑石粉	—	5.5
11	5μm 碳酸钙 Omyacarb 5GU	37	26.5
12	乳液 Acronal 296 D	24	30
合计		100	100
序号	产品性能指标	指标	
1	PVC/%	59	53
2	质量固含量/%	59	62
3	斯托默黏度/KU	86	100
4	ICI 黏度/Pa·s	0.18	0.14
5	亮度/%	87.8	85.7
6	对比率(DIN)/%	96.7	99.1
7	抗裂性/μm	1500	2500

② 有光外墙乳胶漆。有光外墙乳胶漆参考配方见表 9-16。

该配方是高光乳胶漆试验配方，试验缔合型增稠剂如何搭配使用最有效。有光乳胶漆除低 PVC 外，所用乳液一般选用粒径较小、较疏水和高 T_g 值的乳液。钛白粉应选用金红石型的钛白粉。对于半光乳胶漆，可掺部分超细填料。对于高光乳胶漆，不用填料，而仅加钛白粉。不用纤维素增稠剂，而用缔合型增稠剂。

表 9-16　有光外墙乳胶漆参考配方

序号	原料	配比	
		质量分数/%	体积分数/%
制浆			
1	水	0.89	1.14
2	丙二醇	4.23	5.70
3	分散剂 Tamol 681	3.70	4.32
4	Dovicil 75	0.08	0.06
5	氨水(28%)	0.08	0.10
6	Foamaster AP	0.40	0.55
7	Ti-Pure R-900	25.87	8.25
调漆			
8	Rhoplex HG-74M	55.92	69.00
9	Texanol	3.52	4.23
10	Foamaster AF	0.24	0.32

续表

序号	原料	配比	
		质量分数/%	体积分数/%
11	Acrysol RM-1020	1.65	1.96
12	水	3.42	4.37
合计		100	100

序号	产品性能指标	指标
1	PVC/%	22.79
2	质量固含量/%	49.36
3	体积固含量/%	36.2

③ 经济型外墙乳胶漆。经济型外墙乳胶漆参考配方见表9-17。

表 9-17　经济型外墙乳胶漆参考配方

序号	原料	质量分数/%	功能
1	水	8.00	分散介质
2	Disponer W-18	0.15	润湿剂
3	Disponer W-519	0.50	分散剂
4	PG	2.00	抗冻、流平剂
5	Defom W-094	0.15	消泡剂
6	DeuAdd MA-95	0.10	pH 调节剂
7	DeuAdd MB-11	0.15	防腐剂
8	DeuAdd MB-16	0.20	防霉剂
9	R902 钛白粉	18.00	着色颜料
10	重质碳酸钙(800目)	16.00	填料
11	滑石粉(800目)	6.00	填料
12	Defom W-090	0.15	填料
13	Texanol	2.00	成膜助剂
14	2800	28.00	纯丙乳液
15	水	17.90	分散介质
16	DeuRheo WT-113(50%水溶液)	0.40	流变助剂
17	DeuRheo WT-202(50%PG 溶液)	0.25	流变助剂
18	DeuRheo WT-204	适量	流变助剂
合计		100	—

序号	产品性能指标	指标
1	PVC/%	48
2	斯托默黏度/KU	98
3	对比率	0.91
4	质量固含量/%	54

工艺：将水 1 加入分散罐中，在搅拌状态下依次将 2～8 加入，搅拌均匀，然后再依次加入 9～11，调整转速至高速，分散至细度≤60μm，再调整转速至中速状态，加入 12～18，搅拌均匀后，用 6 调整 pH 值为 8.0～9.0，检验合格后过滤包装。

产品性能：该产品为较高 PVC 的外墙乳胶漆，采用纯丙乳液、金红石型钛白粉，对比率较高，耐候性较好，性价比高，适合耐久性要求不是很高的外墙工程装修。

④ 中档外墙乳胶漆。中档外墙乳胶漆参考配方见表 9-18。

表 9-18　中档外墙乳胶漆参考配方

序号	原料	质量分数/%	功能
1	水	22.46	分散介质
2	AMP-95	0.30	pH 调节剂
3	SN5040	0.36	润湿分散剂
4	PG	1.30	抗冻、流平剂
5	681F	0.18	消泡剂
6	Kathon LXE	0.15	防腐剂
7	R706 钛白粉	20.50	着色颜料
8	沉淀硫酸钡(1000 目)	18.20	填料
9	G620 硅丙乳液	31.00	成膜物质
10	Texanol	2.45	成膜助剂
11	乙二醇/水(1∶1)	2.45	成膜助剂
12	R-430 增稠剂/水(1∶1)	0.65	流变助剂
合计		100	

序号	产品性能指标	指标
1	PVC/%	40
2	光泽(60°)/%	<100.91
3	耐洗刷次数	>1000
4	耐水性/96h	无变化
5	氙灯老化试验(1500h)ΔE	0.5

工艺：将水 1 加入分散罐中，在搅拌状态下依次加入 2～6，搅拌均匀，然后加入 7～8，调整转速高速，分散至细度≤50μm，再调整转速至中速状态下依次加入 9～12，搅拌均匀，用 2 调整 pH 值为 8.0～9.0，检验合格后过滤包装。

产品性能：该配方产品成膜物质采用硅丙乳液，其耐候性、保光保色性比③号配方更好，R706 为金红石型钛白粉，数量达 20%。该乳胶漆对比率较好，填料为沉淀硫酸钡，耐候性较好，适合对漆膜性能要求比较高的外墙场所使用。

⑤ 高档外墙乳胶漆。高档外墙乳胶漆参考配方见表 9-19。

表 9-19   高档外墙乳胶漆参考配方

序号	原料	质量分数/%	功能
1	水	15.44	分散介质
2	AMP-95	0.30	pH 调节剂
3	SN5027	0.50	润湿分散剂
4	PG	1.00	抗冻、流平剂
5	SN1310	0.16	消泡剂
6	Kathon LXE	0.15	防腐剂
7	M8	0.20	防霉剂
8	R706 钛白粉	21.00	着色颜料
9	沉淀硫酸钡(1000 目)	10.50	填料
10	G620 硅丙乳液	42.50	成膜物质
11	Texanol	3.95	成膜助剂
12	乙二醇/水(1:1)	3.95	成膜助剂
13	UH450 增稠剂/水(1:1)	0.35	流变助剂
合计		100	—

序号	产品性能指标	指标
1	PVC/%	30
2	光泽(60°)/%	20~30
3	耐洗刷次数	>1000
4	耐水性/96h	无变化
5	氙灯老化试验(1500h)ΔE	0.4

工艺：将水 1 加入分散罐中，在搅拌状态下依次加入 2~7，搅拌均匀，然后加入 8~9，调整转速至高速，分散至细度≤50μm，再调整转速至中速状态下依次加入 10~13，搅拌均匀，用 2 调整 pH 值为 8.0~9.0，检验合格后过滤包装。

产品性能：该配方产品的 PVC 比③号更低，成膜物质仍为硅丙乳液，但用量增加了不少，因此其耐洗刷次数、漆膜光泽增加，耐候性更好，保光保色性更好，适合对耐候性、耐水性、耐沾污性等要求高的外墙场所使用。

⑥外墙透明封闭底漆。外墙透明封闭底漆参考配方见表 9-20。

表 9-20   外墙透明封闭底漆参考配方

序号	原料	质量分数/%	功能
1	水	51.45	分散介质
2	250HBR(2%水溶液)	15.00	流变助剂
3	DeAdd MA-95	0.20	pH 调节剂
4	丙二醇	2.00	抗冻、流平剂
5	Defom W-094	0.20	消泡剂
6	DeuAdd MB-11	0.15	防腐剂
7	DeuAdd MB-16	0.20	防霉剂

续表

序号	原料	质量分数/%	功能
8	Texanol	0.80	成膜助剂
9	Acronal296DS	30.00	苯丙乳液
合计		100	—

序号	产品性能指标	指标
1	PVC/%	30
2	黏度(涂-4杯)/s	30
3	pH值	8.8
4	质量固含量/%	14.5

工艺：将水1加入分散罐中，在搅拌下依次将2~7加入分散缸中，搅拌均匀，然后依次加入8~9，搅拌均匀，用3调节pH值为8.0~9.0，检验合格后过滤包装。

产品性能：该配方产品PVC较低，固含量很低，具有很低的黏度和极强的渗透能力，较强的抗碱性、耐候性。

⑦ 外墙抗碱封闭底漆。外墙抗碱封闭底漆参考配方见表9-21。

表9-21 外墙抗碱封闭底漆参考配方

序号	原料	质量分数/%	功能
1	水	15.00	分散介质
2	NB203	0.30	防腐剂
3	A-181	0.20	防霉剂
4	H-140	0.30	润湿分散剂
5	AMP-95	0.20	pH调节剂
6	A-10	0.10	消泡剂
7	丙二醇	2.00	助溶剂、抗冻剂
8	Texanol	1.20	成膜助剂
9	TA1102	35.00	抗碱乳液
10	TR-1	45.00	弹性乳液
11	CP115	0.70	增稠流平剂
合计		100	—

序号	产品性能指标	指标
1	斯托默黏度/KU	70~80
2	质量固含量/%	40~45
3	pH值	8~9

工艺：将水1加入分散罐中，在搅拌下依次将2~6加入分散缸中，搅拌均匀，然后依次将7~11加入，搅拌均匀，用5调整pH值为8.0~9.0，检验合格后过滤包装。

产品性能：该配方产品具有一定弹性，能抗细小裂缝，有较强的封闭基材能力，且具有很好的抗碱性、耐候性。

4. 性能要求

我国合成树脂乳液外墙乳胶漆性能要求见表9-22。

表9-22 我国合成树脂乳液外墙乳胶漆性能要求（GB/T 9755—2014）

项目	指标		
	优等品	一等品	合格品
容器中状态	无硬块，搅拌后呈均匀状态		
施工性	刷涂二道无障碍		
涂膜外观	正常		
干燥时间(表干)/h ≤	2		
对比率(白色和浅色) ≥	0.93	0.90	0.87
耐水性(96h)	无异常		
耐碱性(48h)	无异常		
耐洗刷性/次 ≥	2000	1000	500
低温稳定性	不变质		
耐沾污性(白色和浅色) ≤	15	15	20
耐人工老化性(白色和浅色)	600h	400h	250h
粉化/级 ≤	1		
变色/级 ≤	2		
其他色	商定		
低温稳定性	不变质		
涂层耐温度性(5次循环)	无异常		

三、弹性乳胶漆

1. 简介与用途

弹性乳胶漆是其漆膜具有弹性的乳胶漆。所谓"弹性"表现为在广泛的温度范围内漆膜一直保持着良好的柔韧性、伸长率和回弹性，因而具有较好的抗裂纹能力。而作为乳胶漆，它又具有普通涂料的理化性能和装饰性。

弹性乳胶漆的用途有以下两个。

（1）墙壁涂料 用作墙壁涂料时，弹性乳胶漆起到遮盖墙面裂纹的作用，取得比普通乳胶漆更好的装饰和保护建筑物的效果。水泥砂浆墙面在硬化时体积减缩，导致水泥和砂界面出现空隙和微小裂纹，在一定温度、湿度、冻融、外力的作用下，空隙和微小裂纹长大和连接成肉眼可见裂纹。水分的渗入会加速和恶化这种情况。普通涂料的涂膜虽具有一定的柔韧性，也能经受一定的伸缩位移，但他们不能抵抗裂纹的发展，也就是说，当混凝土墙面出现裂纹时，涂层也将一起开裂，从而出现了保护和装饰功能的问题。弹性乳胶漆的应用就使这个问题得到了圆满的解决。

（2）屋顶防水涂料 用作屋顶防水涂料时，将拉伸强度、断裂伸长率、黏接强度和不透水性极好的弹性乳胶漆单独或与墙体增强材料复合，施涂在屋顶及需要进行防水处理的基材表面上，形成一个连续、无缝、整体的、有一定厚度的涂膜，起防水抗渗的作用。

《弹性建筑涂料》（JG/T 172—2014）规定弹性建筑涂料产品应符合表 9-23 的技术要求。

表 9-23 弹性建筑涂料技术要求

序号	项目		指标	
			外墙	内墙
1	容器中状态		搅拌混合后无硬块；呈均匀状态	
2	施工性		施工无障碍	
3	涂膜外观		正常	
4	干燥时间（表干）/h		≤2	
5	对比率（白色或浅色①）		≥0.90	≥0.93
6	低温稳定性		不变质	
7	耐碱性		48h 无异常	
8	耐水性		96h 无异常	
9	耐洗刷性/次		≥2000	≥1000
10	耐人工老化性（白色或浅色①）		400h 不起泡、不剥落、无裂纹粉化≤1 级、变色≤2 级	—
11	涂层耐温变性（5 次循环）		无异常	—
12	耐沾污性（5 次）（白色或浅色①）/%		<30	
13	拉伸强度/MPa	标准状态下	≥1.0	≥1.0
14	断裂伸长率/%	标准状态下	≥200	≥150
		−10℃	≥40	
		热处理	≥100	≥80

① 浅色是指以白色涂料为主要成分，添加适量色浆后配制成的浅色涂料形成的涂膜所呈现的浅颜色，按 GB/T 15608—2006 中 4.3.2 规定明度值为 6～9 之间（三刺激值中的 Y_{D65}≥31.26）。

注：根据 JGJ75《夏热冬暖地区居住建筑节能设计标准》的划分，在夏热冬暖地区使用，指标为 0℃时的断裂伸长率≥40%。

2. 配方设计的要点

① 乳液须是弹性体。为了使涂料成为"弹性涂料"，需要基料在较宽的温度范

围内具有很好的伸长率、合适的抗拉强度和较好的回弹性，以使涂层足以承受基材的热胀冷缩。因而弹性涂料大多选取基于交联的内增塑型聚合物乳液作为基料。

② 具有优良的水汽渗透性。建筑物混凝土内部难免有湿气存在，允许墙体内部的湿气容易地通过涂层逸出，这是涂料的一项重要性能，尤其对于弹性乳胶漆更是如此。故涂层的扩散阻力应足够的小，小得不会因湿气透过时引起的应力起泡或剥离。

③ 具有良好的抗二氧化碳扩散能力。在紫外线下弹性混凝土涂料基料必须具有抗二氧化碳扩散的性质，因为碳化是钢筋混凝土构件毁坏的重要原因。水泥中的 $Ca(OH)_2$ 通过 CO_2 转化为 $CaCO_3$ 使体系 pH 值降低，会促使钢筋受到腐蚀。因为铁锈的体积比钢铁的体积大得多，铁锈的生成就产生膨胀，膨胀的结果促使混凝土开裂，开裂加速混凝土的碳化和风化。之后会出现恶性循环。

④ 优良的耐沾污性。与普通乳胶漆相比，弹性乳胶漆因其固有的柔软性质，涂膜沾污问题会更突出。弹性乳胶漆的耐沾污性主要取决于基料的性质。

⑤ 优良的耐水性。这不仅因为水是钢筋混凝土最严重的腐蚀介质，而且对于弹性乳胶漆而言，由于配方颜料体积浓度一般较低，乳液含量较大，漆膜耐水性又容易产生问题。

⑥ 优异的耐候性。

3. 颜料体积浓度的选择

设计弹性乳胶漆配方颜料体积浓度时主要考虑以下几个方面。

（1）透气性和伸长率　随着颜料体积浓度的增加，水汽渗透性增加而伸长率降低，反之亦然（见表 9-24）。因此弹性涂料的颜料体积浓度必须调整到使透气性和伸长率均达到一定要求。

表 9-24　不同 PVC 时的某弹性乳胶漆的伸长率　　　　单位：%

温度/℃ ＼ PVC/%	10	20	30	40
−10	784.30	450.96	510.00	261.61
0	>785.08	664.12	320.84	114.44
25	>788.44	746.24	530.24	340.96
40	772.08	636.92	407.56	240.80

（2）涂膜光泽　低的颜料体积浓度下，颜料粒子完全嵌埋入基料，可获得平滑的有光表面。随着颜料量的增加，颜料露出表面，分散了反射光，从而形成无光的表面。

（3）成本　使用价格比较便宜的填料可提高颜料体积浓度可以降低涂料成本。一些填料也能提供一些其他性能，如干遮盖力、抗沉降、抗紫外线辐射性和耐候性等。

4. 配方组成

弹性乳胶漆各组分在配方中的用量同普通乳胶漆基本相同，只是选择弹性乳液或弹性乳液与其他乳液混配作为成膜物质。

弹性乳胶漆的生产工艺与普通乳胶漆相似，一般采用研磨制浆和配漆两步的方法制造。弹性外墙乳胶漆的参考配方见表9-25。

表 9-25 弹性外墙乳胶漆参考配方

序号	原料	质量分数/%	功能
1	水	10.00	分散介质
2	Disponers 715 W	0.25	分散剂
3	Disponers 740 W	0.10	分散剂
4	EG	2.50	抗冻、流平剂
5	Foamex 8020	0.15	消泡剂
6	DeuAdd MA-95	0.20	pH 调节剂
7	金红石型钛白粉 R706	18.00	着色颜料
8	沉淀硫酸钡（1000 目）	5.00	填料
9	Natrosol250HBR（2.5％水溶液）	4.00	流变助剂
10	2438 弹性乳液	36.00	成膜物质
11	Primal AC-261 纯丙乳液	17.00	成膜物质
12	Texanol	2.00	成膜助剂
13	Foamex 8030	0.15	消泡剂
14	Kathon LXE	0.10	防腐剂
15	M8	0.20	防霉剂
16	Aquflow NLS200	0.15	流变助剂
17	Aquflow NLS300	0.95	流变助剂
18	水	3.25	分散介质
合计		100	—

工艺：将水1加入分散罐中，在搅拌状态下依次加入2～6，搅拌均匀，然后加入7～8，调整转速至高速分散至细度≤50μm，再调整转速至中速状态下依次加入9～18，搅拌均匀，用6调整pH值为8.0～9.0，检验合格后过滤包装。

产品性能：该配方产品的成膜物质采用了罗门哈斯的2438弹性乳液搭配纯丙乳液AC-261，使得其漆膜具有一定弹性功能，即柔韧性、高的伸长率和回弹性，能够适应外墙因温差而产生的胀缩现象，漆膜不至于开裂，但由于弹性乳液的加入，其耐沾污性下降。

四、防霉乳胶漆

1. 特点

防霉乳胶漆是其漆膜能够抑制细菌、霉菌、酵母菌和藻类繁殖的功能性涂料。主要用于环境中富含营养物质和温湿度极适宜滋长菌类的厂房、医院、地下室、防霉要求高的库房以及通风不良的潮湿易霉场所的墙面涂饰，可起美化和保护作用。

通常的乳胶漆具有一定的防腐防霉性能，有些高品质的乳胶漆的防霉抗藻性很优秀，在一般情况下使用性能很好。但若将他们用于环境十分恶劣的卷烟、酿造、制药和纺织工厂的车间内墙装饰，则其抗霉性能就不够了，其涂层在短期内即会发生霉变。为了能够在这样的场所维持 2 年以上涂层不霉变的效果，必须专门开发防霉涂料。

2. 配方设计的要点

防霉乳胶漆的组成与普通乳胶漆是相似的，但在配方上有其特点：除了在保证产品低毒性的条件下，使用尽可能多的高效、广谱、低毒防霉剂之外，一要充分应用有防霉功能的着色颜料、填料，如氧化锌和偏硼酸钡等，它们一剂多用，既起颜料的色彩遮盖和装饰作用，又起防霉剂的作用，它们没有毒性，也不易从涂层中逃逸，一般价格不贵，来源也丰富；二要避免或减少使用容易诱导长霉的助剂，如不用易霉的纤维素衍生物和天然多糖类增稠剂，而用抗霉性优良的品种或聚合物类增稠剂等代替；三要选用斥水性优良的、涂膜较硬的抗霉菌性能较强的聚合物乳液，较硬的漆膜将更不容易吸附环境中飞扬的微生物孢子和营养物质，也就是说，漆膜不易霉变。

3. 防霉乳胶漆配方剖析

防霉乳胶漆主要由基料、颜料、助剂和水所组成。基料主要是合成树脂乳液，通常选用苯丙乳液和纯丙乳液，不宜选择乙丙乳液，因为后者的抗霉性较差。为了增加漆膜硬度和斥水性，有的配方还添加一些硅溶胶作为辅助基料。着色颜料中除了选择钛白粉和必需的彩色颜料外，最好能使用一些具有抑菌作用的着色颜料、填料，如氧化锌和偏硼酸钡等。其他的填料与常规内墙乳胶漆相仿。助剂中特别需要注意的是防霉杀菌剂、润湿分散剂和流变改性剂。防霉杀菌剂应满足高效、广谱、低毒的要求，可以考虑采取几种防霉杀菌剂配合使用，发挥助剂的协同增效效应。用量应充足而不过量，故必须经过大量的试验来确定。润湿分散剂的选用之所以比普通内墙乳胶漆更应当心，是因为使用了具有活性防霉颜料氧化锌和偏硼酸钡，分散剂必须对它们有优良的分散作用，否则，颜料分散不良会导致配方失败。流变改性剂应主要注意加入不应引起较多的负面影响，如漆膜吸水性和抗霉变性等，由于漆膜的平整、光滑有利于减少环境中霉菌孢子的附着，所以优良的流变改性剂无论对漆膜装饰性和防霉性都是十分重要的。防霉乳胶漆参考配方见表 9-26。

表 9-26　防霉乳胶漆参考配方

组分	用量/%	组分	用量/%
水	15～35	合成树脂乳液	15～30
丙二醇	1～3	硅溶胶	0～5
pH 调节剂	0.5～2	成膜助剂	0.8～2.0
润湿分散剂	0.2～0.6	消泡剂	0.2～0.6
颜料	30～45	流变改性剂	0.5～2
防腐剂	0.1～0.3	合计	100
防霉剂	0.5～2.0		

4. 防霉乳胶漆的技术要求

① 理化性能指标：可执行国家标准 GB/T 9756—2009《合成树脂乳液内墙涂料》。

② 环保方面要求：应符合 GB 18582—2008《室内建筑装饰装修材料内墙涂料中有害物质限量》的规定。

③ 功能性技术指标：即防霉性指标，可按照 GB/T 1741《漆膜耐霉菌性测定法》进行并评级，也有的采用湿温室法试验，或霉室悬挂法试验、耐霉模拟试验进行并评级。评级标准按 GB/T 1741 的规定（见表 9-27）。

④ 毒性要求：应达到低毒指标。毒性测试包括急性（经口、经皮、吸入）毒性试验、皮肤刺激试验、眼刺激试验和致突变试验等。

表 9-27 漆膜耐霉菌性评级标准 （GB/T 1741）

等级	样板状况
0	无长霉
1	长霉斑点在 1mm 左右,分布稀疏
2	长霉斑点在 2mm 左右或蔓延生长在 2mm 范围内,霉斑分布最大量不超过整个表面的 1/4
3	长霉斑点在 2mm 左右或分布量占整个表面的 1/2 左右
4	长霉斑点大部分在 5mm 以上或整个表面布满菌丝

第十章
水性木器漆配方设计

第一节　水性木器漆配方的组成

一、水性木器漆介绍

水性木器漆是以水为分散介质和稀释剂的涂料，与常用的溶剂型涂料不同，其配方体系是一个更加复杂的体系，是一种多组分复配的配方产品，配方中各组分的质量、用量及其搭配对涂料的施工性能，如干燥性、流平性、施工方式、施工期；还有涂膜性能，如硬度、光泽、丰满度、耐水性、耐化学品性、耐候性、柔韧性、抗粘连性等产生较大影响，因此要求对涂料进行配方设计才能满足各方面的性能要求。

水性木器漆的配方设计要根据底材的品种、家具或家装的档次、涂装的目的、涂膜性能、施工方式、使用环境、施工环境、安全性、性价比、成本等对各组分进行选择，确立配比，并在此基础上提出合理的生产工艺、产品检验指标、产品检验方法、施工工艺、固化方式等，形成工艺文件。

配方设计时，不仅要关注聚合物的类型、乳液及分散体的性能，还需要合理选择各种助剂并考虑到各成分之间的相互影响。有时还要针对特殊要求选用一些特殊添加剂，最终形成适用的配方。有时考虑到各种木纹透明或有遮盖力的颜色，需用选择染料、着色颜料或填料。单组分的水性木器配方设计与乳胶漆配方设计类似。

由于多个原料组分影响配方产品的性价比，因此设计一个符合用户要求的配方是一个长期而复杂的工作，需要进行大量繁杂、多次重复的试验，并不断地在实际应用中改良、创新才能获得符合用户要求的且性价比高的理想配方。

二、水性木器漆配方组成及作用

水性木器漆一般由成膜物质（水性树脂）、着色颜料、填料、助剂（含成膜助剂）、水或助溶剂组成，经过施工后，随着水分等可挥发性物质的挥发，成膜物质干燥成膜。成膜物质可以单独成膜，也可以黏结颜料等物质共同成膜，所以也称黏结剂。因它是涂料的基础，亦称为基料、漆料或漆基。水性木器漆的基本组成及作用如下。

① 聚合物乳液或分散体：这是成膜的基料，决定了漆膜的主要性能。

② 成膜助剂：在水挥发后，成膜助剂使乳液或分散体微粒形成均匀致密的膜，并能改善低温条件下的成膜性。

③ 抑泡剂和消泡剂：抑制生产过程中漆液产生的气泡并能使已产生的气泡逸出液面并破泡。

④ 流平剂：改善漆的施工性能，形成平整的、光洁的涂层。

⑤ 润湿剂：提高漆液对底材的润湿性能，增加颜料与聚合物的润湿性，改进流平性，增加漆膜对底材的附着力。

⑥ 分散剂：促进颜料在漆液中的分散，降低漆液的黏度。

⑦ 流变助剂：向漆料提供良好流动性和流平性，减少涂装过程中的弊病。

⑧ 增稠剂：增加漆液的黏度，提高一次涂装的湿膜厚度，并且对腻子和实色漆有防沉淀和防分层的作用。

⑨ 防腐剂：防止漆液在贮存过程中霉变。

⑩ 香精：使漆液具有愉快的气味。

⑪ 着色剂：主要针对色漆而言，使得水性漆具有所需颜色。着色剂包括颜料和染料两大类，颜料用于实色漆（不显露木纹的涂装），染料用于透明色漆（显露木纹的涂装）。

⑫ 填料：主要用于腻子、透明底和实色漆中，其增加固含量并降低成本，有填充木材空隙的作用。

⑬ pH 调节剂：调整漆液的 pH 值，使漆液稳定。

⑭ 蜡乳液或蜡粉：提高漆膜的抗划伤性和改善其手感。

⑮ 特殊添加剂：针对水性漆的特殊要求添加的助剂，如防锈剂，用于铁罐包装防止过早生锈；增硬剂，用于提高漆膜硬度；消光剂，用于降低漆膜光泽；抗划伤剂，增滑剂，用于增加漆膜抗划伤能力，改善漆膜手感；抗粘连剂，用于防止涂层叠压时不产生粘连；交联剂，用于制成双组分漆，提高综合性能；憎水剂，用于使涂层具有荷叶效应；耐磨剂，用于增加涂层的耐磨性；紫外线吸收剂，用于户外用漆膜抗老化，防止变黄等。

此外，配方设计时往往还要添加少量的水以便制漆。

第二节　水性木器漆的原料及设计要点

一、基料（成膜物质、漆料、漆基）

水性木器漆的配方中，基料是形成漆膜并决定漆膜性能的关键组分。乳液或水分散体是水性木器漆的基料，占水性木器漆配方的大部分重量。乳液和水分散体都是聚合物分散在水中形成的混合体。乳液中聚合物的液滴较大，粒径在微米级，同样固含量下的黏度小一些，一般能制成固含量在 50% 左右的涂料。外观呈乳白不透明，属热力学不稳定体系，在机械力、过热、冷冻条件下有可能破乳。分散体中的聚合物因粒子小，液滴通常在纳米级，一般能制成固含量在 35% 左右的涂料，分散体外观为半透明甚至透明液体的微乳液，属热力学稳定体系，高剪切力、冷冻、受热下一般不会破乳。由于乳液，特别是水分散体的固含量较低（水分散体一般在 30%～35%），配方设计时应尽量提高基料的用量，使得漆液中的有效成膜物质含量尽可能多，这样才能保证制成的漆一道涂装漆膜较厚，丰满度高。

水性木器漆的基料有醇酸树脂、聚氨酯、丙烯酸乳液、环氧树脂等多种类型，其中也包括相互改性的品种。丙烯酸乳液型有苯丙和纯丙等多类。聚氨酯型包括氨酯油、纯聚氨酯、丙烯酸改性聚氨酯、水性光固化聚氨酯等。环氧型多为双组分型，另配固化剂混合均匀后使用。乳液和水分散体需要关注的指标是外观、固含量、pH 值、玻璃化转变温度（T_g）和/或最低成膜温度（MFT）以及残余单体含量。

基料的外观反映聚合物液滴的大小。乳液以带蓝光的为好，纯乳白不透明的乳液粒径粗，稳定性差。水分散体通常是半透明的，越透明越好。固含量高一些为好，乳液可以做到 50% 左右，但水分散体很少有超过 40% 的，一般在 30%～35% 之间，再提高固含量，水分散体会变得黏稠以至于不能制成流动、流平性很好的漆。基料的 pH 值通常在 6～9 之间，以偏碱性为好，有利于制漆和漆液的稳定。玻璃化转变温度（T_g）反映了聚合物由脆性的玻璃态变为柔韧的橡胶态的转变温度，而最低成膜温度是指能形成连续的有良好漆膜性能的最低温度。T_g 与 MFT 有对应关系，T_g 高的基料 MFT 也高。对一种聚合物基料，通常 MFT 比 T_g 略低一些。T_g 高的聚合物形成的漆膜硬度高，但是低温成膜性可能不好。因此，不能一味追求高 T_g、高硬度，否则制成的漆在冬季涂刷时不能成膜。经验表明，T_g 最好不要超过 35℃，以保证制成的漆在 10～15℃ 下能够涂刷。T_g 小于 20℃ 的基料成漆后往往可在 5～10℃ 下施工，但漆膜的硬度会偏低一些，追求高硬度的用户会难以接受。

选用何种乳液或水分散体，要依水性木器漆的使用目的而定。户外用水性木器漆因条件恶劣，应优先选用脂肪族聚氨酯分散体或纯丙乳液。室内用漆可用芳香族聚氨酯分散体或丙烯酸乳液，其玻璃化转变温度要高或要求固化过程中能够交联，以提高耐水、耐烫能力。腻子和底漆用的基料要求可低一些，以便用户降低用料成本。

面漆清漆用的基料是质量较高的聚合物乳液或分散体，例如，丙烯酸改性聚氨酯、核壳结构的丙烯酸聚氨酯分散体、含硅乳液、氟碳乳液等。在要求不高的情况下，也可用丙烯酸乳液。色漆的基料与面漆相同。底漆的基料可以与面漆一致，但是，由于底漆不直接接触使用者，从降低成本角度考虑，底漆往往多采用价格便宜的基料，如丙烯酸乳液、苯丙乳液等。

腻子都采用价格相对低的乳液作基料。水性腻子作为填隙补缝和使木材表面平整的材料，只要有足够的附着力和强度及好的刮涂性就可以了，不必采用高档材料。

水性木器漆实色漆中有部分着色颜料和填料，乳液或水分散体的用量相应要降低，一般在 70%～80%左右，而腻子中填料更多，乳液或分散体的用量甚至可低至 50%左右。

水性木器漆常用基料如下。

1. 水性醇酸树脂

在醇酸树脂合成时，通过控制引入亲水基团的种类和数量，可以制得水溶型或水分散型的不同种类的树脂，也可通过外乳化或内乳化得到醇酸树脂乳液或水性醇酸树脂分散体。如按改性用脂肪酸或油的干性分类，可分为①干性油水性醇酸树脂；②半干性油水性醇酸树脂；③不干性油水性醇酸树脂。如按醇酸树脂油度分类，可分为①长油度水性醇酸树脂；②中油度水性醇酸树脂；③短油度水性醇酸树脂三种。水性醇酸树脂具有良好的润湿性、渗透性、流平性、丰满度和光泽，但与溶剂型涂料比还有一定差距，如在环境湿度较高时，干燥时间较长；涂料表面张力大，与油基底材的相容性差，易产生缩孔；一次涂膜厚度较薄，耐水性较差，耐候性较差。因此需要通过引入丙烯酸酯、聚氨酯树脂或其他化合物，以改善其耐候性、耐水性、耐化学性、干燥性、耐水解性、防腐性、水分散稳定性等。水性醇酸树脂由于用水作溶剂或分散介质，其生产和施工安全，爆炸和火灾危险低，施工设备也可用水冲洗，VOC 值大大降低，因此十分环保。工业化的水性醇酸树脂有不同油度、固含量在 45%左右、pH 为 7.5 左右、酸值为 25mgKOH/g 的产品，代表产品为德国 Worlee 公司的不同类型的产品。

2. 丙烯酸乳液

丙烯酸乳液是由（甲基）丙烯酸酯单体以及其他乙烯基单体，经乳液聚合而成的，可添加有机硅、有机氟单体制成各种改性丙烯酸乳液，也可通过自交联聚合、无皂聚合、核壳聚合、互穿网络乳液聚合等技术进一步改进和提高丙烯酸乳液的性质，特别是利用核壳技术，将乳液粒子制成硬核软壳或软核硬壳的结构，甚至软硬相间的多层结构，以适应不同施工和使用条件。

丙烯酸乳液通常分为纯丙乳液、苯丙乳液、醋丙乳液、硅丙乳液、叔醋（叔碳酸酯-乙酸乙烯酯）乳液、叔丙（叔碳酸酯-丙烯酸酯）乳液、氟碳乳液、氟丙乳液等。

丙烯酸乳液漆一般具有优异的耐光性、耐候性，光泽好，但是耐水性稍差，低温脆硬，高温返黏，所以一般需通过以上所述改性方法对乳液改良，如对于苯丙乳液漆，可以提高漆膜硬度，降低成本；对于氟碳乳液漆、硅丙乳液漆、氟丙乳液漆，可以改进漆膜表面性能，降低膜的表面自由能，提高疏水性、耐沾污性和耐候性。

丙烯酸乳液制成的水性木器漆多为单组分室温固化型，可作为室内装饰用漆，如果选择具有优异耐候性的改性乳液，也可作为户外装饰用漆。水性木器漆用乳液的选择要更注重干燥性、硬度、耐水性、成膜性和抗黏性的平衡。其代表产品为 DSM、Noveon、Alberdingk、Johnson 等国际知名公司的产品，国内很多厂家也都有相关产品。

3. 聚氨酯分散体

聚氨酯是分子结构中具有氨基甲酸酯结构的一类聚合物的总称，通常由二异氰酸酯和多元醇经聚加成反应制成。鉴于异氰酸酯和多元醇种类的多样性，得到的聚氨酯可以是从软到硬、从脆到韧、从高弹性到有一定刚性的各种形态的产品。聚氨酯涂料同样具有很广的性能调节范围。根据制备聚氨酯所用的异氰酸酯类型，聚氨酯乳液和相应的漆可分为脂肪族型和芳香族型两大类。脂肪族的漆膜有优异的耐候性和抗黄变性，可用作户外装饰漆；芳香族水性聚氨酯多用来作室内装饰漆。涂料所用的多元醇有聚醚多元醇、聚酯多元醇、聚烯烃多元醇等，从而产生了聚醚聚酯水性涂料、聚酯聚氨酯水性涂料等名称。

聚氨酯分散体包括聚氨酯分散体（PUD）和聚氨酯乳液，二者的主要差别在于分散体有纳米级的粒径，外观呈半透明甚至透明态，是目前稳定性最好的水性木器漆基料之一，有人称之为纳米乳液，以区别于外观呈白色的普通乳液，其性能显明优于普通乳液。

水性聚氨酯分散体成膜后有优异的柔韧性，常常与相对刚性的丙烯酸乳液掺混制漆，得到的水性木器漆兼具二者的优点，表现为可在较低温度下成膜，又有较好的漆膜硬度。

水性聚氨酯漆可分为单组分水性聚氨酯漆和双组分水性聚氨酯漆。单组分水性聚氨酯漆包括单组分热塑型、单组分自交联型和单组分热固型三种类型。单组分热塑型水性聚氨酯漆为线型或简单的分支型，属第一代产品，使用方便，价格较低，贮存稳定性好，但涂膜综合性能较差；单组分自交联型、单组分热固型水性聚氨酯漆是新一代产品，引入硅交联单元或干性油脂肪酸结构可形成自交联体系，引入水性聚氨酯的羟基和氨基树脂（HMMM）可以组成单组分热固性水性聚氨酯漆。自交联基团或加热（或室温）条件下可反应的基团，使涂膜综合性能得到了极大提高，其耐水、耐溶剂、耐磨性完全可以满足应用，该类产品是目前水性聚氨酯漆的研究主流。双组分水性聚氨酯漆包括两种类型，一种由水性聚氨酯主剂和交联剂组成，如水性聚氨酯上的羧基可用多氮丙啶化合物进行外交联；另一种由水性羟基组分（可以是水性丙烯酸树脂、水性聚酯或水性聚氨酯）和水性多异氰酸酯固化剂组成，使用时将两组分混合，水分挥发后，在室温（或中温）下，反应基团可形成高度交联的涂膜，提高涂料综合性能。其中后者是主导产品。

聚氨酯分散体代表产品为 Noveon、Alberdingk、Bayer、DSM 等国际知名公司的产品，也有国内很多厂家的相关产品。

4. 聚氨酯-丙烯酸酯分散体（PUA）

该分散体是在制备聚氨酯分散体的过程中引入丙烯酸单体制成以聚丙烯酸酯为核（硬芯）、聚氨酯为壳（软壳）的核壳结构粒子，丙烯酸改性聚氨酯分散体还有互穿、接枝、嵌接等各种结构，改变起始丙烯酸酯单体的种类和用量以及改变聚氨酯所用的原料成分可以合成出各种丙烯酸改性聚氨酯分散体。这种聚氨酯-丙烯酸分散体（PUA）被认为是第四代聚氨酯分散体，又称为杂合物或杂化体（Hybrids），其性能比丙烯酸乳液和聚氨酯分散体的掺混物更好，兼有丙烯酸乳液和聚氨酯分散体的优点。这种丙烯酸改性聚氨酯分散体制成的漆既具有聚丙烯酸酯乳液漆的高硬度、高光泽、良好的耐候性和快干性，又有聚氨酸分散体漆的柔韧性、低温成膜性、耐磨性和良好的耐化学品的性质。综合表现为配漆更稳定，低温成膜性更优良，不返黏，硬度高，柔韧性好，附着力好等。这种丙烯酸改性聚氨酯分散体得到了广泛的应用。

聚氨酯-丙烯酸酯分散体代表产品由 DSM、UCB、Alberdingk、Air Products 等国际知名公司生产，国内亦有厂家生产。

5. 水性环氧树脂

水性环氧树脂是双组分体系，其中还包含水性固化剂。这里的"水性"一词意味着可以是已经水乳化、水分散或水稀释的体系，也可以是加水可乳化或可稀释（未加水之前体系不含水）的体系。

水性环氧体系的制法有两种，一种是环氧树脂经外加乳化剂和助溶剂后乳化成环氧乳液，配以有机胺类的乳液或水溶液，构成水性环氧体系；另一种方法是经亲水改性的环氧树脂在具有乳化功能的水性固化剂中搅拌，乳化成均一的体系。

由于环氧基团和氨基的高活性，配成的水性环氧涂料使用期较短，一般只有 $2\sim3h$。环氧树脂分子量小，固化后交联密度高，漆膜相对较脆，硬度高，在水性木器漆方面用得不多，主要用于地坪涂料和防腐涂料。

与溶剂型环氧涂料一样，按环氧树脂的化学类型不同可将水性环氧涂料分为双酚 A 型、双酚 F 型、酚醛改性型等类型。其代表产品有 Air Products、UCB 等国际知名公司生产的环氧乳液、水性环氧树脂及水性固化剂。

6. 水性光固化树脂

水性光固化树脂是光固化涂料中最关键的组分之一，是光固化涂料中的基体树脂，可以决定涂料的品质，其结构上含有在光照条件下进一步反应或聚合的基团，如碳碳双键、环氧基等。依据其分散形态，水性光固化树脂可分为乳液型、水分散型和水溶型三类。水性树脂在制备时大多在油性低聚物中引入亲水基团，如羧基、磺酸基、季铵基、聚乙二醇链段等，将油性低聚物改性，实现水性化。根据树脂主链结构特征可将水性低聚物分为以下几种：不饱和聚酯、聚酯丙烯酸酯、聚醚丙烯酸酯、丙烯酸酯化聚丙烯酸酯、水性聚氨酯丙烯酸酯、水性环氧树脂丙烯酸酯。这些水性低聚物决定了固化膜所有物理机械性能，如硬度、柔韧性、强度、耐磨性、附着力、耐化学品性等。水性低聚物具有两个特点：其一，要具有可以进行光聚合的基团，如丙烯酰氧基、甲基丙烯酰氧基、乙烯基、烯丙基等光敏基团，光固化速率主要取决于分子链中光敏基团的种类和密度，由于（甲基）丙烯酰氧基固化速率最快，水性低聚物中的光敏基团主要是（甲基）丙烯酰氧，可以复合引入一些乙烯基和烯丙基；其二，因为涂料中的稀释剂为水，低聚物必须水性化。

水性光固化木器漆由水性光固化树脂、光引发剂、活性稀释剂、着色颜料、填料以及各种助剂复配构成，具有如下优点：①固化速率快，生产效率高；②能量利用率高，节约能源；③挥发性有机物含量（VOC）少，环境友好；④综合性能优异。但在技术上还有一些问题，如漆的稳定性有待提高，水性光引发剂品种少，原材料和设备成本高，工作环境要求清洁无尘，由于水凝固点比溶剂高，配方须加入防冻剂、防霉剂等，使配方复杂化。

其代表产品由 Air products、UCB、DSM、AlberdingK、Noveon、BASF 等知名公司生产。

二、助剂

1. 成膜助剂

构成乳液或分散体的聚合物通常具有高于室温的玻璃化转变温度。为了使乳液粒子很好地融合成为均匀的漆膜，必须使用成膜助剂降低最低成膜温度（MFT）。成膜助剂是一类分子量小、沸点高的有机化合物，多为醇、醇酯、醇醚类，存在于漆膜中的成膜助剂最终会逐渐逸出并挥发掉。成膜助剂是涂料中 VOC 的重要组成部分，因此成膜助剂应该用得越少越好。选用成膜助剂要优先考虑不属于 VOC、但挥发性不得太慢、成膜效率较高的化合物。成膜助剂的用量取决于配方中乳液或水分散体的用量和玻璃化转变温度。乳液或水分散体用量大，聚合物的 T_g 高，成膜助剂的用量就也要大。配方设计时，首先考虑成膜助剂大约占乳液的或水分散体的 $3\%\sim5\%$，或占乳液或分散体固含量的 $5\%\sim15\%$。但是，对 T_g 超过 35℃的聚合物乳液可能要提高成膜助剂的用量才能保证低温成膜的可靠性，这时应逐渐提高成膜助剂的用量，直至低温（10℃左右或更低）涂装能形成不开裂、不粉化的均匀漆膜为止，找出成膜助剂的最低用量。如果成膜助剂的用量达乳液或分散体的 15% 或者更高是不可取的，应考虑更换其他成膜助剂再试。

成膜助剂降低 MFT 的效率与其种类有极大的关系，获取相同用量下具有最低成膜温度的成膜助剂是配方工作者的重要工作。

除降低最低成膜温度和提高漆膜致密度外，成膜助剂还能改善施工性能，增加漆的流平性，延长开放时间，提高漆的贮存稳定性，特别是低温防冻性。

成膜助剂有一个与树脂体系的相容性问题，在一个体系中很好用的成膜助剂在另一个水性木器漆中可能造成体系不稳定，如起泡严重，或者重涂性不良。配方设计时要充分考虑到这一点，并且通过试验选取最佳成膜助剂及其用量。常用的有 Texanol：2,2,4-三甲基-1,3-戊二醇单异丁酸酯、又称醇酯-12，DOW 的 DALPADC、DALPADD、TPnB、三丙二醇正丁醚等。

2. 消泡剂和抑泡剂

消泡剂是水性木器漆中最重要的助剂之一。漆液在涂装中因搅动会产生气泡。存在于漆液中的气泡如不及时消除，漆膜干后，会形成不可接受的瑕疵。漆液在生产过程中、泵送和灌装时也会产生气泡，加入消泡剂后漆中的气泡会逸出漆面而破裂。有时表面活性剂有抑制泡沫产生的作用，从而避免生产过程中产生过多的气泡，特称这种助剂为抑泡剂。消泡剂和抑泡剂这两种助剂搭配使用效果比较理想，否则至少要选择一种有效的消泡剂。

多数消泡剂，特别是有机硅消泡剂，不降低漆膜光泽，但在用量过大时会使湿漆膜产生缩孔，因而消泡剂的用量以能基本消除气泡为原则，不可过度追求消泡效果，以免出现缩孔等副作用。对于水性木器漆，矿物油类消泡剂比有机硅消泡剂的宽容性大，添加稍多不容易出现严重的缩孔，但有可能降低水性漆的光泽，可以优先考虑选用。不同的树脂体系对消泡剂的敏感程度不同，必须经过大量的试验才能选出合适的消泡剂，加消泡剂后必须通过充分的高剪切混合以获得无缩孔的漆膜。许多消泡剂在漆液贮存过程中会逐渐减弱其消泡性能，在设计配方时应使漆中的消泡剂含量偏高一些。

消泡剂的用量占整个配方的 0.05%～0.5%，最好在 0.1% 左右，如果所用的消泡剂添加量超过 0.5% 才有好的消泡效果的话，应考虑更换消泡剂。常用的消泡剂有 Air products、Blackburn、Henkel、Nopco、Tego 公司产品可供选择。

3. 润湿流平剂

润湿流平剂能有效地降低体系的表面张力，显著改善水性木器漆的施工效果。加入润湿流平剂后漆对底材的润湿性能和渗透性增加，漆液的流平性得到改善，有时还能克服缩边（镜框效应）问题。更重要的是流平剂能解决常见的缩孔问题，特别是过度使用消泡剂后引起的缩孔。过量的流平剂会抵消消泡剂的消泡作用，使得漆液在施工时产生气泡，有的还有明显的稳泡作用，所以应尽量选用流平性好、起泡性低、稳泡性小的润湿流平剂。流平剂与消泡剂的配合，包括品种的选择和用量的控制，是水性木器漆配方研究的重点。

流平剂一般用量在 0.1%～1.0%，最好控制在 0.3% 左右，当消泡剂超量时，为了克服缩孔，流平剂的用量甚至会超过 1%。腻子配方中可不用流平剂。

4. 流变助剂

流变助剂可增加高剪切条件下的流平效果，使涂刷后的漆液能尽快流平，减少刷痕，避免飞溅，但是随着干燥时间的推移，这种流平作用减弱，漆膜固定，又可避免漆液在垂直面上产生流挂。

流变助剂的用量通常为漆总量的 0.1%～1.0%。有些流变助剂有增稠作用，使用量更不能太大。可以用几种流平剂搭配使用，加宽剪切应力的适用范围。

5. 增稠剂

增稠剂可提高低剪切条件下的黏度，漆液黏度大，就可以一次涂装成膜厚，漆膜丰满度高；更主要的是增稠剂可防止高黏度配方漆中固体组分的沉降，这对实色漆、腻子和加有消光剂的亚光漆是十分重要的，否则漆在贮存时会发生沉淀、分水等弊病。

增稠剂的用量控制在 0～0.5%，并且要用水或成膜助剂如丙二醇、丙二醇丁醚、二乙二醇乙醚或乙二醇丁醚等稀释后添加，以利于迅速分散，防止絮凝和结块。

6. 润湿分散剂

润湿分散剂用于制备颜料浓缩浆，包括实色色浆和透明色浆，其作用是在加有颜料的漆里增进树脂对颜料的润湿并促进颜料在漆中的分散。一个好的颜料浓缩浆应该具备以下条件：无粗粒、贮存不返粗、不絮凝、不沉底、无渗液和干固现象；与涂料所用树脂相容性好；有尽可能高的颜料含量；对涂料的性能，特别是耐久性无明显影响；生产方便、经济、重现性好；流动性好，易于使用，可泵送；加入基础漆中不会产生浮色、发花、遮盖力不足、光泽差、颜色重现性差等问题。

合适的颜料润湿分散剂能降低色浆的黏度，从而大大增加颜料含量。助剂能使颜料聚集体分解，形成粒径在 0.05～0.5μm 范围内的细小颗粒，使其具有最佳的着色力、光泽、遮盖力和耐候性。润湿分散剂有静电稳定作用和位阻效应，吸附在粒子表面的助剂使每个粒子都带上相同的电荷，使其彼此互相排斥，防止重新聚集。空间位阻稳定是由吸附在粒子表面的长链分子的空间排斥产生的。当已润湿的颜料粒子接近时，润湿分散剂分子伸出的聚合物链被压在一起，取代了部分液体分子。由于颜料粒子之间的接触与排斥，使已吸附的聚合物分子流平性受到限制，避免了再聚集的可能，维持了分散的稳定性。

润湿的过程是颜料表面的空气被体系液体取代的过程。但是溶剂取代颜料表面的空气后并不能得到稳定的分散效果。要达到体系的长久稳定，润湿分散剂必须含有能吸附在固体粒子上的锚碇基团。酸性基团可很好地与无机颜填料产生吸附，而含氨基的助剂分子容易锚固在有机颜料表面。若助剂分子中含有多个锚碇基团，则其润湿分散效果更好。

水性体系可用的润湿分散剂含有的活性物质有以下几种：胺中和的丙烯酸共聚物溶液、乙氧基化的脂肪酸、芳香族化合物或醇类化合物、聚丙烯酸酯和聚磷酸盐类、苯丙共聚物溶液。

针对不同的颜料，制备颜料浓缩浆时润湿分散剂的用量有很大的差别，因为助剂是附着在固体粒子表面上的，所以其用量取决于粒子的比表面积，越细的粒子比表面积越大，所用的助剂量就会越多。有机颜料比无机颜料的粒径小，相同质量的颜料比表面积要大，所用的润湿分散剂用量多。

此外，分散和稳定过程是在分子吸附下实现的，因而与润湿分散剂的分子大小有关，聚合物型助剂用量会更大，好在聚合物型助剂具有类似树脂的性质，用量加大对涂料加工和漆膜的耐久性一般不会产生不利影响。

为了达到更好的效果有时需要几种润湿分散剂共同使用。

7. 防腐剂

水性漆都必须关注贮存后腐败变质的问题，特别是温度高于 30℃ 的条件下长期贮存的情况。添加防腐剂可防止霉变。异噻唑啉酮类防腐剂用量在 0.1% 已足能防止漆液在贮存过程中霉变，加入 0.1% 的防腐剂后，密封贮存两三年不成问题。Rohm&Hass 公司的 Kathon LXE、Dow 公司的 Dowicil75 都可以实现。

8. pH 调节剂

多数乳液或水分散体生产时已将 pH 值调为 8～9，制漆时不必再用 pH 调节剂。如果 pH 值有偏差，制漆过程中要加 0.05%～0.1% 的 pH 调节剂，将漆液的 pH 值调至 7～9。许多水性木器漆只有在中性至微碱性条件下才能稳定，当 pH 值过高或过低时，漆液可能会产生絮凝、沉淀、返粗、施工性能恶化等现象，应予以充分重视。

最便宜的 pH 调节剂是氨水，但氨水易挥发从而使体系 pH 值产生波动，常用有机胺化合物调节 pH 值，如 AMP-95、二甲基乙醇胺（DMEA）、三乙醇胺、三乙胺等（TEA）。

9. 香精

香精的加入能起到改善漆液的气味作用，掩蔽怪味，改善漆的感观效果，有不同植物或水果香型，以水溶性、清新淡雅为佳，用量为 0.05% 左右已足够，个别情况可高至 0.1%，当然也可以不用。

10. 蜡粉和蜡乳液

蜡粉和蜡乳液是水性木器漆漆面的表面状态调节剂。为了改善漆膜的手感滑爽性，提高抗粘连性、抗划伤性、耐磨性和憎水性，有时也为了消光，漆中可加入蜡粉或蜡乳液。涂层的抗粘连性与涂层的表面自由能、表面微观构造、涂层硬度及漆膜基料的玻璃化转变温度有关。存在于涂层表面的蜡可改变涂层的表面状态，从而起到抗黏连作用。其中高密度聚乙烯蜡（HDPE）、石蜡和巴西棕榈蜡的抗粘连作用最好。耐磨性与涂层的弹性、韧性、硬度、强度等因素有关。对于耐磨性和增滑性而言，蜡越硬，效果越好。蜡微粒的粒径与涂层厚度相似或稍大，其增滑、抗划伤和耐磨性更好，因为这种稍高于涂层表面的蜡粒起到润滑的作用。稍高于表面的蜡粒还会产生一种特殊的触感，受人们喜爱。不同规格的同一种蜡的蜡乳液粒径由细到粗有所不同，加入漆中后漆膜的手感从滑爽到粗糙各不相同，必须根据需要选择。加入蜡乳液后会影响漆膜的光泽、增大亚光度，用量越大，其亚光度越大。此外，蜡的低表面能使水对涂层的接触角增大，产生更好的憎水效果。有时也可使用蜡粉，但蜡粉不如蜡乳液好分散，分散后稳定性也差，以下主要介绍蜡乳液。

蜡乳液的粒径对漆的性能有很大影响，大粒径蜡乳液的耐划伤性和抗粘连性好于小粒径蜡，添加 4%～6% 可做到无明显划痕，抗热粘连性也很好，但是漆膜的光泽下降较大。在对光泽要求较高的情况下不宜用粒度大的蜡乳液。

用于水性木器漆的蜡有天然蜡和人工合成蜡两大类。天然蜡一般是 C36～C50 的高级脂肪酸酯，如巴西棕榈蜡、蜂蜡、石蜡、地蜡、褐煤蜡等；人工合成蜡是分子量在 700～10000 之间的聚合物，常用的有聚乙烯蜡（PE 蜡）、聚丙烯蜡（PP 蜡）、聚四氟乙烯蜡（PTFE 蜡）等。

水性木器漆中的蜡微粒粒径在几微米至几十微米之间，用量通常不高于 3%，要求对重涂性无影响或影响很小。蜡乳液是将微细蜡粒分散悬浮于水中形成的分散体，借助于非离子或/和阴离子乳化剂，产生空间位阻效应得到一个稳定体系。蜡乳液易于与漆液混合，简单的机械搅拌就能制成稳定的漆。

水性木器漆制备时，组分的添加次序有时候起着关键的作用。蜡乳液最好在制漆过程的后期加入，这样有利于最大限度地提高体系的稳定性。添加前预先用水冲稀蜡乳液也有利于体系的稳定。

市售的蜡乳液粒径多为单峰分布，现今已有双峰分布的蜡乳液推出。两种粒径大小相差较大的蜡粒构成的双峰分布蜡乳液，在漆液成膜过程中可在漆面形成更紧密的堆积，小粒蜡嵌入大粒蜡所形成的间隙中，从而使蜡层密度提高，光滑度、抗划伤、抗粘连、耐磨、憎水等诸多性能会有更明显的增加。

为改善漆膜表面性能，蜡乳液要加至配方总量的 2%～8% 才会有明显的效果，过多的蜡乳液会影响漆膜强度并降低层间附着力，推荐的最佳用量为 3%～5%。腻子不用蜡乳液，除非有特殊的表面效果要求。一般实色漆中多不必加蜡乳液。

11. 特殊效果添加剂

针对特殊效果，可选用某些特殊的添加剂，其总量不应超过 5%。其中亚光漆根据亚度要求不同，可加入 0～4% 的消光剂。水性漆比溶剂型漆容易消光，全亚水性木器漆中消光剂的用量也不会超过 4%。

室内用水性木器漆很少使用紫外线吸收剂，对用 TDI 制的乳液或水分散体生产的清漆以及户外用漆，特别是户外用白漆最好添加 0.2%～1.0% 的紫外线吸收剂，以防止光降解和降低光导致的变色速率。

防锈剂的用量一般为 0.05%～0.3%，憎水剂的用量一般为 0.1%～5%，增滑剂用量一般为 0.1%～0.5%，各种添加剂的种类和用量均需根据不同的要求酌情而定。

对水性醇酸漆还要根据固含量加入少量（一般不超过 3%）的水性催干剂以提高漆膜的干燥速率和成膜质量。

双组分水性木器漆所用交联剂用量，依交联机理不同和品种不同有很大的差别，少的只加 1%～3% 已足，多的可能需达到 30%～50% 才能有很好的交联效果。

配方中常常要加入部分水，一般不超 10%，主要作用是调节黏度、改善施工性能，或用来溶解某些组分，使得配制漆时利于添加混合。水的用量越少越好。

下面针对几种特殊添加剂阐述如下。

（1）消光剂　不同的消费者对漆面的光泽会有不同的要求，有人喜欢亮光漆，而有的人喜欢亚光漆。亮光漆用消光剂消光后可以得到亚光漆，所以消光剂又叫亚粉、消光粉。消光剂在漆膜表面产生粗糙的、凹凸不平的效果，光线照射在漆面上以后产生散乱的光反射，起到消光作用。显然，使漆膜表面越粗糙的消光剂，消光效果越好。消光粉的用量不同，可制得不同光泽度的漆。水性木器漆的消光剂以超细二氧化硅（又称硅微粉）为主，所用的消光粉是亲水的，这样可以在水性漆中有良好的分散，此外消光剂的粒度和孔隙率与消光效果有直接关系，常用的消光粉粒度范围为 $3～7\mu m$，以粒径在 $5\mu m$ 左右为好，孔隙率在 $1.2～2.0mL/g$ 之间。水性木器漆比油性漆容易消光，添加 1% 或稍多即可达到半亚效果，添加 3% 左右一般可制成亚光水性木器漆。从生产方法上分，消光粉有气相法和沉淀法两种类型，都可以用于水性涂料。在涂料生产时不必追求消光粉的高档化，国产消光粉就有很好的消光效果，浙江湖州地区产的硅微粉价廉物美、消光效果好。国外产品有 Degussa 的 Acematt TS-100、OK412、OK520 和 OK607，Fuji Sylysia 的 270N，以及 Grace 公司的 ED30、W300、W500 等，只是价格相对较高，其中 W 系列的产品是专门用于水性体系的消光剂，含水 55%，在水性体系中有很好的分散性。

消光剂的消光效果受许多因素的影响，一般说来，消光粉的粒径越大，造成漆膜表面粗糙度越高，消光效果越好，但要注意消光粉的粒径应与涂层膜厚相适应；消光粉的空隙率大，消光效果好；经有机物处理后的消光粉与体系的相容性提高，但是引入有机物会使消光效果减弱。此外，不同的树脂体系消光效果也有差别，聚氨酯涂料比丙烯酸涂料难消光。消光粉用量越大，漆膜的透明度越差，粒径大的消光粉对透明度的影响也越大。贮存过程中消光粉有可能沉淀，粒径小的消光粉防沉性好。

蜡乳液和蜡粉也有消光作用，加有蜡乳液的亚光木器漆可以减少消光粉的用量。也可以只用蜡乳液制亚光漆。蜡乳液不仅可以消光，还能增加漆膜表面的光滑度，改善手感，增加耐划伤性，但多数蜡乳液会使漆的重涂性变差，需要多次重复试验验证。

纳米胶体分散体有十分明显的消光作用，加入后漆膜变得雾浊不透明，如 AKZO Nobel 的 Naycol 1030，这种胶体硅分散体同时具有提高漆膜耐划伤性和增加硬度的作用。

超细填料也有消光作用，如滑石粉、重钙粉、高岭土等，这些填料会严重影响漆膜的透明度，还会在漆贮存时产生沉底结块现象，一般不用来作消光剂。

硬脂酸钙、硬脂酸锌、硬脂酸铝这样的金属皂可用于溶剂型涂料的消光，但是不适用于水性体系，因为它们与水性体系的极性相差较大，分散困难，难于得到稳定的分散体。

（2）抗划伤和增滑剂　改善漆膜的抗划伤性可采用增加漆膜的滑爽性和用细粒填料提高漆膜硬度两种方法。某些有机硅化合物可以增加漆膜的滑爽性。这类化合物在成膜过程中会迁移到漆膜表面，或在漆膜表面整齐排列，表观现象就是手感滑爽，抗划伤性增加。BYK 公司的 BYK333、BYK307，Cognis 公司的 S-5，Tego 公司的 Glide410、482 等都是这类有机硅助剂。

玻璃粉 K-1、S-38，陶瓷微粉 G400、G800 以及蜡粉加入水性木器漆中会增加漆膜的硬度，提高耐磨性，改善抗划伤性。只是这些固体微粉的密度与漆液相差很大，有微粉的漆贮存后不是产生沉淀就是微粒上浮分层。纳米二氧化硅及其水分散体中的微粒具有无机物的刚性和很高的比表面积，也可用于提高漆膜的抗划伤性并增加硬度，还可提高漆膜强度和抗静电性能，但添加后可能会影响漆膜的透明度，不适合用于透明罩光漆中。

水性木器漆用的纳米二氧化硅，粒径通常在 $100\mu m$ 以下，比表面积为 $20\sim800m^2/g$，用量较大，二氧化硅常常要占到树脂用量的 $30\%\sim40\%$。BYK 公司改进了涂层耐划伤性的纳米添加剂，如 Nanobyk-3600 是一种水分散的纳米氧化铝，添加 $0.5\%\sim5\%$ 就可以显著增加水性涂层的抗划伤性。

（3）手感改性剂　水性漆中加入某些有机硅化合物可以增加漆膜的手感滑爽性，这类化合物可看作一种手感改性剂。另一类具有特殊效果的手感改性剂有绒毛粉、可膨胀微球等，经特殊的工艺处理可以得到奇特效果的涂料。绒毛粉已在溶剂型聚氨酯涂料中作为手感改性剂得到应用，也可用于水性涂料。Akzo Nobel（阿克苏诺贝尔）公司的 Expancel 微球是一种内部充满气体的球状塑料微粒，受热后体积可膨胀 40 倍左右，使涂料表面呈现出立体图形，增加了涂层摩擦力，产生一种特殊的手感。

（4）憎水剂　憎水剂可用来提高漆膜的疏水性，产生水不浸润的、有所谓荷叶效应的效果。水性木器漆用的憎水剂是一类有机硅化合物，憎水剂分子中含有较高密度的疏水基团二甲基，成膜后二甲基对漆膜表面的屏蔽产生了疏水效果。水性木器漆中可用的憎水剂有 Tego 公司的 Phobe1400 和 Protect5100（后者的强憎水作用在足够用量下有防涂鸦效果），以及 Cognis 公司的 HF200 等。德国贝克吉利尼（BKGiulini）公司的牌号为 OMBRELUB533 的憎水剂是一种非有机硅型憎水剂，采用的是特殊处理的硬脂酸钙，加入 $2\%\sim5\%$ 就有一定的疏水性。

（5）铝粉定向排列剂　羧甲基乙酸丁酸纤维素酯（CMCAB）是一种酸值为 60mgKOH/g 左右、分子量约 3500 的白色粉末，用于水性涂料中有促进金属片颜料定向的作用，增加涂料的仿金属性、闪光性。CMCAB 的定向作用类似于溶剂型涂料用的乙酸丁酸纤维素（CAB）。此外，CMCAB 还有以下作用：促进颜料分散；

降低水性漆的表面张力，从而可提高涂料对底材的润湿能力，增加涂料的流动流平性；提高耐再溶解性，使得金属片的定向效果不会因重涂而破坏；改善漆膜硬度；提高快干性。但是使用过量会降低漆膜的遮盖力、减小光泽和降低附着力。

乙酸丁酸羧甲基纤维素酯用量为涂料中总树脂量的 2%～7%，使用前要预先制成水分散体并用有机胺中和，预分散好坏直接影响使用效果。

CMCAB 预分散体配方如下：

成分	用量/%	成分	用量/%
乙二醇单丁醚	35	DMEA	0.2
CMCAB641-0.5	15	水	49.8

制备工艺：将 CMCAB 缓缓加入慢速搅拌下的乙二醇单丁醚中，待 CMCAB 完全溶解后加入 DMEA 分散 15min 以上，最后缓缓加入水高速分散 30min 以上，过滤备用。得到的半透明微乳液应无任何颗粒。

配漆时先将水性树脂中和成微碱性，加入 1%～3% 的非浮型铝粉浆，搅拌均匀后，再加入 2%～4% 的上述方法制备的 CMCAB 预分散体，混合均匀。配成的漆稳定性好，数月内铝粉不会沉淀结块。

CMCAB 有明显的改善铝粉定向排列的作用，用得越多，效果越好。

（6）水性锤纹剂　溶剂型锤纹漆作为装饰涂料已有广泛应用。水性漆也可制出锤纹图形。美国 Raybo 公司的水性锤纹助剂 Raybo66 AqualHamR 是一种有机硅氧烷化合物，能产生极好的可重复的锤纹图案效果，图案花纹随锤纹剂的用量增加而变大。推荐用量为涂料总的 0.5%～1.0%。与溶剂型锤纹剂一样，过量使用，漆膜缩孔严重。

12. 紫外线吸收剂

漆膜光照变黄是一个普遍现象，芳香族异氰酸酯涂料变黄尤其严重。添加紫外线吸收剂可以延缓和减轻漆膜的黄变现象，但不能根除黄变。Ciba 公司的水性体系用紫外线吸收剂 Tinuvin477DW 可提供长波长 UV[1] 保护，零 VOC，很容易与水性漆混合，有持久保护作用。户外用木器涂料紫外线吸收剂的应用显得更加重要。其他可用的紫外线吸收剂有 Tinuvin171，Tinuvin1130 与 Tinuvin292 共用也可用作水性木器漆的紫外线吸收剂。

13. 催干剂

水性醇酸和水性氨酯油依靠分子中的双键氧化聚合而固化，与油性漆一样，需要添加催干剂促进氧化聚合反应的进行，所用的水性催干剂也是锰、钴等有机化合物，只是做成水溶型或水乳型的形式以适用于水性体系。

水性涂料可用的催干剂有荷兰康盛（Condea）公司的水乳化催干剂 Nuodex Web，分钴、锰、锆和混合型几种类型。Nuodex Web 可在水和水溶液中自乳化，适用于空气氧化型水性漆和水溶性醇酸树脂，应于水性漆生产的调漆阶段添加，最好预先与树脂混合，或将催干剂加在乳液中，这样可以防止乳液中产生絮凝或结

---

[1] UV 为紫外线的英文缩写。

块。另有无钴催干剂 SER-AD FS530，适用于浅色漆，以涂料总量计的用量为 1.0％～5.0％，也可与 NUODEX WEB 钴、锰催干剂配合使用，不仅使水性醇酸加速氧化干燥，而且能保证贮存稳定性，抑制催干剂失效，使用的配比是：SER-AD FS530（以涂料总量计）0.5％～2.5％加上 Nuodex Web 钴 8％和/或 Nuodex Web 锰 9％（以树脂总量计）0.8％～1.2％。康盛公司的 Drymax 是一种螯合剂，可以加快催干剂的反应速率并提高其稳定性，使用时与含钴和锰的主催干剂合用。Drymax 可以调节钴的催化作用，延缓表面干燥过程，但可促进漆层内部的干燥和硬化，对表面干燥过快的水性涂料特别有用。Drymax 的用量范围（以固体树脂计）是 0.2％～0.35％，具体的用量应由试验确定。因 Drymax 对漆的颜色有影响，在白色和浅色漆中用量宜少。

某些水溶性的锆化合物也可作为催干剂用于水性涂料和腻子，例如，碳酸锆胺、乙酰乙酸锆、羟基氧化锆、丙酸锆、磷酸锆钾等有一定的催干效果。

三、颜料

实色漆中，以白漆为例，钛白粉用量要能保证漆膜有足够的遮盖力，钛白粉的用量不应低于 13％，用量越大，遮盖力越好，但考虑成本，一般不必高于 28％，这种情况与溶剂型白漆类似，但溶剂型白漆可能钛白粉用量更高。

填料可少加或不加。然而，水性腻子中必须加少量填料，如滑石粉、重钙以及硬脂酸锌等，总用量在 15％～30％之间均可。填料越多，腻子的透明性越差，但填充性越好。

配方中有颜料时要加入颜料总量 2％～10％的润湿分散剂帮助其分散。

1. 染料

染料用于透明色涂装，木材用配制好的染料着色，干燥后涂装清漆或亚光漆制成透明色漆，有很好的装饰效果。水性染料为水溶性络合物，主要以水作溶剂。也可使用水油通用型染料着色，这类染料通常用醇、醚等有机溶剂配成。根据不同的需要由几种基本色染料配成所需的颜色，如琥珀红、琥珀黄、胡桃木等。

这些染料的密封贮存稳定性一般不低于两年，但是贮存温度不得过低，水含量高的 Black X82、Blue762 和 Yellow099 贮存温度不能低于 0℃，其余的可耐低温到 −5℃，仍可保持稳定。

Basantol U 系列染料是 BASF 公司的一类水油通用型木材染料，主要成分是偶氮与铬或铜的络合物，以醇醚类有机溶剂，如二乙二醇丁醚、丙二醇甲醚为主溶剂，少部分水为辅溶剂配成，可用于油性漆着色，也可用于水性木器漆底着色。

Basantol U 系列染料贮存温度为 5～40℃，密封贮存期为一年。

香港玳权贸易有限公司的 CD-ML 系列铬络合物液体染料是水油通用型木材染色剂，能溶解于水、醇、酮、酯以及苯类溶剂中，稀释后长期稳定。这类染料属碱性溶液，pH 值在 9.5～10.5 之间，但能耐微酸性。

2. 色浆

水性和水油通用型颜料浓缩浆都可以用于水性木器漆。非透明性实色色浆以白色为主，由钛白粉制成。与建筑涂料一样，加入建筑涂料用的水性色浆可调各种颜色的实色漆，也即有遮盖力的、不透明的色漆。常用的色浆有世明公司的色浆、CPS 公司的色浆、Degussa 公司的色浆、海川公司的色浆等。常用的水性木器漆色浆可以自制，借助于润湿分散剂经三辊机或砂磨机研磨即可得到配漆用的浓缩浆。

透明色浆由透明氧化铁颜料制成，有各种色相的红、黄、棕、黑、绿。透明氧化铁颜料的生产商有德国 BASF 公司、Sachtleben 公司、美国 Johnson 公司、Cappelle 公司以及浙江上虞正奇化工有限公司等。透明色浆用于木材底擦色着色，也可掺入漆中施工，制作透明色漆。

3. 着色颜料、填料

类似于建筑涂料，水性木器漆制漆时可用钛白粉作基本颜料制备白漆，一般不采用其他颜料直接制备色漆，而是用水性色浆调制色漆。白漆中可加入一些填料，如重质碳酸钙粉、滑石粉等，建筑涂料所用的其他填料多不常用。填料要用超细的（1250 目以上），以保证色漆的质量，否则漆膜外观粗糙，影响装饰效果。水性腻子中的填料是很重要的组分。重质碳酸钙粉在用量不大的情况下不影响腻子的透明性。滑石粉能增加腻子的打磨性。此外，还必须加入少量的硬脂酸钙或硬脂酸锌以改善打磨性和防止涂膜粘砂纸。填料用工业品级即可。腻子的有色颜料可用铁红、铁黄、铁黑、安巴粉等。

4. 铝粉浆

铝粉可使木材获得仿金属效果，在木材装饰漆上有广泛的应用。一般铝粉不能用于水性体系，因为铝粉表面活性很高，遇水后会发生化学反应而变质发黑并产生气体，不能得到稳定的体系，水性漆要用水性铝粉浆。德国 ECKART（爱卡）公司生产的专用于水性漆的名为 STAPA 的铝粉浆，包括漂浮型和非浮型铝粉颜料浆。这些颜料浆有很好的水分散性，在水性体系中不产生气体并且贮存稳定，与阴、阳和非离子乳化剂及多种水性助剂都相容。STAPA 铝粉颜料浆有 4 大类：STAPA Hydrolac、STAPA Hydroxal、STAPA Hydrolux 和 STAPA Hydrolan。各种牌号的 STAPA Hydrolac 包括浮型和非浮型的颜料，均含有石油溶剂油、水和乙二醇单丁醚或丙二醇甲醚组成的溶剂，并以含磷有机化合物作稳定剂。STAPA Hydroxal 的各型号产品与 STAPA Hydrolac 性能指标完全相同（包括牌号），只是不含石油溶剂油，由于与石油溶剂油不相容，特别要注意调制的配方中不得含有类似的有机溶剂。STAPA Hydrolux 是经过特殊工艺用铬处理过的非浮型铝粉浆，有极好的产气稳定性，用其制成的漆在高湿环境下仍有优良的附着力和层间附着性。STAPA Hydrolan 铝粉浆有更好的效果，这是一类用二氧化硅包覆的非浮型铝粉浆，无重金属，产气稳定性优于铬钝化铝粉浆，配成的水性漆长期稳定并有极好的光学性质。这类颜料表现出很高的鲜艳度，稳定性极优，高剪切力下不降解。

STAPA 铝粉浆在使用前应先以水和醇醚类溶剂分散稀释，水和醇醚类溶剂的比例为 1/1 或 1/2。应边搅拌边将溶剂慢慢加入颜料浆中，充分搅拌均匀。搅拌速度不宜过高，一般为 500～800r/min 之间。pH 值控制在 5～8 之间，否则可能产气并影响体系的稳定性。调整体系的 pH 值可用 TEA、DMEA 等，其中 DMEA 在产气稳定性方面更好。分散好铝粉浆后再进行下一道制漆工艺。

中国广东瑞富化学有限公司的水油通用银粉浆以丙烯酸聚合物为载体，有多个牌号，粒径各不相同，也可用于水性体系。

各种水性铝粉浆都必须在合适的溶剂中预分散成颜料浆才能使用。添加时要在所有需要高剪切的组分都剪切分散好后才可加入体系之中。片状的颜料不得承受高剪切作用，否则可能使得片状颜料弯曲变形失去光学效应，或者破坏了表面的包覆层遇水发生产气反应。生产过程中一般要加入润湿剂促进片状颜料的润湿。特别要注意体系的 pH 值不高于 9，最好在 7～8 之间，因此不宜使用像氨水或氢氧化钠这样的强碱性中和剂，适宜的中和剂是 DMEA、TEA 和 AMP-95 等有机胺。

5. 其他颜料

有特殊装饰效果的水性木器漆还会采用一些特殊的颜料，如珠光颜料、铜金粉等。浙江坤威公司生产的珠光颜料产品，品种牌号众多，大多数在水性体系中都稳定，但是各个品种的珠光效应相差很大，使用时需仔细选择。

四、交联剂

室温固化的水性木器漆交联剂是双组分水性木器漆的重要组成部分。丙烯酸型、聚氨酯型和丙烯酸改性聚氨酯型水性木器漆室温交联剂大致可分为三类：改性异氰酸酯、氮丙啶化合物和环氧化合物。水性木器漆乳液或分散体分子中有羧基和羟基，室温下可以与交联剂反应形成三维的交联结构，使漆膜性能产生质的改变。在加温的情况下水性树脂可以用氨基树脂交联。此外，环氧型水性木器漆可用改性有机胺作交联剂，有机胺与乳液中的环氧基反应交联固化，使漆膜的耐水、耐溶剂、耐热性和强度大幅度提高。

1. 改性异氰酸酯交联剂

异氰酸酯基（—NCO）与羟基的反应是双组分溶剂型聚氨酯漆的基本反应，多异氰酸酯交联剂提供了三维交联网络的基础。但是，大多数溶剂型聚氨酯漆用的交联剂不适用于水性体系，因为交联剂分子结构决定的憎水性使得交联剂难以分散在水性体系中。水性漆所用的异氰酸酯型交联剂必须经过亲水改性处理。改性的方法是在交联剂分子中引入亲水基团，如用亲水的聚乙二醇醚改性，使得多异氰酸酯易于分散在水中。改性多异氰酸酯交联剂亲水程度决定了它在水中分散的难易，亲水性大的手搅就可以很容易与水混匀，亲水性差的要强力搅拌才能混入水中，这种混合差异决定了改性多异氰酸酯交联剂的施工方便性。然而，亲水性好的交联剂带来的弊端是涂料黏度增大以及形成的漆膜耐水性差，这就影响到了漆的施工性和实用性。选择多异氰酸酯交联剂时要兼顾考虑施工的方便性和漆膜的耐水性。

异氰酸酯基（—NCO）除可与羟基（—OH）反应外，还可与羧基（—COOH）反应，也可与水反应。在水性聚氨酯及丙烯酸改性聚氨酯水分散体中都有羧基存在。众所周知，异氰酸酯与羧基的反应会放出二氧化碳使漆膜产生气泡，异氰酸酯与水的反应会在产生二氧化碳的同时消耗交联剂，破坏交联效果。好的交联剂中的异氰酸酯应易于与羟基反应，而与水的反应迟钝。如 Cytec 公司的 Cythane3174 是三羟甲基丙烷与四甲苯二亚甲基二异氰酸酯（TMXDI）的加成物，利用叔异氰酸酯与水的低反应性避免了 CO_2 气体的产生。

许多公司开发了各种水性体系用的多异氰酸酯交联剂,如 Bayer 公司的 3100、2336 等,日本聚氨酯工业株式会社(NPU)的 AQ210,Rhodia 公司的 WT-2102 以及美国亨斯迈(Huntsman)的水乳化异氰酸酯 Rubinate9236 等。其中 Rhodia 公司的自乳化多异氰酸酯与乳液的混合性能较好,配制 2K❶ 水性漆时 NCO/OH❷ 以 1.2~4.1 为好:太高,适用期短,并且漆膜容易起泡、发雾;太低,漆膜的硬度低,耐化学品性能差。自乳化型多异氰酸酯可单独作为固化剂配漆用,也可与疏水型固化剂 Tolonate 合用。体系可用成膜助剂稀释,但不可用含羟基的醇稀释,可用的稀释剂有乙酸丁酯、丙二醇甲醚乙酸酯、丙二醇乙醚酸酯、乙二醇丁醚乙酸酯等。Rhodia 公司的 RhodocoatX EZ-D803 是最新的水性固化剂,其特点是手混即可与含羟基乳液配漆,所配的双组分漆黏度低、快干、漆膜光泽高;WT1000 是封闭型固化剂,用于水性体系需加温固化,烘烤条件为 140~150℃/20~40min。

2. 氮丙啶化合物

氮丙啶化合物在室温下能与羧基反应,所以多官能度的氮丙啶化合物是含羧基体系的良好交联剂,它能与水和许多有机溶剂混溶,并且在干态下也可反应。氮丙啶交联剂的用量通常为以干态计的聚丙烯酸酯或聚氨酯的 1%~3%,可室温固化,也可加温烘烤固化。经交联的水性木器漆能显著改善耐水性、耐化学品性、耐乙醇性、耐磨、抗粘连、耐污渍、耐温性,增加硬度,并能改善在特殊底材上的附着力,但是,水性体系中的氮丙啶会慢慢水解而失效,所以加入水性漆中后应在 24h 内用完。失效后可补加氮丙啶化合物恢复其交联效果。一般说来,氮丙啶的水解产物对漆膜无不良影响。

水性木器漆用的商品氮丙啶交联剂有 DSM 公司的 NeoCrylCX-100,这是一种淡黄色液体,略有胺味,可分散在水中,活性成分 100%,相对密度为 1.07,黏度为 200mPa·s,VOC 为 0.5%,闪点>93℃。

Bayer 公司生产三种氮丙啶交联剂,其分子结构上的差别是:XAMA2 以甲基取代了 XAMA7 分子中季戊四醇上的羟基,XAMA220 中不仅甲基取代了羟基,氮丙啶基改为了 2-甲基氮丙啶基。由于其水溶性和与多种有机溶剂混溶性好,XAMA系列氮丙啶交联剂对双组分水性和溶剂型涂料均适用。应在充分搅拌下将交联剂缓缓加入漆中。其用量取决于体系活性氢的多少,以树脂固体计一般添加 1%~3%即可,最高可达 5%。高用量的漆膜有更好的耐溶剂性。水性体系的 pH 值应为 9.0~9.5,过低的 pH 值会使氮丙啶交联剂过早失效。加有 XAMA 氮丙啶的水性漆适用期大约 18~36h,超过适用期后活性基会显著减少,补加交联剂不会影响漆膜性能。

3. 环氧化合物

环氧化合物型交联剂利用乳液或分散体中存在的羧基或氨基在室温下发生反应而交联,实用的交联剂多为环氧硅烷类化合物。GE 东芝有机硅公司和 Crompton

---

❶2K 在此指分子量。
❷NCO/OH 指异氰酸官能团与羟基的比值。

公司的 CoatOSil1770 硅烷可用于双组分水性漆中，该化合物化学名为 β-(3,4-环氧环己基)乙基三乙氧基硅烷。

漆中只要加入 0.5%～5% 的环氧硅烷化合物就可得到耐候性、耐溶剂性、耐冲击及附着力大为改善的漆膜，这主要得益于分子中的环氧基水解缩合形成硅氧键交联，而环氧基硅烷与基材的亲和提高了涂层的附着力。特别令人惊异的是，加入交联剂后的涂料适用期异常的长，室温下可达一年，这是任何异氰酸酯交联剂、氮丙啶交联剂的胺类交联剂无法比拟的。作为一种反应型稀释剂，CoatOSil1770 硅烷具有降低涂料 MFT 的作用。在丙烯酸乳液或聚氨酯乳液中可添加 1% 左右的催化剂 2-乙基-4 甲基咪唑（例如 Air Products 公司的产品 Imicure EMI-24）加速反应，可快速达到最终性能。CoatOSil1770 硅烷特别适用于酸值在 15～70mgKOH/g 范围的水性树脂体系。对于一般水性木器漆用 2% 已足，地板漆可用到 3%，玻璃涂料 1.5%，金属涂料 1%，建筑涂料 0.5%～1.2%，皮革及塑料涂料 2%。

环氧硅烷 CoatOSil1770 对水性环氧漆也有显著的作用，主要表现在涂层的硬度展现快、早期耐水性大大提高，并且 CoatOSil1770 改进了涂层的耐划伤性，对镀锌钢、冷轧钢和铝用水性环氧漆还可提高漆的湿附着力，但是在喷砂和磷化钢表面 CoatOSil1770 的这种作用不大。将硅烷添加剂和亲油改性剂，例如 CARDURA E10（新癸酸缩水甘油酯），预混可以提高硅烷添加剂的水解稳定性，这是因为有较大烷基存在时硅烷水解稳定性更好，当硅烷进入胶束时亲油添加剂形成一个保护性的胶体壁垒，使水不易接受硅烷。CARDURA E10 还可起到颜料润湿和促进流平的作用。

Crompton 公司的 GE 东芝有机硅公司的另一个环氧有机硅交联剂 Silquest Wetlink78 具有更好的性能，它适用于含羧基的水性漆，包括丙烯酸乳液、聚氨酯分散体和丙烯酸改性的聚氨酯体系。其显著的优点是大大提高漆膜附着力、强度、耐沾污性和耐化学品性，同时具有很长的适用期。这种交联剂的化学成分是 γ-缩水甘油醚氧丙基甲基二乙氧基硅烷。

Wetlink78 不仅可用于水性涂料，还可用于胶黏剂和密封剂中以提高黏结强度。日本信越公司有类似的产品，牌号为 KBE-402。

其他环氧有机硅烷有 Silquest A-186，即 β-(3,4-环氧环己基)乙基三甲氧基硅烷和 Silquest A-178，即 γ-缩水甘油醚氧丙基三甲氧基硅烷。

上述环氧有机硅烷可以用于水性体系作交联剂和附着力促进剂，在玻璃、铝材和许多其他材料上显示出极佳的干、湿态附着力，并在不降低伸长率的同时明显提高拉伸强度、硬度和撕裂强度，还能改善涂料的耐溶剂性、耐化学品性和耐水性，对有颜料的水性漆可增加基料与颜料的亲和性。由于空间位阻效应，这类环氧硅烷在水性体系中有极好的长期贮存稳定性，加入水体系后有效期可长达数月甚至一年以上，当然，用量不得过大，通常不超过 2%，否则适用期会大大缩短。硅烷与乳液混合后的稳定性与体系 pH 值有关，当 pH 为 6～8 时稳定性最好。

中国广东新东方精细化工厂的多官能度环氧交联剂 ECS 2K 是一种性能更好的水性木器漆的交联剂，适用于任何有羧基的体系。添加漆总量的 2%～4% 后，漆膜的硬度、附着力、耐水性、耐溶剂（乙醇、甲苯、丙酮）、耐磨、抗污渍、抗粘黏连、耐候性都有显著提高，综合性能好于 Wetlink78 等这类国外公司的产品。加入交联剂的漆适用期可达一个月以上，没有过早凝胶报废之忧。

4. 其他交联剂

某些金属离子化合物可以交联含羧基的乳液，例如，锌离子、锆离子等。含羧基的乳液中加入 1%～4% 的碳酸锌铵或碳酸氧锆铵可提高成膜物质的耐热性。

据称武汉强龙化工新材料公司和 BASF 等公司的三羟甲基丙烷三-(3-乙烯亚氨基)丙酸酯可用作水性木器漆的室温交联。这种交联剂既可用于乙烯类聚合物树脂，也可用于聚氨酯乳液和环氧树脂体系的交联，可以提高树脂对基材的附着力，改善耐水性、耐温性、耐摩擦性和耐化学品性。

三聚氰胺及其改性化合物、酚醛树脂、环氧树脂类环氧化合物在升温条件下可交联水性聚氨酯。例如，三聚氰胺-甲醛树脂可在适当的温度下与聚氨酯分子中的羟基、氨基甲酸酯基、氨基和脲基发生反应，同时可自缩聚。通常的交联条件是 135℃ 以上，时间 5～100min。用酸催化剂可降低反应温度和缩短热固化时间，用量一般为乳液的 2%～10%。但这已超出了室温交联的范围，在水性木器漆中很难应用。

第三节　水性木器漆的配方实例

一、水性木器漆的类型

近年来，聚氨酯漆、硝基漆在安全、环保和健康方面的问题日益引起人们关注，VOC 释放、游离 TDI、重金属盐的危害等影响环境和人体健康，随着人们家庭装修环保意识的增强，含挥发有机物极少的水性木器漆应运而生，并在近十年因其产品质量的显著提高及相关政策的支持迅速发展。随着发达国家环保限制及国内环保要求的提高，将逐步部分替代溶剂型木器漆，引领中国民用涂料业向水性化发展。

水性木器漆是世界涂料界公认的木器漆的发展方向之一，与溶剂型木器漆相比，水性木器漆以其不燃、无毒、节能、环保等特点，已越来越受到崇尚环保的高档场所业主及高端消费者的青睐。

水性木器漆在我国的发展始于 20 世纪 90 年代，1996 年德国"都芳"水性木器漆进入我国市场，开启了水性木器漆应用的新时代。由于国外水性树脂的进入以及国内科研院所和生产企业的倾力开发，水性木器漆在技术上已经取得了一系列重大突破，水性木器漆产业化的基本条件已经形成。目前，国内市场上水性木器漆产品主要有四类：第一类为单组分丙烯酸乳液型木器涂料，此类水性涂料成本较低，性能上接近传统的硝基木器漆；第二类为单组分水性聚氨酯木器涂料，其涂膜耐磨性、低温成膜性、耐冲击性、柔韧性很好，但硬度较低、耐化学品性较差、成本较高；第三类是水性聚氨酸-丙烯酸杂化型树脂涂料，该类树脂涂料既降低了水性聚氨酯涂料的成本，又提高了水性丙烯酸树脂涂料的性能（如耐磨性、低温成膜性、耐冲击性、柔韧性等），具有较高的性价比；第四类为双组分水性聚氨酯木器涂料，具有耐磨性好、丰满度高、低温成膜性好、柔韧性佳、手感好及抗热回黏性好等优点，综合性能接近溶剂型漆的性能，但常温干燥时间较长，施工较麻烦，固化剂价格较贵。

按施工的先后顺序，水性木器漆可分为水性腻子、水性底漆、水性面漆；根据面漆中是否含有颜料，面漆可分为清漆和着色漆；根据面漆的光泽度又可分为高光面漆、半光面漆和亚光面漆等；若按照包装形式，水性木器漆分为单组分水性漆和双组分水性漆。

以下，我们将按照施工的先后顺序的分类，介绍水性木器漆的配方。

水性腻子刮涂在木材表面，填补表面大小孔隙，增加基材表面的平滑度。对水性透明腻子的性能要求是：透明度高、耐水性好、干燥快、打磨性好、强度高、附着力好、不易脱落。同时要求腻子贮存稳定性好、不分层。

水性底漆是基材与面漆间的过渡层，它能增强涂层与基材之间的附着力，也能增加基材的封闭性，防止面漆渗透到基材孔隙而影响漆膜的平整、美观，同时能增加漆膜厚度而显丰满。因此，要求封底漆对基材润湿性好，渗透性优异，能在基材上形成一层均匀连续的漆膜且不影响与下一道漆膜的层间附着力。可以选择粒径较小、玻璃化转变温度中等的树脂来作为制备封底漆的基料。

水性面漆涂覆在底涂层上，起到装饰、保护木材的重要作用。因此，要求漆膜硬度高，表面平整无缺陷，丰满度高，光泽适宜，光滑且抗划伤；耐水、耐酸、耐碱、耐生活污渍等。在腻子、底漆、面漆的配方中都存在相应的技术问题，但面漆的性能要求更为全面。

二、水性木器漆配方解析

1. 水性腻子配方

木器用的水性腻子主要作用是：①填充空隙，能很好地将木材表面的微孔和微细缝隙填死，防止微孔中的空气使上层漆产生气泡；②增加漆的丰满度；③节省上层漆用量（上层漆价格相对较高）。好的腻子，除有良好的填充性和附着力外，还要有很好的施工性，即刮涂性和打磨性。

水性腻子所用的乳液多选用价格相对低廉的苯丙乳液。乳液的最低成膜温度在10℃以下为好。填料可使用重质碳酸钙、滑石粉、硅灰石、硫酸钡等，其中滑石粉吸油量较大，但能增加打磨性。填料加入越多，腻子的透明性越差，要求高度透明的腻子只能添加少量的填料（通常少于10%）来制造，这样腻子填充性差，要多道刮涂施工才能填好微孔，且对大缝隙无能为力。打磨助剂用硬脂酸锌，只要添加少量的硬脂酸锌就可避免打磨时黏砂纸。（以下配方都采用质量分数。）

（1）一般水性腻子配方　一般水性腻子配方见表10-1~表10-3。

表 10-1　水性腻子配方（一）

序号	原料	用量/%	功能	供应商
1	NeoCryl XK61	74.8	苯丙乳液	DSM（帝斯曼）
2	水	9	分散介质	

续表

序号	原料	用量/%	功能	供应商
3	AMP-95	0.1	分散和 pH 调节剂	Angus(安格斯)
4	滑石粉(1500 目)	5	填料	工业
5	重钙(1500 目)	4	填料	工业
6	硬脂酸锌	0.7	打磨剂	工业
7	醇酸-12	5	成膜助剂	工业
8	BYK345	0.3	流平剂	BYK(毕克)
9	BYK028	0.05	消泡剂	BYK
10	SN-612	0.25	增稠剂	Cognis(科宁)
11	二乙二醇丁醚	0.8	稀释剂	工业

工艺：将 1～3 先混合均匀，搅拌下加入 4～6 并于高速下（800r/min）搅拌均匀或磨浆，然后加入 7～9 继续搅拌，最后在低速（400r/min）下缓慢加入预先混匀的 10 和 11。低速搅拌脱泡经 100～120 目滤网过滤后出料。成膜助剂在粉料充分混匀后加入有利于粉料被乳液润湿。

此配方填料量较少，腻子透明性较好，但填充能力低，需用多道施工才能有较好的效果。施工可用刮涂或刷涂法，每道腻子涂装前必须打磨。由于基料 XK61 本身性能不良，决定了这种腻子冻融后易破坏，不可恢复，腻子干后浸水易泛白，此外，由于乳液用量大，干后打磨性稍差。

表 10-2　水性腻子配方（二）

序号	原料	用量/%	功能	供应商
1	NeoCryl XK61	60.0	苯丙乳液	DSM
2	Hydropalat 100	0.6	分散剂	Cognis
3	Hydropalat 436	0.1	润湿剂	Cognis
4	Foamstat A36	0.4	消泡剂	Cognis
5	沉淀硫酸钡(1250 目)	5.0	填料	工业
6	滑石粉(1500 目)	5.0	打磨填料	工业
7	醇酯-12	3.0	成膜助剂	工业
8	Dehygant LFM	0.1	防霉剂	Cognis
9	乙二醇丁醚	1.0	成膜助剂	工业
10	氨水(28%)	0.2	pH 调节剂	工业
11	DSX AS1130	1.0	增稠剂	Cognis
12	DSX 3290	0.5	增稠剂	Cognis
13	Perenol 1097	2.0	打磨剂	Cognis
14	水	21.1	分散介质	工业

工艺：在 500r/min 下依次加入 1～6，在 800r/min 下分散至细度＜40μm，改 400～500r/min 下依次加入 7～14，在 20r/min 混合后再于 200r/min 下搅拌至少 30min，检验合格后过滤包装。产品的斯托默黏度为 120KU。因用氨水调节 pH

值，气味较大，且 pH 值易改变，但成本低。

表 10-3 水性快干腻子配方

序号	原料	用量/%	功能	供应商
1	Dovicil 75	0.10	防腐剂	Dow Chemical
2	水	5.50	分散介质	
3	NeoCryl XK61	33.0	苯丙乳液	DSM
4	SN-5040	0.10	分散剂	Cognis
5	滑石粉(1500 目)	17.00	填料	工业
6	硬脂酸锌	1.40	打磨剂	工业
7	BYK028	0.05	消泡剂	BYK
8	BYK346	0.30	流平剂	BYK
9	NeoCryl XK61	2.38	苯丙乳液	DSM
10	JS-PPH(丙二醇苯醚)	3.50	成膜助剂	上海锦山化工公司
11	橘花香精	0.05	调节气味	工业
12	SN-612	0.30	增稠剂	Cognis
13	二乙二醇丁醚	0.70	助溶剂	工业

工艺：将 1、2 先混匀后缓慢加入 200～300r/min 搅拌下的 3 中，再加 4 混合均匀后加粉料 5、6，于高速（600～1000r/min）搅拌或磨浆分散均匀后，在慢速搅拌（300r/min）下加入 7～10。于 500～1000r/min 中速搅拌均匀，增稠前加 11。将 12 和 13 预混均匀后缓慢加入料中。在 200r/min 慢速搅拌后过 100～120 目滤网出料。

性能：固含量≥46%；黏度为（22000±5000)mPa·s。

这是个比较成熟的配方，加大了填料和打磨剂的用量，增加了填充性和易打磨性。如加入防腐剂后可稳定贮存一年。配方中的香精改善了腻子的气味。成膜助剂改用了更高沸点的 JS-PPH，有充分的时间成膜。制备过程中加入了分散剂，使各种填料易分散。XK-61 乳液分两次加，先加一部分防止浆料过稀，有利于浆料的分散。

（2）高填充腻子配方 高填充腻子配方见表 10-4。

表 10-4 高填充腻子配方

序号	原料	用量/%	功能	供应商
1	K20	0.1	防腐剂	S&M(舒美)
2	水	2.0	分散介质	
3	ER-98	50.0	苯丙乳液	青岛颐中
4	Lopon 890	0.1	分散剂	BKGiulini(贝克吉利尼)
5	Agitan 760	0.1	消泡剂	Munzing(明凌)工业
6	丙二醇	3.0	保湿剂	
7	AMP-95	0.1	pH 调节剂	Angus(安格斯)

续表

序号	原料	用量/%	功能	供应商
8	重钙(1000目)	20.0	填料	工业
9	硬脂酸锌	2.0	打磨填料	工业
10	C 8381	0.1	增稠剂	Hercules(赫克力士)
11	滑石粉(1250目)	20.0	填料	工业
12	二乙二醇丁醚	2.0	成膜助剂	工业
13	RM 2020	0.2	流变助剂	Rohm&Haas(罗门哈斯)
14	茉莉香精	0.1	调节气味	工业
15	PUR40/二乙二醇丁醚(1/1)	0.2	增稠剂	工业

工艺：将 1、2 先混溶后，慢慢加入在 200r/min 慢搅下的 3 中，再依次加入 4～7，混匀。将 8～10 预混均匀，慢慢加入 400～500r/min 搅拌下的乳液中，加完后再加入 11，改为在 800r/min 高速搅拌 30～60min。降速至 400r/min，加入 12～14，最后用已配好的增稠剂稀释液 15 增稠。

生产的腻子出料时流动好，有利于包装。存放后黏度变大，呈膏状，细腻，可刮涂施工。由于其填料量大，因此填充性好，适用于表面相对粗糙的木材，但是腻子的透明性差，不能用于透明性要求高的涂装。

（3）填钉眼腻子配方　填钉眼腻子配方见表 10-5。

表 10-5　填钉眼腻子配方

序号	原料	用量/%	功能	供应商
1	白水泥	25.0	填料	工业
2	重钙(1250目)	20.0	填料	工业
3	滑石粉(1250目)	20.0	填料	工业
4	硬脂酸锌	1.5	打磨剂	工业
5	C 8381	0.25	甲基羟乙基纤维素	Hercules
6	DM 200	3.0	可再分散乳胶粉	Clariant
7	LDM 1646P	8.0	可再分散乳胶粉	Clariant
8	Tylovis SE7	0.1	淀粉醚	信越
9	铁黄	适量	调色	工业
10	铁红	适量	调色	工业
11	铁棕	适量	调色	工业
12	铁黑	适量	调色	工业

工艺：将配方中各组分充分混合均匀备用，贮存防止受潮。其中铁黄、铁红、铁棕和铁黑的用量根据木材的颜色调配，也可用其他着色颜料，如安巴粉等来调色。

腻子粉用时加水调匀，使稠度适合刮涂即可。配方中用了多量的可再分散乳胶粉，腻子有较高的强度、韧性和黏结性，滑石粉和硬脂酸锌使腻子有良好的打磨性。腻子收缩性小，填补较大的钉眼效果良好。

2. 水性底漆配方

底漆用来增加漆与木材的附着力，所以底漆对木材的润湿和渗透性要好。底漆相对面漆而言，价格要低，在保证漆膜有足够的丰满度的同时，可降低涂装成本，换言之，在同样涂装道数的前提下，多用底漆，少用面漆更加便宜。

由于底漆上面还要涂装面漆，对底漆的性能要求相对而言可以低一些。多数底漆采用价格较低的乳液制备，如苯丙乳液、丙烯酸乳液等。

（1）一般水性底漆配方 一般水性底漆配方见表 10-6～表 10-8。

表 10-6 水性底漆配方（一）

序号	原料	用量/%	功能	供应商
1	NeoCryl XK61	80.0	苯丙乳液	DSM
2	水	13.1	分散介质	
3	乙二醇丁醚	6.0	成膜助剂	工业
4	Hydropalat 140	0.6	润湿流平剂	Cognis（科宁）
5	CF 107	0.1	消泡剂	Blackburn（布莱克本）
6	Rheolate 244	0.2	增稠剂	Elementis（海明斯）

工艺：先将 1 加入罐内，于 500r/min 下加入 2 和 3，搅拌 15～20min 后加入 4 和 5，再搅拌 20～30min 然后在 300～400r/min 下缓慢加 6 增稠，低速搅拌脱泡后过 200 目滤网，检验合格，包装。

这是一个最基础的配方，仅能提供一个可以用的水性木器漆底漆，贮存稳定性及冻融稳定性较差。漆的黏度（涂-4 杯）在 30～40s 之间。

表 10-7 水性底漆配方（二）

序号	原料	用量/%	功能	供应商
1	Kathon LXE	0.1	防腐剂	Rohm&Haas
2	水	13.1	分散介质	
3	NeoCryl XK61	80.0	苯丙乳液	DSM
4	JS-PPH（丙二醇苯醚）	5.0	成膜助剂	上海锦山化工公司
5	CF107	0.1	消泡剂	Blackburn
6	BYK345	0.4	润湿剂	BYK（毕克）
7	橘花香精	0.1	调节气味	工业
8	SN-612	0.4	增稠剂	Cognis
9	二乙二醇丁醚	0.8	助溶剂	工业

工艺：将 1、2 先预混均匀，缓缓加入 400r/min 左右搅拌下的 3 中，混合 10～20min。顺次加入 4～6，在 500～800r/min 下混合 30 min。改低速搅拌，加入 7 后搅拌 5min。将 8、9 预混均匀，在 300～400r/min 下缓缓滴入预混液使漆液增稠，搅拌 20min。改为在 200r/min 脱泡 20～30min 后用 200 目滤网过滤，检验合格后包装。

性能：固含量 35%±2%；黏度 900～1500mPa·s。冬季用最好减少 2% 的水增加 2% 的丙二醇或醇酯-12，以改善低温成膜性。

表 10-8　水性底漆配方（三）

序号	原料	用量/%	功能	供应商
1	ER-98	92.00	苯丙乳液	青岛颐中
2	A26	0.05	防霉剂	S&M
3	水	3.73	分散介质	
4	BYK037	0.2	消泡剂	BYK
5	醇酯-12	3.0	成膜助剂	工业
6	Hydropalat 140	0.4	流平剂	Cognis
7	RM 2020	0.2	流变助剂	Rohm&Haas
8	WB 811	0.02	香精	工业
9	SN-612	0.1	增稠剂	Cognis
10	二乙二醇丁醚	0.3	助溶剂	工业

工艺：在罐中加入 1，于 400～600r/min 下搅拌。测 pH 值，若 pH 不够，用少量 AMP-95 调整，使 pH 值保持在 8～9。将预混均匀的 2、3 缓缓加入，搅拌均匀。加入 4、5 在 600～800r/min 下搅拌 30～40min，再加入 6 搅拌 30～40min 后加入 7，搅拌 20～30min。加入 8 后，用预先混合均匀的 9、10 溶液调黏度，再搅拌 30min，然后在 400～500r/min 下搅拌 20min，在 200r/min 下搅拌 30min，检验合格后，过 200 目滤网，包装。

产品黏度（涂-4 杯）控制在 20～40s 之间，固含量≥30%。由于采用了 ER-98 乳液，本底漆的涂层耐水性、低温施工性都很好，与木材和面漆有良好的附着性，是一种优异的底漆。

（2）打磨底漆配方　打磨底漆配方见表 10-9。

表 10-9　打磨底漆配方

序号	原料	用量/%	功能	供应商
1	Carboset CW7102	68	丙烯酸共聚乳液	Noveon(诺誉)
2	Sancure 825	14.2	脂肪族 PU 水分散体	Noveon(诺誉)
3	BYK 028	0.4	消泡剂	BYK
4	水	6	分散介质	
5	Forest 8209	0.1		
6	Biopol TC3	0.02	杀菌剂	
7	硬脂酸锌	2	打磨剂	工业
8	乙二醇丁醚	2	助溶剂	工业
9	醇酯-12	4	成膜助剂	工业
10	Aquacer 513	2	蜡乳液	BYK Cera
11	DSX 1514	0.3	缔合型增稠剂	Cognis
12	水	2.28	分散介质	
13	氨水(25%)	0.1	pH 调节剂	工业

工艺：将 1～4 依次加入，搅拌均匀，加入 5、6 再加入 7，高速分散 30min，再加入 8～10。将 11、12 预混后加入增稠，用氨水 13 调 pH 值使之为 8～9，检验合格后过滤包装。

本配方中加入 2% 的硬脂酸锌使得这种底漆容易打磨。添加 513 蜡乳液对底漆实无必要，可不加。用氨水调 pH 值，漆液稳定性差，存放后 pH 值有可能变化。涂料的基料为丙烯酸乳液和脂肪族聚氨酯分散体混合物，后者的加入可改善涂膜的耐老化性和光泽，低温成膜性也有所改善。

（3）快干打磨底漆配方　快干打磨底漆配方见表 10-10。

表 10-10　快干打磨底漆配方

序号	原料	用量/%	功能	供应商
1	NeoCryl XK16	83.7	自交联丙烯酸乳液	DSM
2	BYK 022	0.3	消泡剂	BYK
3	丙二醇丁醚	3.9	成膜助剂	工业
4	二丙二醇甲醚	3.9	成膜助剂	工业
5	丙二醇	0.5	成膜助剂	工业
6	水	3.9	分散介质	工业
7	BYK 333	0.3	流平剂	BYK
8	硬脂酸锌	0.8	打磨助剂	工业
9	超细滑石粉	0.5	打磨助剂	工业
10	Deuteron MK	1.0	聚脲填料	Deuteron
11	BYK 028	0.6	消泡剂	BYK
12	Nuvis FX1070	0.6	增稠剂	Sasol Servo

性能：固含量 36.0%，pH 值 8.2，黏度（涂-4 杯）约 40s。特点：由于自交联乳液的引入、填料的加入，底漆快干，具有良好的打磨性。

3. 水性亮光面漆配方

面漆又称罩面漆，是木器涂料涂装效果的最直观体现。面漆从光泽上可粗分为亮光型（60°角，光泽≥80）、半亚型（60°角，光泽 30～60）和全亚型（60°角，光泽<30）三类；从颜色上分，面漆又可分为透明清漆（体现木材自然色）、透明色漆和实色漆。透明色漆可充分体现木纹，典型的颜色有琥珀红、琥珀黄、仿红木等。实色漆类似于涂料中各色漆和磁漆的涂装效果，用实色漆涂装的木器，木纹完全被遮盖，不能显现，代表性的颜色有白色、红色、蓝色、黄色、绿色、黑色，以及由这些颜色搭配的其他颜色。此外，面漆还包括特殊美术效果漆，如银粉漆、珠光颜料漆等。

面漆除颜色的装饰效果外，还要关注许多其他性能，如手感（滑爽性、柔和性等）、憎水性（如荷叶效应漆）、抗划伤性、抗粘连性、耐磨性、耐烫性、抗污渍性、耐水性、耐化学品性、硬度等。可以说水性木器漆涂装的效果主要由面漆决定。这就导致了各公司和乳液供应商十分重视面漆的开发。由于要满足最上层，即表面的各种性能效果，所以面漆配方种类很多，应用时可各取所需。

（1）丙烯酸型面漆　丙烯酸型面漆通常具有干燥快、硬度高、光泽好、价格相对低廉的优点，其缺点是多数漆的冻融稳定性差，高温易返黏，耐水性不良，低温成膜性差。

① 低温成膜面漆配方见表 10-11。

表 10-11　低温成膜面漆配方

序号	原料	用量/%	功能	供应商
1	NeoCryl A-633	70.0	苯丙乳液	DSM
2	水	12.1	分散介质	
3	氨水（25%）	0.3	pH 调节剂	工业
4	Dehydran 1293	2.5	消泡剂	Cognis
5	丁二醇	6.4	成膜助剂	工业
6	二乙二醇丁醚	1.6	成膜助剂	工业
7	磷酸三丁氧基乙酯	2.0	增塑剂	Megachem
8	BYK 344	0.4	抗划伤剂	BYK
9	Aquacer 513	4.0	蜡乳液	BYK Cera
10	BYK 346	0.7	润湿剂	BYK

工艺：投入乳液 1 后于搅拌下加水 2，以 3 调 pH 值使 pH 为 8～9，于 500r/min 下缓缓加入 4～10，再于 800r/min 下搅拌 30min 以上，改 200～300r/min 搅拌 20～30min，消泡，过滤，检验合格后包装。

用这个配方制的面漆固含量约 31%，黏度（涂-4 杯）为 20～40s。配方中用氨水调 pH 值为碱性，增加了漆的稳定性。本配方为了改进漆的低温成膜性，除用了大量的成膜助剂外，还用了增塑剂，带来的副作用是漆膜的硬度下降，高温下返黏性也增大。添加 2.5% 的消泡剂用量太大，相应的润湿剂用量提高后可能会有更好的效果，但仍难避免涂装时出现缩孔。

② 装修用面漆配方见表 10-12。

表 10-12　装修用面漆配方

序号	原料	用量/%	功能	供应商
1	Joncryl 1980	70.0	自交联丙烯酸乳液	Johnson（庄臣）
2	Surfynol 104H	1.20	润湿剂	Air Products
3	水	14.40	分散介质	
4	二丙二醇丁醚	4.50	成膜助剂	工业
5	二丙二醇甲醚	5.50	成膜助剂	工业
6	FHC4305	0.05	流平剂	DoPont
7	水	4.10	分散介质	
8	Rheolate 288	0.25	增稠剂	Elementis

工艺：先加入树脂1，然后在500～600r/min下加入2，充分搅拌。依次加入3～6，改800～1000r/min搅拌至少30min。降速至500r/min，然后缓缓加入预混好的7、8调黏度至合格。

本配方用Johnson公司的水性自交联丙烯酸酯树脂Joncryl 1980，由于其玻璃化转变温度很高，接近80℃，所以成膜助剂用了两种，并且用量很大，占配方总量的10%，尽管如此，该漆的低温成膜性还是容易出现问题。配方中用了一种氟碳型流平剂FHC4305，有优良的降低表面张力作用，用量少，效果好。

③ 家具用面漆配方见表10-13。

表10-13 家具用面漆配方

序号	原料	用量/%	功能	供应商
1	AC2514	80.0	纯丙乳液	Alberdingk
2	BYK 024	0.8	消泡剂	BYK
3	Tego Wet 270	0.2	基材润湿剂	Tego
4	二乙二醇单丁醚	6.0	成膜助剂	工业
5	乙二醇丁醚	2.0	成膜助剂	工业
6	水	7.5	分散介质	
7	DSX1514	0.4	流变助剂	Cognis
8	Utralube D-816	3.0	蜡乳液	Keim-Additec

工艺：将4～6项预混后加入1、2、3中，搅拌均匀，然后加入7、8，再搅拌均匀，检验合格后过滤包装。可加少量（质量分数0.5%～1%）消光粉TS100等制成亚光家具漆。

④ 快干透明面漆配方见表10-14。

表10-14 快干透明面漆配方

序号	原料	用量/%	功能	供应商
1	Carboset CW7102	80.0	丙烯酸共聚乳液	Noveon
2	水	13.18	分散介质	
3	BYK 028	0.40	消泡剂	BYK
4	Biopol TC3	0.02	杀菌剂	
5	氨水(25%)	0.1	pH调节剂	工业
6	乙二醇丁醚	1.0	成膜助剂	工业
7	二丙二醇丁醚	3.0	成膜助剂	工业
8	Aquacer 513	2.0	蜡乳液	BYK Cera
9	DSX 1514	0.3	缔合增稠剂	Cognis

工艺：顺次加入1～3，高速搅拌下滴加4。用5调pH值，使其为8～9。再顺次加入6～8，高速搅拌30～40min，滴加9，调节黏度。降低搅拌速度使漆液中的

气泡逐渐逸出，检验合格后过滤包装。

Carboset CW7102 是一种自交联丙烯酸共聚乳液，干燥快，硬度高，重涂性好，有一定的耐磨性和耐玷污性。

⑤ 窗框用透明色漆配方见表 10-15。

表 10-15　窗框用透明色漆配方

序号	原料	用量/%	功能	供应商
1	Mowilith LDM7450	75.0	苯丙乳液	Clariant
2	水	3.5	分散介质	
3	Mergal K10	0.2	增稠剂	Troy
4	1,2-丙二醇	1.0	助溶剂	工业
5	AMP-95	0.2	pH 调节剂	Angus
6	Texanol	2.0	成膜助剂	Eastman
7	Airex 901 W	1.0	消泡剂	Tego
8	Tinuvin 171	0.2	紫外线吸收剂	Ciba
9	水	2.6	分散介质	
10	Tafigel PUR40	0.4	增稠剂	Munzig Chemie
11	甲氧基丁醇	2.5	助溶剂	工业
12	水	0.9	分散介质	
13	Glide 406	0.4	流平剂	Tego
14	Sudranol 230	5.0	蜡乳液	Sǔd
15	Luconyl Orange2416	5.0	橙色染料	BASF
16	Hostatint Black GR30	0.1	黑色染料	

该配方中用了紫外线吸收剂，提高了漆膜耐紫外线能力。

⑥ 刷涂清漆配方见表 10-16。

表 10-16　刷涂清漆配方

序号	原料	用量/%	功能	供应商
1	Viacryl VSC 6295W	74.4	自交联丙烯酸乳液	Solutia
2	Surfynol DF58	0.2	消泡剂	Air Products
3	Surfynol 104E	0.5	润湿剂	Air Products
4	二乙二醇丁醚	2.7	成膜助剂	工业
5	二乙二醇单乙醚	3.6	成膜助剂	工业
6	水	0.7	预混 BYK 助剂用水	
7	BYK 346	0.4	流平剂	BYK
8	BYK 333	0.4	增滑剂	BYK
9	BYK 380	0.8	润湿流平剂	BYK

序号	原料	用量/%	功能	供应商
10	RM 2020/水(1/1)	1.2	高剪流平剂	Rohm & Haas
11	水	7.4	分散介质	
12	Rheolate 255	0.8	增稠剂	Elementis
13	水	7.1	调黏度用水	

工艺：在搅拌下顺次加入 1~10，充分混合均匀，将 11 和 12 预混均匀后缓慢加入混合罐，最后用 13 调整黏度至合格。

这个配方生产的木器清漆固含量 35%，黏度（Zahn 2 号黏度杯）30~45s，VOC185g/L。

（2）丙烯酸改性聚氨酯面漆　丙烯酸改性聚氨酯水性木器漆中丙烯酸酯共聚物与聚氨酯通过化学反应形成接枝，嵌段大分子乳液或水分散体，微观形态以核壳结构为多见。不同于丙烯酸乳液和聚氨酯水分散体的混合物，由于分子间产生了化学结合，形成的漆膜具有两种类型漆的优点，具有更广泛的适用性。以下是丙烯酸改性聚氨酯面漆的一些配方举例。

① 罩面清漆配方见表 10-17。

表 10-17　罩面清漆配方

序号	原料	用量/%	功能	供应商
1	NeoPac E-106	88.0	丙烯酸聚氨酯共聚分散体	DSM
2	二乙二醇单乙醚	4.00	成膜助剂	工业
3	水	0.85	分散介质	
4	Dehydran 1293	0.80	消泡剂	Cognis
5	Dapro W77	0.15	润湿剂	Daniel
6	AEROSOL LF4	0.10	润湿剂	Cytec
7	BYK 344	0.50	抗划伤剂	BYK
8	Aquacer 513	5.00	蜡乳液	BYK Cera
9	Rheolate 244	0.60	增稠剂	Elementis

工艺：将 2~6 先混合均匀后缓慢加入搅拌下的 1 中，加入 7、8 后高速分散均匀，降低搅拌速率，以 9 增稠至黏度合适为止。

该漆液的固含量为 30.5%，黏度（涂-4 杯）70~80s。刷涂时需用水稀释，否则流平性不良。该漆耐候，耐化学品良好，硬度较高。由于 E-106 分散体由芳香族异氰酸酯制得，漆和漆膜都存在容易变色的弊病。E-106 分散体含有 7.1% 的 N-甲基吡咯烷酮（NMP），加之配方中有较多的成膜助剂和其他添加剂，漆的 VOC 较高，在环保要求严格的情况下，不宜采用这种漆。配方中消泡剂含量高，涂刷时容易产生缩孔。此外，经验证明该漆的冻融稳定性不良。

② 滑爽型面漆配方见表 10-18。

表 10-18　滑爽型面漆配方

序号	原料	用量/%	功能	供应商
1	NeoPac E-106	88.0	丙烯酸聚氨酯共聚分散体	DSM
2	水	5.7	分散介质	
3	二丙二醇甲醚	4.0	成膜助剂	工业
4	Dehydran 1620	0.5	消泡剂	Cognis
5	Dehydran 1293	0.7	消泡剂	Cognis
6	Hydropalat 140	0.4	润湿剂	Cognis
7	Perenol S5	0.3	增滑剂	Cognis
8	DSX 3075	0.4	流变流平剂	Cognis

工艺：在 500r/min 下逐次将 2～5 加入 1 中，于 800～1000r/min 下搅拌 30min，再加入 6 和 7 搅拌 30min，降速至 400～500r/min，缓缓加入 8 搅拌 20min，再于 200r/min 下搅 20min 使其消泡，然后检验合格后过滤包装。

该产品基本性能如下：固含量 30%，黏度（涂-4 杯）40s，表干时间 15min，铅笔硬度 H～2H，附着力（划格法）1 级，光泽（60°角）≥95。

这种漆综合性能较好，但见光照变棕色，涂刷易缩孔。

③ 罩光面漆配方见表 10-19。

表 10-19　罩光面漆配方

序号	原料	用量/%	功能	供应商
1	ER-05	87.0	丙烯酸改性聚氨酯分散体	青岛颐中
2	A26	0.02	防霉剂	S&M
3	水	5.0	分散介质	
4	Aquacer 513	3.0	蜡乳液	BYK Cera
5	BYK 037	0.06	消泡剂	BYK
6	醇酯-12	3.0	成膜助剂	工业
7	BYK 346	0.4	润湿流平剂	BYK
8	BYK 333	0.2	表面滑爽剂	BYK
9	RM 2020	0.3	流变改性剂	Rohm&Haas
10	WB-811	0.02	水溶性香精	
11	SN-612	0.25	增稠剂	Cognis
12	二乙二醇丁醚	0.75	助溶剂	工业

工艺：在罐中投入 1 后，于 500r/min 搅拌，将 2、3 预混均匀，缓慢加入 1 中，搅拌 10min。顺次加入 4、5 搅拌 20min，在 600～800r/min 下加入 6，搅拌 30～50min。再加入 7、8，搅拌 20～30min，改 400～500r/min，加入 9、10，然后将预混均匀的 11 和 12 缓缓加入增稠，搅拌 20min 以上。再以 200r/min 搅拌 20～30min，消泡。过 200 目滤网，检验合格后出料包装。

这种由自交联型 ER-05 分散体制成的漆液黏度为 20～50s，固含量≥30%，施工性能良好，冷冻不破乳，低温成膜性好，VOC 符合中国环保标准。漆膜光泽可达 90 以上，摆杆硬度在 0.59 左右，耐水性良好。

④ 高光耐黄变清漆配方见表 10-20。

表 10-20　高光耐黄变清漆配方

序号	原料	用量/%	功能	供应商
1	DW 5562	100.0	聚氨酯水分散体	UCB
2	DH1293	0.3	消泡剂	Cognis
3	Aquamat 213	3.0	PE 蜡乳液	BYK Cera
4	二乙二醇单乙醚	2.0	成膜助剂	工业
5	乙二醇丁醚	1.0	成膜助剂	工业
6	BYK 306	0.5	流平剂	BYK
7	Ucecoat XE430	0.8	增稠剂	UCB

DW5562 是 UCB 公司的一种自交联脂肪族聚氨酯/丙烯酸酯分散体，抗划伤性、耐磨性和抗化学侵蚀性好，做成的漆可用作家具和地板涂料。漆膜的基本性能是：硬度>1H（7～10 天后），光泽>92，阳光曝晒有高耐黄变性。

⑤ 家具罩光清漆配方见表 10-21。

表 10-21　家具罩光清漆配方

序号	原料	用量/%	功能	供应商
1	APU 1062	83.0	丙烯酸聚氨酯	Alberdingk
2	RM 2020	0.5	增稠剂	Rohm & Haas
3	二丙二醇甲醚	2.5	成膜助剂	工业
4	水	9.4	分散介质	
5	BYK 024	0.4	消泡剂	BYK
6	Aquacer 513	3.0	蜡乳液	BYK Cera
7	BYK 346	0.4	表面助剂	BYK
8	BYK 028	0.8	消泡剂	BYK

产品性能：漆液黏度（涂-4 杯）为 25s，漆膜光泽（60°角）为 85。这种漆可用刷涂、喷涂或辊涂法施工。如果配方中加入 0.5% 的亚光粉，例如，TS100 或 SY-7000，可制成半亚光漆。

⑥ 亮光透明清漆配方见表 10-22。

表 10-22　亮光透明清漆配方

序号	原料	用量/%	功能	供应商
1	UC 81	88.7	丙烯酸聚氨酯共聚体	Alberdingk
2	Foamex 822	0.4	消泡剂	Tego
3	BYK 024	0.4	消泡剂	BYK
4	Dow Corning 67	0.3	表面改性剂	Dow Corning
5	二丙二醇丙醚	4.0	成膜助剂	工业

序号	原料	用量/%	功能	供应商
6	水	4.0	分散介质	
7	DSX 1514	0.2	增稠剂	Cognis
8	Aquacer 513	2.0	蜡乳液	BYK Cera

产品性能：该漆固含量 32.6%，VOC127.8g/L，光泽（20°角/60°角）为 77/88。漆中还可添加多异氰酸酯固化剂，例如 10% 的 Rhodia 公司的 WT2102/异丁酸异丁酯（8∶2），或氮丙啶化合物交联，例如 3% 的 Bayer 公司的 PFAZ322。交联后耐磨性和耐化学品性有所提高，但是光泽保持不变。

（3）水性聚氨酯亮光漆

① 高光耐黄变透明清漆配方见表 10-23。

表 10-23   高光耐黄变透明清漆配方

序号	原料	用量/%	功能	供应商
1	Sancure 825	83.60	脂肪族水性聚氨酯	Noveon
2	水	12.5	分散介质	
3	二丙二醇甲醚	1.70	成膜助剂	工业
4	乙二醇乙醚	1.70	成膜助剂	工业
5	Zonyl FSO	0.01	流平剂	DuPont
6	Surfynol DF-110L	0.20	消泡剂	Air Products
7	Surfynol 104H	0.50	润湿剂	Air Products
8	Surfynol 465	0.25	润湿剂	Air Products
9	KP-104	0.85	增塑剂	Great Lakes
10	Triton GR-5M	0.14	润湿分散剂	Dow

工艺：先将 1、2 混匀。3～9 预混均匀后加入搅拌的 1 和 2 中，最后加入 10，充分搅拌均匀。该成品漆光泽高（60°角光泽 92），耐候性好，有优异的耐水、耐碱和耐乙醇性，耐磨，可用于木器、地板、塑料和水泥表面的涂装。

② 高硬特亮耐黄变清漆配方见表 10-24。

表 10-24   高硬特亮耐黄变清漆配方

序号	原料	用量/%	功能	供应商
1	PU-4	100.0	聚醚聚氨酯分散体	新东方精细化工厂
2	Surfynol 104H	0.4	润湿剂	Air Products
3	Surfynol DF75	0.25	消泡剂	Air Products
4	Surfynol DF210	0.25	消泡剂	Air Products
5	Surfynol Dynol 604	0.02	流平剂	Air Products
6	丙二醇丁醚	7.0	成膜助剂	工业
7	异丙醇	1.0	成膜助剂	工业
8	Aquacer 513	3.5	抗刮伤剂	BYK Cera

工艺：在罐中依次加入 1～8，在 500r/min 下搅拌 30min，改在 800～1000r/min 下搅拌 30min，然后 200r/min 下搅拌 20min 脱泡，检验合格后 200 目滤网过滤，出料包装。

该漆膜 7 天后的铅笔硬度在 1H 以上，光泽（60°角）大于 100，耐黄变、附着力好，水浸 24h 不变白，但是吸水率较高。

③ 滑爽型耐黄变亮光清漆配方见表 10-25。

表 10-25　滑爽型耐黄变亮光清漆配方

序号	原料	用量/%	功能	供应商
1	K20	0.05	杀菌剂	S&M(舒美)
2	水	5.4	分散介质	
3	CM-11	90.0	聚氨酯分散体	黄山永佳安大
4	醇酯-12	3.0	成膜助剂	工业
5	Defoamer 260	0.1	消泡剂	
6	Hydropalate 140	0.3	流平润湿剂	Cognis
7	Tego 482	0.5	增滑剂	Tego
8	PU25X	0.2	高剪流平剂	深圳明佳
9	茉莉香精	0.05	调节气味	工业
10	3116	0.1	增稠剂	
11	二乙二醇丁醚	0.3	助溶剂	工业

工艺：将 1、2 混均匀后滴加入 3 中，搅拌均匀后加 4、5 高速搅拌 40min，加 6、7 继续搅拌，再加 8。增稠前中速搅拌下加 9。将 10 和 11 混匀后缓缓加入漆液中，中速、低速各搅 20～30min，检验合格后过滤，出料包装。

杀菌防霉剂不宜直接加入乳液中，以免出现絮凝现象，先以水稀释后徐徐加入为好。消泡剂有抑泡和消泡作用，用量稍过也不会产生缩孔现象。配方中用 Tego 482 增滑，其用量相对要大，否则增滑效果不好，耐水试验表明，比起 BYK333 来，用 Tego 482 的漆膜亲水性大，容易泛白起泡。

CM-11 是一个综合性能较好的乳液，低温成膜性和抗冷冻性好，涂膜外观好，漆液和漆膜不易变黄，漆膜硬度较高。

④ 喷涂和辊涂用木地板漆配方见表 10-26。

表 10-26　喷涂和辊涂用木地板漆配方

序号	原料	用量/%	功能	供应商
1	CUR 69	83.2	聚酯聚氨酯分散体	Alberdingk
2	BYK 028	0.6	消泡剂	BYK
3	BYK 044	0.2	消泡剂	BYK
4	乙二醇丁醚	2.0	成膜助剂	工业
5	二丙二醇丁醚	2.0	成膜助剂	工业
6	水	8.5	分散介质	

续表

序号	原料	用量/%	功能	供应商
7	Utralrbe E-816	3.0	蜡分散液	Keim-Additec
8	Tego Wet 280	0.3	润湿剂	Tego
9	Rheolate 212	0.2	流变助剂	Eementis

工艺：将4～6项预混后加入搅拌中的1～3中，然后加入7～9，搅拌均匀，检验合格后过滤包装。在上述配方基础上加消光粉 TS100 等可制成不同光泽的亚光地板漆。

（4）亚光漆 亚光漆是相对亮光漆来说光泽有所降低的漆，通过加入消光剂制成。通常分为半亚和全亚两大类，细分可分为三分光至八分光不等的各种亚度的漆，即 60°光泽在 30～80 之间不等。

水性木器漆的消光常用二氧化硅消光剂来完成。调节消光剂（又称亚粉）的用量，可获得不同光泽的漆。还有些其他添加剂也会带来消光作用，例如一些纳米胶体硅、不透明乳液、蜡浆等，只是这样的消光方法不常用。水性木器漆比溶剂型漆消光难度小，消光剂加入量较少，有些配方最终用量不超过 4%，即可达到全亚的效果。

① 刷涂半亚清漆配方见表 10-27。

表 10-27　刷涂半亚清漆配方

序号	原料	用量/%	功能	供应商
1	Viacryl VSC 6295W	71.7	自交联丙烯酸乳液	Solutia
2	Surfynol DF 58	0.2	消泡剂	Air Products
3	Surfynol 104E	0.5	润湿剂	Air Products
4	二乙二醇丁醚	2.4	成膜助剂	工业
5	二乙二醇单乙醚	3.5	成膜助剂	Eastman
6	水	0.7	预混 BYK 助剂用水	
7	BYK 346	0.4	流平剂	BYK
8	BYK 333	0.4	增滑剂	BYK
9	BYK 380	0.8	润湿流平剂	BYK
10	RM 2020/水(1/1)	1.2	高剪流平剂	Rohm&Haas
11	Acematt TS100	1.9	消光剂	Degussa
12	水	7.2	分散介质	
13	Rheolate 255	0.8	增稠剂	Elementis
14	水	8.3	调黏度用水	

工艺：在搅拌下依次加入1～11，充分混合均匀，将12和13预混均匀后缓慢加入罐中，最后用14调黏度至要求。

这种半亚手刷漆的基本性能是：固含量 36%，黏度（Zahn 2 号杯）40～45s，VOC181g/L。TS100 是德国赢创公司一支很适合水性木器漆的消光剂，但价格较贵。

② 全亚清漆配方见表 10-28。

表 10-28 全亚清漆配方

序号	原料	用量/%	功能	供应商
1	NeoPac E-106	40.0	丙烯酸聚氨酯分散体	DSM
2	二乙二醇单乙醚	2.0	成膜助剂	工业
3	水	0.95	分散介质	
4	Dehydran 1293	0.80	消泡剂	Cognis
5	Rheolate 244	0.20	增稠剂	Elementis
6	TS 100	1.00	消光剂	Degussa
7	Aquacer 513	5.0	蜡乳液	BYK Cera
8	NecoPac E-106	47.20	丙烯酸聚氨酯分散体	DSM
9	Carbitol Solvent	2.0	成膜助剂	
10	Dapro W77	0.15	润湿剂	Daniel
11	Aerosol LF4	0.10	润湿剂	CYTEC
12	BYK 344	0.40	抗划伤剂	BYK
13	Rheolate 244	0.20	增稠剂	Elementis

工艺：将 2～4 预混均匀后加入搅拌着的 1 中，搅匀后加 5 稍增稠，加 6 高速分散至均匀，再加入 7、8；将 9～11 预混后加入，搅均匀后加 12，最后用 13 调黏度。

该漆固含量约 30%，黏度（涂-4 杯）40～50s。漆膜硬度高，耐化学性良好，但易黄变，冻融稳定性不良。在工艺过程中，E-106 分两步加，有利于消光剂的分散。

③ 半亚白面漆配方见表 10-29。

表 10-29 半亚白面漆配方

序号	原料	用量/%	功能	供应商
1	丙二醇	5.8	成膜助剂	工业
2	水	3.5	分散介质	
3	Dehydran 1293	0.2	消泡剂	Cognis
4	Dispex HDN(30%)	0.6	分散剂	
5	Tafigel PUR 45	0.7	增稠剂	Munzing
6	Heucosin G6518N	3.3	抗划伤剂	
7	Tiona RCL 535	20.5	钛白粉	美礼联
8	Chemart EA-50	56.4	自交联纯丙乳液	和氏璧,汇彩
9	Dehydran 1293	0.1	消泡剂	Cognis
10	丁二醇	4.0	成膜助剂	工业
11	Acticide BX	0.1	防霉剂	Thor
12	水	3.85	分散介质	
13	Chemart TH-2(40%)	0.95	杀菌剂	汇彩

该配方固含量为 49.1%，PVC 为 20.1%，黏度 110KU，光泽 60°角时为 55，20°角时为 17。

④ 亚光清漆配方见表 10-30。

表 10-30 亚光清漆配方

序号	原料	用量/%	功能	供应商
1	NeoPac E-106	88.0	丙烯酸聚氨酯共聚分散体	DSM
2	水	5.7	分散介质	
3	乙二醇丁醚	4.0	成膜助剂	工业
4	Hydropalat 140	0.4	润湿剂	Cognis
5	Foamstar A36	1.0	消泡剂	Cognis
6	Acematt TS100	2.0	消光剂	Degussa
7	Perenol S5	0.3	增滑剂	Cognis
8	DSX 3075	0.4	流平剂	Cognis

工艺：在 500r/min 下将 2～6 依次加入搅拌下的 1 中，加完在 1000～1200r/min 下分散 30min 以上，至 6 完全分散均匀，改 500r/min，加入 7、8 搅拌 20min，再于 200r/min 搅拌 20min，检验合格后过滤出料包装。

漆和漆膜的主要性能：固含量 33%，黏度（涂-4 杯）60～80s，表干时间 15 min，附着力 1 级，硬度（铅笔）2H，光泽（60°角）为 20。

由于用了 E-106 这种芳香族异氰酸酯分散体，所以漆和漆膜容易变黄。

⑤ 耐黄变半亚光清漆配方见表 10-31。

表 10-31 耐黄变半亚光清漆配方

序号	原料	用量/%	功能	供应商
1	Sancure 825	82.80	脂肪族聚氨酯分散体	Noveon
2	水	12.40	分散介质	
3	二丙二醇甲醚	1.60	成膜助剂	工业
4	乙二醇乙醚	0.25	成膜助剂	工业
5	Znoyl FSO	0.01	流平剂	DuPont
6	Surfynol DF-110L	0.20	消泡剂	Air Products
7	Surfynol 104H	0.25	润湿剂	Air Products
8	Surfynol 465	0.25	润湿剂	Air Products
9	KP-140	0.85	增塑剂	Great Lakes
10	Triton GR-5M	0.14	表面活性剂	Dow
11	Acematt TS 100	1.0	消光剂	Degussa

工艺：将 3～9 预混均匀，缓缓加入搅拌下的 1、2 混合物中，充分搅匀。加入 10 和 11，高速搅拌，分散完全，检验合格后过滤出料包装。

该漆膜的耐候性好，不易黄变，耐化学品好，由于消光剂用量不大，漆膜略呈半亚光。

⑥ 抗划伤半亚光清漆配方见表 10-32。

表 10-32 抗划伤半亚光清漆配方

序号	原料	用量/%	功能	供应商
1	Ucecoat DW 5562	100.00	丙烯酸聚氨酯杂合物	UCB
2	Dehydran 1293	0.3	消泡剂	Cohnis
3	TS 100	1.0	消光剂	Degussa
4	Aquamat 216	3.0	蜡乳液	BYK Cera
5	二乙二醇乙醚	2.0	成膜助剂	工业
6	二乙二醇丁醚	1.0	成膜助剂	工业
7	BYK 306	0.5	流平剂	BYK
8	Ucecoat XE430(10%IPA)	0.8	增稠剂	UBC

DW5562 是自交联型丙烯酸酯-聚氨酯杂合物，漆膜有良好的抗划伤性、硬度与韧性的平衡。

⑦ 装修用半亚清漆配方见表 10-33。

表 10-33 装修用半亚清漆配方

序号	原料	用量/%	功能	供应商
1	K20	0.1	杀菌剂	S&M
2	水	4.2	分散介质	
3	ER-05	89.0	丙烯酸 PU 分散体	颐中
4	AMP-95	0.1	pH 调节剂	Angus
5	BYK 025	0.1	消泡剂	BYK
6	H288	2.2	消光剂	浙江富达微粉厂
7	醇酯-12	3.0	成膜助剂	工业
8	BYK 346	0.5	润湿流平剂	BYK
9	RM 2020	0.3	增稠流变剂	Rohm&Haas
10	香精	0.1	调节气味	工业
11	SN 612	0.1	增稠	Cognis
12	二乙二醇丁醚	0.3	助溶剂	工业

工艺：将 1 和 2 混匀，加入搅拌下的 3 中，依次加入 4、5，加入 6 后高速分散 30～60min，加入 7，搅拌 10min。在中速下加 8、9，增稠前加 10。最后将 11 和 12 预混均匀后缓缓加入漆中，中速搅拌，再低速搅拌，检验合格后，过滤出料包装。

该配方漆膜表干 20min，实干小于 8h，漆膜硬度 1H 以上，浸水 24h 不起泡，有一定耐醇性。这种半亚漆很适合家庭装修用。配方采用国产消光剂，价格低，效果好，性价比高。

⑧ 耐黄变半亚清漆配方见表 10-34。

表 10-34   耐黄变半亚清漆配方

序号	原料	用量/%	功能	供应商
1	MAC 34	86.5	脂肪族聚氨酯丙烯酸分散体	Alberdingk
2	二丙二醇丁醚	6.0	成膜助剂	工业
3	三丙二醇甲醚	3.0	成膜助剂	工业
4	水	2.2	分散介质	
5	Acematt TS100	0.5	消光粉	Degussa
6	BYK 346	0.4	润湿剂	BYK
7	BYK 341	0.2	表面助剂	BYK
8	BYK 028	1.0	消泡剂	BYK
9	RM 2020	0.2	增稠流平剂	Rohm & Haas

该配方漆的黏度（涂-4 杯）为 25s，60°角光泽为 22。可用喷、刷、辊涂法施工。MAC34 最低成膜温度较高，加入的成膜助剂比较多，否则低温施工会有问题，由于采用脂肪族聚氨酯丙烯酸分散体，漆膜耐黄性较好。

⑨ 户外用半亚清漆配方见表 10-35。

表 10-35   户外用半亚清漆配方

序号	原料	用量/%	功能	供应商
1	CUR 69	14.0	脂肪族聚酯聚碳酸酯聚氨酯	Alberdingk
2	MAC 34	72.0	脂肪族聚氨酯丙烯酸分散体	Alberdingk
3	二丙二醇甲醚	3.0	成膜助剂	工业
4	三丙二醇丁醚	3.0	成膜助剂	工业
5	水	5.3	分散介质	
6	Acematt TS100	0.5	消光粉	Degussa
7	BYK 028	0.8	消泡剂	BYK
8	BYK 346	0.5	润湿剂	BYK
9	RM 2020	0.9	增稠流平剂	Rohm & Haas

该配方漆的黏度（涂-4 杯）为 25s，60°角光泽为 22。可用喷、刷、辊涂法施工。配方中加有脂肪族聚酯聚碳酸酯聚氨酯，性能有所提高，特别是耐老化性和低温成膜性。

（5）水性醇酸及水性无油醇酸罩光漆

① 高光户外用木材罩光漆配方见表 10-36。

表 10-36   高光户外用木材罩光漆配方

序号	原料	用量/%	功能	供应商
1	Resydrol AY 586W/45W	62.50	丙烯酸改性水性醇酸	Solutia
2	石油溶剂油	4.03	成膜助剂	工业
3	二丙二醇甲醚	4.03	成膜助剂	工业
4	三乙胺	0.62	pH 调节剂	工业

续表

序号	原料	用量/%	功能	供应商
5	Additol VXW 6206	0.82	催干剂	Solutia
6	Troykyd Anti-Skin B	0.46	防结皮剂	Troy
7	BYK 035	0.10	消泡剂	BYK
8	BYK 341	0.40	润湿剂	BYK
9	Troysan Polyphase P-20T	1.23	防霉剂	Troy
10	Tinuvin 1130	0.77	紫外线吸收剂	Ciba-Geigy
11	Tinuvin 292	0.46	紫外线吸收剂	Ciba-Geigy
12	RM-8W	0.50	流变改性剂	Rohm&Haas
13	水	24.08	分散介质	

该配方漆性能：固含量 30%，黏度（涂-4 杯，23℃）为 30～40s，pH 为 8.0～8.5，VOC254g/L，不黏尘时间 8h。

② 高硬度水性氨酯油地板漆配方见表 10-37。

表 10-37 高硬度水性氨酯油地板漆配方

序号	原料	用量/%	功能	供应商
1	Spensol F-97	89.68	水性氨酯油	Reichhold
2	Mn HydrocureⅢ（9%）	0.17	催干剂	OMG
3	水	2.17	分散介质	
4	BYK 345	0.23	润湿流平剂	BYK
5	水	3.87	分散介质	
6	Ultralube E-846	1.48	蜡乳液	Keim
7	Acrysol RM-2020	0.70	增稠剂	Rohm&Haas
8	Foamaster VL	0.02	消泡剂	Cognis
9	水	1.75	分散介质	

工艺：将 2、3 预混后加入 1 中，搅拌下顺次加入其他部分。催干剂 2 在添加前必须先用 20 份左右的水或 4 份的 NMP 稀释，否则混合后分散不均匀，漆膜固化也不会均匀。干燥性能：表干 15min，硬干 45min。硬度 2H～3H；耐磨耗 70mg（CS-17，1000g/1000r）；耐老化性能好，但是漆膜微偏黄。

③ 水性氨酯油罩光漆配方见表 10-38。

表 10-38 水性氨酯油罩光漆配方

序号	原料	用量/%	功能	供应商
1	Spensol F-97	72.28	水性氨酯油	Reichhold
2	Mn HydrocureⅢ（9%）	0.15	催干剂	OMG
3	水	1.68	分散介质	
4	BYK 345	0.19	润湿流平剂	BYK
5	水	3.12	分散介质	

续表

序号	原料	用量/%	功能	供应商
6	Ultralube E-846	1.20	蜡乳液	Keim
7	Acrysol RM-2020	0.37	增稠剂	Rohm&Haas
8	Foamaster VL	0.05	消泡剂	Cognis
9	水	1.42	分散介质	
10	Synthemul 40-423	13.24	丙烯酸乳液	Reichhold
11	水	6.00	分散介质	
12	二乙二醇单丁醚	0.30	成膜助剂	工业

工艺：将 2、3 预混后加入 1 中，搅拌下顺次加入 4～9，混匀。10～12 预混均匀后加入漆中，再混合均匀。催干剂在添加前必须先用 20%（质量分数）左右的水或 4%（质量分数）的 NMP 稀释，否则混合后分散不均匀，漆膜固化也不会均匀。配方中加入了部分廉价的丙烯酸乳液，降低了成本，但漆膜的硬度、耐磨性有所下降。该漆可用于橱柜、护墙板、门窗等非地板木制品。

（6）水性环氧木器漆 双组分的水性环氧漆可以用作木器涂料，其特点是附着力优异、光泽高、硬度好、耐化学品性能佳、VOC 含量低。但是，水性环氧体系更多的是用来制造环保型的地坪涂料、防腐涂料和工业涂料。许多水性环氧木器漆配方可直接用于混凝土表面涂装，也可用作建筑物涂饰。添加防锈颜料和特殊助剂后可制成防锈和重防腐涂料。这些方面的应用远比水性木器漆广泛和重要得多。

① 水性环氧清漆配方见表 10-39。

表 10-39 水性环氧清漆配方

A 组分

序号	原料	用量/%	功能	供应商
1	Ancarez AR550	400.0	水性环氧	Air Products
2	Glanapon 587	0.3	消泡剂	Bussetti&Co. GmbH
3	丙二醇	20.0	溶剂	工业
4	Hydropalat 140	4.0	润湿剂	Cognis

B 组分

序号	原料	用量/%	功能	供应商
1	Anquamine 419	100.0	固化剂	Air Products
2	水	100.0	分散介质	
3	Glanapon 587	0.05	消泡剂	Bussetti&Co. GmbH
4	醇酯-12	10.0		

A、B 两组分分别混合均匀，使用前按 A/B＝2/1（体积比）配漆，混合均匀后涂刷木材。

② 超低 VOC 水性环氧清漆配方见表 10-40。

表 10-40 超低 VOC 水性环氧清漆配方

A 组分

序号	原料	用量/%	功能	供应商
1	Ancarez AR550	73.0	水性环氧	Air Products
2	Rheolate 310	1.72	增稠剂	维乐斯
3	水	5.74	分散介质	

B 组分

序号	原料	用量/%	功能	供应商
1	Anquamine 401	12.08	固化剂	Air Products
2	水	6.57	分散介质	
3	Surfynol DF-62	0.43	消泡剂	Air Products
4	Surfynol 420	0.35	润湿剂	Air Products
5	乙酸	0.11		工业

产品性能：固含量 50.35%，VOC 约为 0，环氧/胺当量比为 0.90/1，混合后黏度 500mPa·s，适用期>3h。

③ 超低 VOC 水性环氧高光白漆配方见表 10-41。

表 10-41 超低 VOC 水性环氧高光白漆配方

A 组分

序号	原料	用量/%	功能	供应商
1	Ancarez AR550	594.9	水性环氧	Air Products
2	Acrysol RM-8W	2.1	流变助剂	Rohm&Haas
3	水	8.8	分散介质	

B 组分

序号	原料	用量/%	功能	供应商
1	水	65.3	分散介质	
2	DeeFo PI-4	3.3	消泡剂	Ultra
3	BYK 022	0.7	消泡剂	BYK
4	Anquamine 401	32.7	固化剂	Air Products
5	乙酸	0.5		工业
6	TR-92	250.0	钛白粉	
7	水	58.1	分散介质	
8	Anquamine 401	47.4	固化剂	Air Products
9	BYK 341	2.0	流平剂	BYK
10	Acrysol RM-8W	12.0	流变助剂	Rohm&Haas
11	Acrysol RM-2020	2.0	流变助剂	Rohm&Haas

工艺：将 A 组分中 2、3 预混后加入 1 中。B 组分中 1～6 预混、研磨至细度合格后，按顺序加入其他组分混合均匀。

使用前按 A、B 体积比 3∶1 混合。

产品性能：固含量 59.4%，PVC15.6%，VOC2～3g/L，环氧/胺当量比 1.15/1，混合后黏度 1000mPa·s，适用期 4h，漆膜指触干 20～30min，铅笔硬度（14d）F。

（7）水性光固化木器漆 光固化水性木器漆只用于工业木器生产，由于固化装置所限，不适于家庭装修。光固化涂料的基料分子中含有不饱和键，在紫外线作用下，光引发剂分解成自由基，引发基料分子的加成聚合，形成交联结构。光固化涂料有更好的性能。

水性光固化涂料前期施工性能与一般水性漆相同，往往在 UV[1] 光照射之前涂料已经达到表干，涂料的流动流平、消泡等要求与普通的水性木器漆一样严格。

① 水性光固化聚氨酯清漆配方见表 10-42。

表 10-42　水性光固化聚氨酯清漆配方

序号	原料	用量/%	功能	供应商
1	Ucecoat DW7770	100.0	光固化聚氨酯分散体	UCB
2	Acematt TS100	1.5	消光剂	Degussa
3	Aquamat 216	1.0	蜡乳液	BYK
4	BYK 346	0.5	流平剂	BYK
5	Irgacure 2959	1.5	光引发剂	Ciba

工艺：按配方比例将 1～5 混合，然后分散均匀。施工时，喷涂黏度（涂-4杯）为 18～20s，淋涂黏度为 10～15s。黏度调整方法：用增稠剂提高黏度或用水稀释降低黏度。施工方法：喷涂或淋涂。施工条件：水分闪蒸，30s/120℃；UV光固化条件：80W，5m/min。

产品性能：干燥快，光固化前可达到不黏，光固化后有优异的耐磨、抗污渍和耐化学品性，对木材附着力好，适用于工厂化地板及家具的涂装。

② 水性光固化白漆配方见表 10-43。

表 10-43　水性光固化白漆配方

序号	原料	用量/%	功能	供应商
1	LUX 285	67.6	光固化乳液	Alberdingk
2	Foamex 822	0.4	消泡剂	Tego
3	BYK 024	0.4	消泡剂	BYK
4	Dow Corning 67	0.3	表面助剂	Dow Corning
5	二丙二醇丙醚	3.0	成膜助剂	工业
6	水	3.0	分散介质	
7	DSX 1514	0.3	流变助剂	Cognis

---

[1] UV 是紫外线的英文缩写。

续表

序号	原料	用量/%	功能	供应商
8	钛白浆	25.0		
9	Irgacure 500（外加）	1.5	光引发剂	Ciba
10	Irgacure 819（外加）	1.25	光引发剂	Ciba

钛白浆：

序号	原料	用量/%	功能	供应商
1	水	27.1	分散介质	
2	EFKA 4550	2.5	分散剂	EFKA
3	Foanex 822	0.4	消泡剂	Tego
4	Kronos 2190	70.0	钛白粉	Kronos

注意：100 份漆中需外加光引发剂 1.5 份 Irgacure 500 和 1.25 份 Irgacure 819 后才能使用。

该配方漆固含量 45.8%，VOC109.4g/L。

（8）实色漆 实色漆采用有强遮盖力的颜料，可遮盖木材本身的花纹。与透明色漆不同，用实色漆涂装的木材不显现木纹，而用透明色漆涂装的木材除有一定的颜色外，还可以看见木材的纹路。

具代表性的实色漆是白色水性木器漆，涂装后显现纯白色。与内外墙建筑涂料一样，可以通过添加水性色浆制成以白色为基础的各种淡色漆：天蓝、豆绿、粉红、浅黄、浅灰以及这些颜色组合成的各种浅色漆。实色水性木器漆也可以制成红、黄、蓝、绿、黑、棕等各种深色漆。实色漆对一些要求颜色鲜艳、色彩丰富的场合特别适用，如儿童室、幼儿园、娱乐场所、宾馆礼堂、玩具等。

白色漆和浅色漆的基料要选用耐黄变的乳液或水分散体，以免日久变黄。其他深色漆对基料的耐黄变性要求可小一些。对于白色漆，钛白粉的用量通常达到 20% 左右，调其他浅色漆可根据颜色的深浅，酌减钛白粉的用量。

① 亮光白面漆配方见表 10-44。

表 10-44　亮光白面漆配方

序号	原料	用量/%	功能	供应商
1	PU-4	100	聚醚聚氨酯分散体	新东方精细化工厂
2	Surfynol 104	1.0	润湿剂	Air Products
3	Surfynol DF210	0.25	消泡剂	Air Products
4	R-706	20.0	钛白粉	DuPont
5	Surfynol DF75	0.2	消泡剂	Air Products
6	Surfynol Dynal604	0.02	流平剂	Air Products
7	丙二醇丁醚	6.0	成膜助剂	工业
8	乙二醇	2.0	助溶剂	工业
9	Acrysol RM2020	0.2	流变助剂	Rohm&Haas

工艺：在罐中依次加入 1～3，搅拌均匀后加入 4，高速分散至细度小于 $50\mu m$，再加 5～8 搅拌均匀，最后加 9，减速消泡，检验合格后以 $150～200$ 目网过滤包装。

将消泡剂 Surfynol DF75 和 Surfynol DF210 配合使用消泡效果更好，特别适合刷涂施工。为了提高耐黄变性，可在成品漆中加 0.3% 的紫外线吸收剂浆，其组成为：

原料	用量/%	供应商
Tinuvin 1130	66.0	Ciba
Tinuvin 292	33.3	Ciba
丁酮	200.0	工业

但是丁酮会给水性木器漆带来不良气味。

② 户外用亮光白面漆配方见表 10-45。

表 10-45　户外用亮光白面漆配方

序号	原料	用量/%	功能	供应商
1	NeoCryl XK12	60.0	丙烯酸自交联乳液	DSM
2	水	9.0	分散介质	
3	AMP-95	0.1	pH 调节剂	Angus
4	乙二醇丁醚	1.0	成膜助剂	工业
5	Filmer C40	2.0	成膜助剂	Union Carbide
6	Hydropalat 100	0.8	流平剂	Cognis
7	Dehygant LFM	0.1	防霉剂	Cognis
8	PE-100	0.1	润湿剂	Cognis
9	R-706	25.0	金红石型钛白粉	DuPont
10	Dehydran 1293	0.85	消泡剂	Cognis
11	Dehydran 1620	0.65	消泡剂	Cognis
12	DSX 3075	0.4	增稠剂	Cognis

工艺：在罐中先加入 1、2，搅匀，依次加入 3～8，混匀后加入 9，在 $1000～12000 r/min$ 下分散至细度小于 $30\mu m$，转成 $500 r/min$ 下加 10 和 11，最后用 12 增稠剂调节黏度。

该配方漆的主要性能：表干 15min，硬度为 HB～1H，附着力 1 级，光泽（60°角）为 75。

以 XK12 为基料漆的耐黄变性能好，适合用于制户外用白面漆。

③ 高光、零 VOC 水性醇酸白面漆配方见表 10-46。

表 10-46　高光、零 VOC 水性醇酸白面漆配方

序号	原料	用量/%	功能	供应商
1	ADDITOL VXW6208	1.47	分散剂	Cytec

续表

序号	原料	用量/%	功能	供应商
2	水	6.90	分散介质	
3	Patco 519	0.03	消泡剂	Patco
4	Patco 577	0.03	消泡剂	Patco
5	Kronos 2310	24.05	钛白粉	Kronos
6	Resydrol VAY 6278W	60.03	丙烯酸改性水性醇酸	Solutia
7	ADDITOL VXW6206	0.11	催干剂	Cytec
8	Troykyd Anti-Skin B	0.11	防结皮剂	Troy
9	Patco 519	0.02	消泡剂	Patco
10	Patco 577	0.02	消泡剂	Patco
11	BYK 302	0.17	增滑流平剂	BYK
12	Acrysol RM-8W	0.32	增稠剂	Rohm&Haas
13	Acrysol RM2020	2.26	增稠流平剂	Rohm&Haas
14	Tint-Ayd WD 2018	0.07	色料	Daniel Products
15	水	4.41	分散介质	

该配方中没有成膜助剂，VOC 为零。Resydrol VAY 6278W/45WA 是丙烯酸改性核壳结构醇酸乳液，比起 Resydrol AY 586W/45W 有更高的丙烯酸酯含量，配方中乳液用量大，光泽更高。

漆的性能如下：pH 为 8.0～8.5；斯托默黏度约 100KU；固含量 52%；PVC18.8%；颜基比 90%；闪点＞100℃；干燥速率为指触干 15min，不黏 60min，全干 2h；光泽（20°角）为 50，光泽（60°角）为 80；铅笔硬度（7d）HB；铅笔硬度（30d）F。

④ 高级亚光白面漆配方见表 10-47。

表 10-47 高级亚光白面漆配方

序号	原料	用量/%	功能	供应商
1	水	9.83	分散介质	
2	丙二醇	5.75		
3	Tamol 1124	0.56	分散剂	Rohm&Haas
4	AMP-95	0.53	pH 调节剂	Angus
5	Drewplus L-464	0.29	消泡剂	Drew Industrial
6	Triton CF-10	0.24	表面活性剂	Union Carbide
7	Burgess 97	6.23	高岭土	Burgess
8	R-706	17.26	钛白粉	DuPont
9	Minex 7	1.92	长石粉	Unimin
10	Attagel 50	0.48	触变增稠剂	Engelhard
11	Nopco DSX 2000	0.77	高剪流变剂	Nopco
12	Proxel GXL	0.19	防霉剂	Zeneca Biocides

续表

序号	原料	用量/%	功能	供应商
13	Aquamac 440	46.99	苯丙乳液	Mc Whorter Technologies
14	Drewplus L-475	0.24	消泡剂	Drew Industrial
15	水	2.54	分散介质	
16	醇酯-12	2.49	成膜助剂	工业
17	Triton X-405	0.14	润湿剂	Union Carbide
18	水	3.36	分散介质	
19	Acrysol RM-5	0.19	流变改性剂	Rohm&Haas

工艺：将 1～12 高速分散至细度达到 $40\mu m$，然后依次加入 13～17，混合均匀，最后将 18 和 19 预混后缓缓加入增稠，检验合格后过滤出料包装。

漆的性能：PVC 为 27.7%，固含量为 49.1%，斯托默黏度 95KU，pH9.4，光泽（60°角）为 42，光泽（85°角）为 73.5，VOC236g/L。

（9）双组分水性木器漆　双组分水性木器漆比起常见的单组分水性木器漆有着更好的综合性能。通常添加交联固化剂使成膜聚合物发生化学反应，形成网络结构，从而大大提高了漆膜的性能，特别是耐水性、耐化学品、耐污渍、抗粘连性、抗划伤性、耐烫、耐磨等性能表现更为突出。多数情况下还能提高漆膜的硬度和附着力。

水性木器漆可用的室温交联固化剂有多异氰酸酯型、氮丙啶型、环氧型等多种类型。非室温固化条件下水性木器漆的交联方法有：在加温固化的情况下可采用氨基树脂；在紫外线光固化时则添加紫外线光引发剂；此外，利用空气中氧气使成膜物质交联聚合，也是提高漆膜性能的方法。

① 双组分低 VOC 聚氨酯清漆配方见表 10-48。

表 10-48　双组分低 VOC 聚氨酯清漆配方

A 组分

序号	原料	用量/%	功能	供应商
1	Daotan VTW 6470	61.6	水性聚氨酯	Solutia
2	水	4.3	分散介质	

B 组分

序号	原料	用量/%	功能	供应商
1	Tolonate HDT-LV	29.8	脂肪族异氰酸酯固化剂	Rhodia
2	乙酸异丁酯	4.4	稀释剂	工业

施工方法：在强烈搅拌下将 B 加入 A 中，充分混合均匀。诱导期 30min，待诱导期过后再涂装。Tolonate HDT-LV 未经亲水改性，黏度大，必须经过强力搅拌才能混合均匀。

② 双组分水性丙烯酸改性聚氨酯清漆配方见表 10-49。

表 10-49 双组分水性丙烯酸改性聚氨酯清漆配方

A 组分

序号	原料	用量/%	功能	供应商
1	Daotan VTW 6470	305.7	水性羟基聚氨酯	Solutia
2	Macrynal VSM 2521	280.3	水性丙烯酸多元醇	UCB
3	丙二醇甲醚乙酸酯	35.4	成膜助剂	工业
4	水	32.6	分散介质	

B 组分

序号	原料	用量/%	功能	供应商
1	Tolonate HDT-LV	29.8	脂肪族异氰酸酯固化剂	Rhodia
2	丙二醇甲醚乙酸酯	43.3	稀释剂	工业

配漆：质量比按以上配方 A、B 所示，混合施工时按体积比 3/1，混合后涂装。

产品性能：不挥发分 47.9%，铅笔硬度 3H，光泽（60°角）为 100，耐磨耗（CS-17，1000g/1000r）。

③ 双组分白漆配方见表 10-50。

表 10-50 双组分白漆配方

A 组分

序号	原料	用量/%	功能	供应商
1	Macrynal SM 6810W/42WA	50.90	水性羟基丙烯酸树脂	UCB
2	Kronos 2160	28.40	钛白粉	KronosUSA
3	Surfynol 104-50BG	0.90	润湿剂	Air Products
4	Additol VXW 6208	3.20	分散剂	Cytec
5	Borchigel LW44/水(1/1)	0.30	增稠剂	Borchers
6	Additol XW 6503(10%甲氧基丙醇液)	0.60	增滑流平剂	Cytec
7	水	3.90	分散介质	
8	Laectimon WS	1.00	分散剂	BYK
9	Borchigel LW44/水(1/1)	0.30	增稠剂	Borchers
10	醇酯-12	0.90	成膜助剂	工业
11	水	9.60	分散介质	

B 组分

序号	原料	用量/%	功能	供应商
1	Bayhydur VPLS 2319	16.70	异氰酸酯固化剂	Bayer AG
2	乙二醇丁醚乙酸酯	4.30	稀释剂	工业

工艺：将 A 组分的 1～7 预混 20min，经砂磨机研磨 30min 至细度小于 30μm，依次加入 8～11，搅拌混合均匀，静置脱泡 24h 后过滤、包装。B 组分搅拌均匀

备用。

配漆：将 A 组分和 B 组分搅拌混合 10min，用水调节黏度以满足施工要求，静置 20min 后涂装。

产品性能：A 组分：黏度（DIN53211/23℃/4mm）约 40s，pH 值为 8.0～8.5。

　　　　　B 组分：均匀液体。

漆的性能：喷涂黏度（DIN53211/23℃/6mm）约 22s，固含量（喷涂黏度下）约 55%，NCO/OH 为 1.4∶1，颜基比 72%，有机溶剂含量约 7.2%，VOC 约 184g/L，适用期 1h，实干（室温下）6h，光泽（20°角）约 80，闪点＞65℃，Konig 摆杆硬度计（室温，3d）78s/50μm 膜厚。

（10）水性木器漆着色剂　水性木器漆着色剂又称水性擦色剂。木材擦色后再罩清漆，形成所谓的透明色漆效果。典型的颜色有仿红木、琥珀红、琥珀黄等。木材着色常用的方法是将水溶性或醇溶性染料配成所需要的颜色，均匀擦涂在木材表面。另一个方法是用透明颜料或普通颜料与乳液和助剂制成专用的着色剂对木材上色。在此要讨论的主要是着色剂配方。

木材着色往往不采用染料直接加入清漆中着色的方法，因为那样着色颜色极不均匀，涂装后漆膜厚的地方色深，漆膜薄的地方色浅。除刷涂导致的漆膜颜色不均匀外，木材表面的不平整也会导致颜色的不均匀。使用擦色剂将颜色擦涂于木材表面，由于不会形成厚涂膜，并且可局部补色，易于擦成均匀的颜色。木材着色也有采用刷涂、喷涂和浸涂法施工的，颜色均匀性都不及擦涂法容易控制。

① 红木着色剂配方见表 10-51。

表 10-51　红木着色剂配方

序号	原料	用量/%	功能	供应商
1	水	53.70	分散介质	
2	Colloid 681-F	0.10	消泡剂	Colloids
3	Natrosol 250 HR	0.80	羟乙基纤维素	Hercules
4	Tamol 731	0.80	分散剂	Rohm&Haas
5	Igepal CO-630	0.15	表面活性剂	Stepan
6	三聚磷酸钾	0.10	分散剂	工业
7	丙二醇	1.40	助溶剂	工业
8	PMA-100	0.05	防腐剂	Cosan
9	凹凸棒土	0.90	增稠剂	工业
10	氧化铁红	2.45	着色剂	工业
11	醇酯-12	0.5	助溶剂	工业
12	Colloid 681-F	0.25	消泡剂	Colloids
13	水	28.00	分散介质	
14	76 RES 3077	10.80	乙烯-丙烯酸乳液	Unocal

工艺：将 1～10 高速分散至细度达 50μm 以下，降速后加入其余组分混合均匀，过 100～120 目滤网，包装。

产品性能：PVC12.9％，期托默黏度为 75～80KU，固含量 10.0％，密度 1.04g/cm^3，pH8.5。

② 擦色剂基料配方见表10-52。

表 10-52 擦色剂基料配方

序号	原料	用量/%	功能	供应商
1	Resydrol AY 586W/45WA	43.90	水性醇酸	Solutia
2	AMP-95	0.50	pH 调节剂	Angus
3	Troykyd Anti-Skin B	0.20	防结皮剂	Troy
4	Additol VXW 6206	0.20	催干剂	Cytec
5	水	9.75	分散介质	
6	Isopar H	12.43	无味石油溶剂油	Lyondell
7	水	31.00	分散介质	
8	Acrysol RM-8W	2.02	增稠剂	Rohm&Haas

产品性能：外观为膏状体，pH 为 8.5～9.5，固含量 20.3％，VOC36g/L。该配方所做产品为擦色剂基料，可以搭配各种颜料或色浆做成用户所需的各种颜色。

第十一章
粉末涂料配方设计

第一节　粉末涂料概述

一、粉末涂料的发展史

粉末涂料是由各种固体物质经物理机械加工后的一种粉末状的产品。其所选用的每一种成分，均是为提高涂膜质量、满足特种功能要求、适应生产制造工艺、改善喷涂施工条件和降低产品成本等方面的要求。所得产品应该是均匀的分散体系，它的每个颜料粒子，不但要完全被树脂成分所润湿，而且都包含有相同的成分，这样所得的涂膜才能达到预期的效果。粉末涂料发展的关键事件如表 11-1 所示。

① 1962 年法国 Same 公司发明了静电喷涂设备；

② 1964 年荷兰 Shell 公司热固性环氧粉末涂料问世；

③ 1966 年美国颁布限制涂料中有机溶剂对空气污染的"66 法规"；

④ 20 世纪 70 至 80 年代，由于 73 年第一次石油危机和 79 年第二次石油危机，欧美国家对 VOC 的控制标准越来越多，很多新的产品得到发展；

⑤ 20 世纪 80 年代以后，进入了高速发展时期，也是我国广泛开始应用的时期，用量增长率从 80 年代末近 100% 的高速增长到现在的 25% 的年增长。

二、粉末涂料与溶剂型涂料的特点比较

粉末涂料是一种不含溶剂的 100% 固体粉末状涂料，与传统的溶剂型涂料相比，其特点如表 11-1 所示。

表 11-1　粉末涂料与溶剂型涂料的比较

项目	粉末涂料与涂装	溶剂型涂料与涂装
一次涂装涂膜厚度/μm	50～150	10～30
薄涂	难	容易
厚涂	容易	难

续表

项目	粉末涂料与涂装	溶剂型涂料与涂装
涂装线自动化	容易	一般
喷溢涂料的回收再用	可以	不可以
涂膜性能	好	一般
成膜温度	高	低
大气污染	没有	有
火灾污染	没有	有
毒性	没有	有
粉尘污染	有,但少	没有
粉尘爆炸问题	有,但少	没有
涂装劳动生产效率高	一般	
专用涂装设备	需要	不需要
熟练生产操作技术	不需要	需要
涂料换色和调色	麻烦	简单
溶剂的浪费	没有	有
涂料运输方便程度	方便	不方便
涂料的贮存	比较方便	不方便

第二节　粉末涂料的种类

粉末涂料的品种虽然没有像溶剂型涂料那样繁多，但可作为粉末涂料的聚合物树脂也很多，总的可分为热固型和热塑型两大类。

一、热固型粉末涂料

热固型粉末涂料以热固性树脂作为成膜物质，加入起交联反应的固化剂经加热后能形成不溶不熔的质地坚硬涂层。温度再高，该涂层也不会像热塑型涂层那样软化，而只能发生分解。由于热固型粉末涂料所采用的树脂为聚合度较低的预聚物，分子量较低，所以涂层的流平性较好，具有较好的装饰性，而且低分子量的预聚物经固化后，能形成网状交联的聚合物，因而涂层具有较好防腐性和机械性能，故热固型粉末涂料发展尤为迅速。

热固型粉末涂料常见的种类有以下几种。

（1）环氧树脂粉末涂料　环氧树脂粉末涂料以环氧树脂为主要原料，其漆膜的附着力、硬度、柔韧性较好，此外还具有优异的耐化学药品性、机械性能、电绝缘性、耐水及防腐性能，具有优异的反应活性和贮藏稳定性。其缺点是室外耐候性差，容易老化，因此一般不用于户外产品的表面涂装，而主要用于功能性粉末涂料，即高防腐的粉末涂料，如管道内外壁、汽车零部件、电绝缘涂层、海运集装箱等的涂料。

（2）聚酯粉末涂料　聚酯粉末涂料是由聚酯树脂、固化剂、着色颜料、填料和助剂等组成的热固性粉末涂料。为了区别于环氧-聚酯粉末涂料，习惯上叫做纯聚酯粉末涂料。聚酯粉末涂料具有较好的耐候性，常用于空调外置机、路灯、割草机、公园设施、户外用具、农用机等产品的表面涂装。聚酯粉末涂料的品种较多，主要品种包括羧基聚酯树脂＋异氰脲酸三缩水甘油酯（TGIC）固化体系；羧基聚酯树脂＋羟烷基酰胺（HAA，商品名 PrimidXL522 或 T105）固化体系；羧基聚酯树脂＋环氧化合物（PT910）固化体系；羟基聚酯树脂＋四甲氧甲基甘脲（Powderlink1174）固化体系等。羟基聚酯树脂用封闭型多异氰酸酯固化的体系，在我国也归类为聚氨酯粉末涂料。

（3）环氧-聚酯粉末涂料　环氧-聚酯粉末涂料采用环氧树脂和聚酯树脂为主要原料配制而成，是一种混合型粉末涂料。该涂料显示出环氧组分和聚酯组分的综合性能，具有良好的流平性、装饰性和耐热性。此外，环氧树脂能降低配方成本，并赋予漆膜耐腐蚀性、耐水性等，而聚酯树脂则可改善漆膜的耐候性和柔韧性等。这种混合树脂具有容易加工粉碎、固化反应中不产生副产物的优点，是目前粉末涂料中应用最广的一类。

（4）丙烯酸粉末涂料　丙烯酸粉末涂料具有优良的保光性、耐候性和贮存稳定性，且物理机械性能和电气绝缘性能良好。其涂膜平整光亮、色泽浅淡、透明度高、耐污性好，具有高级装饰性，是继环氧-聚酯粉末涂料和聚酯粉末涂料之后迅速发展起来的高耐候性、高装饰性粉末涂料，已有丙烯酸缩水甘油酯（GMA）系列和含羟基官能团的丙烯酸树脂（HFA）系列应用于工业生产中。

二、热塑型粉末涂料

热塑型粉末涂料是 1950 年代开始出现的，它在喷涂温度下熔融，冷却时凝固成膜。由于加工和喷涂方法简单，粉末涂料只需加热熔化、流平、冷却或萃取凝固成膜即可，不需要复杂的固化装置，大多使用的原料都是市场上常见的聚合物，多数条件下都可满足使用性能的要求。但也存在某些不足，诸如熔融温度高，着色水平低，与金属表面黏着性差等。尽管如此，常用的热塑型粉末涂料仍表现出一些特有的性能，其中聚烯烃粉末涂料具有极好的耐溶剂性；聚偏氟乙烯涂料具有突出的耐候性；聚酰胺具有优异的耐磨性；聚氯乙烯具有较好的价格/性能比；热塑型聚酯粉末涂料具有外观漂亮、艺术性高等优点。这些特性使热塑型粉末涂料在涂料市场中占有很大比例。

（1）聚氯乙烯粉末涂料　聚氯乙烯粉末是工业化大规模生产的最便宜的聚合物之一。它具有极好的耐溶剂性，对水和酸的耐蚀性好，耐冲击，抗盐雾，可防止食品污染和对静电喷涂有高的绝缘强度。主要用于涂装金属网板、钢制家具、化工设备等。

（2）聚乙烯粉末涂料　聚乙烯粉末涂层具有优良的防腐蚀性能、耐化学药品性及优异的电绝缘性和耐紫外线辐射性。缺点是机械强度不高，对基体的附着力较差。可用于涂装化工池槽、叶轮、泵、管道内壁、仪表外壳、金属板材、冰箱内网板、汽车零部件等。

（3）聚酰胺粉末涂料　聚酰胺又称尼龙，由于分子链上氨基的氮原子与相邻链段上的氢原子易形成氢键，所以聚酰胺树脂的熔点一般都较高。尼龙具有机械强度高、抗冲击性能优良、耐磨性和摩擦系数小、吸尘低等优点，可用于特殊要求的部件，如用于涂装水泵叶轮、纺织机械零部件、柴油机的起动活塞零部件、帆船推进器叶轮、汽车车轮、摩托车支架、农业机械、建筑和运动器材等。另外，由于尼龙的抗盐水和对霉菌、细菌的惰性，很适于制造浸于海水或接触海水的涂层，同时尼龙粉末涂料无毒、无味，不被霉菌侵蚀，不会促使细菌生长，很适于喷涂食品工业的零部件、饮用水管和食品包装等。

第三节　粉末涂料的组成

一、成膜物质

粉末涂料的成膜物质有：环氧树脂、聚酯树脂、聚丙烯酸环氧酯、TGIC[1] 固化剂、双氰胺固化剂、二酸固化剂、HAA[2] 固化剂、封闭型 IPDI[3] 等。

二、着色颜料和填料

① 常用的着色颜料：钛白粉、炭黑、有机颜料、无机颜料、金属颜料（Al粉、Cu 粉）、珠光颜料。

② 常用填料：碳酸钙、硫酸钡、云母粉、硅酸铝、滑石粉、石英粉等。

三、助剂

粉末涂料常用助剂有：流平剂、增光剂、消光剂、纹理剂、松散剂、除泡剂、紫外线吸收剂、固化促进剂、腊粉。

四、载体

如果说水性涂料的载体为水和溶剂，溶剂型涂料的载体为石油溶剂，那么粉末涂料的载体为空气或无载体。

第四节　粉末涂料配方设计的化学基础
（成膜物质的化学反应）

一、混合型粉末涂料成膜物质的化学反应

① 粉末涂料用环氧树脂通常采用平均环氧值 E（每 100g 树脂中所含环氧基的

---

[1] TGIC 为异氰尿酸三缩水甘油酯。

[2] HAA 为 β-羟烷基酰胺。

[3] IPDI 为异佛尔酮二异氰酸酯。

克数）为 0.12（命名为 E-12 或 604）的双酚 A 型环氧树脂，其分子结构如下。

$$H_2C-CH-CH_2O \left[\text{(芳环)} C(CH_3)_2 \text{(芳环)} OCH_2-CH-CH_2-O \right]_n$$

$$\text{(芳环)} C(CH_3)_2 \text{(芳环)} -OCH_2CH-CH_2$$

其中平均聚合度 $n=4$，实际聚合度为 $n=3.83\sim6.53$，相对分子质量范围 $1429\sim2222$。

② 混合型粉末涂料用聚酯树脂通常为饱和型末端为羧基的聚酯树脂 HOOC—PE—COOH，端羧基的酸值通常为 $30\sim80$ mg KOH/g，在固化时反应如下。

$$H_2C-CH-CH_2-O-R-OCH_2-HC-CH_2 + HOOC-PE-COOH \longrightarrow$$

$$H_2C-CH-CH_2O-R \left[OCH_2-CH-CH_2OOC-PE-C \right]_n OH \quad \text{(等当量)}$$

$$HOOC-PE \left[COOCH_2-\underset{OH}{CH}-CH_2O-R-OCH_2-\underset{OH}{CH}-CH_2-COO-PE-C \right]_n OH \quad \text{(聚酯树脂过量)}$$

$$H_2C-CH-CH_2O-R \left[OCH_2-\underset{OH}{CH}-CH_2OOCPE-COO-CH_2-\underset{OH}{CH}-CH_2-OR \right]_n OCH_2-$$
$$-HC-CH_2 \quad \text{(环氧树脂过量)}$$

每 100g 环氧树脂所需聚酯树脂理论量，可以通过下式得到：

$$W_{PE}=E_{EX}/A_{PE}\times56100$$

例如，$A_{PE}=70$，$E_{EX}=0.12$，则 $W_{PE}=96.2$。

由于一般 PE 比 EX 便宜，通常在配方中选择 PE 过量一些，因此常用的混合型树脂中我们分为 50/50 混合型树脂（A_{PE} 约为 $65\sim75$），60/40 混合型树脂（A_{PE} 约为 $48\sim58$），70/30 混合型树脂（A_{PE} 约为 $32\sim38$）。

二、聚酯+TGIC 的化学反应

TGIC（异氰尿酸三缩水甘油酯）分子结构如下。

$$\text{（三嗪环结构，含 } N\text{、}CH_2 \text{ 与环氧基团）}$$

TGIC 分子量为 97，环氧值 E 通常为 0.93，为一三官能团固化剂，能生成交联密度大的产物，同时因为不含苯基和醚键，因此在户外的耐候性能优越，是户外用粉末涂料的首选成膜物质，固化时发生的反应为：

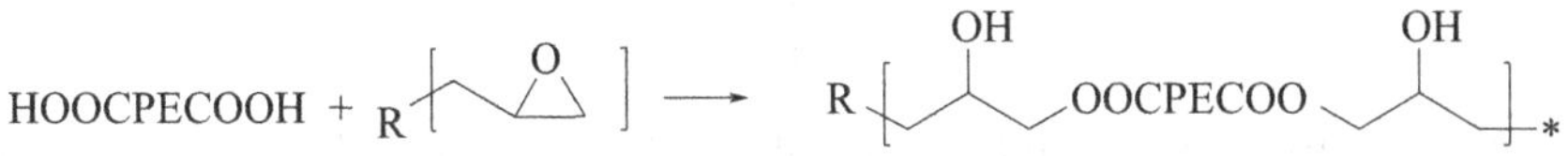

HOOCPECOOH + R ──◁O▷] ⟶ R─[─OH─OOCPECOO─OH─]─*

每 100g 聚酯树脂与 TGIC 用量的关系可以通过下式计算，由于 TGIC 价格较高，我们通常选用低酸值树脂与其配套。

$$W_{TGIC} = A_{PE} \times 100 / E_{TGIC} \times 56100$$

例如，$A_{PE} = 25$ 时，$W_{TGIC} = 0.048$。

下面列出常用酸值树脂与 TGIC 的比例。

$A_{PE} = 50$　　90/10
$A_{PE} = 25$　　95/5
$A_{PE} = 33$　　93/7（标准）
$A_{PE} = 20$　　96/4

三、HAA 的化学反应

HAA 指 β-羧烷基酰胺，典型品种是四（N-β-羧乙基）己二酰胺。

羟值为 81~85mg KOH/g，当量为 82~86g/eq，比 TGIC 略低，因此同样酸值的聚酯树脂需要 HAA 量比 TIGC 更少。

$A_{PE} = 50$　　93/7
$A_{PE} = 33$　　95/5（标准）
$A_{PE} = 25$　　96/4
$A_{PE} = 20$　　97/3

固化反应时发生如下反应：

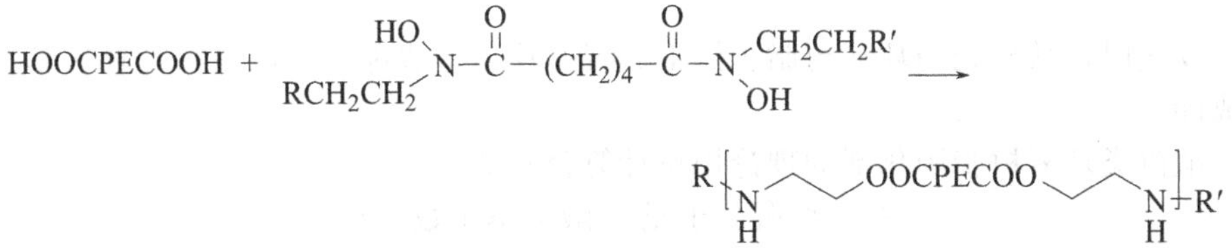

HOOCPECOOH + HO─N(─RCH$_2$CH$_2$)─C(=O)─(CH$_2$)$_4$─C(=O)─N(─CH$_2$CH$_2$R′)(─OH) ⟶

R─[─N(H)─CH$_2$CH$_2$─OOCPECOO─CH$_2$CH$_2$─N(H)─]─R′

四、环氧树脂 + 固化剂的化学反应

（1）环氧树脂　环氧树脂可直接用多元胺固化制得纯环氧的粉末涂料，多元胺通常有以下几种。

① 双氰胺，固化温度 200℃以上，因此可用作高温固化涂料的固化剂，其分子结构如下。

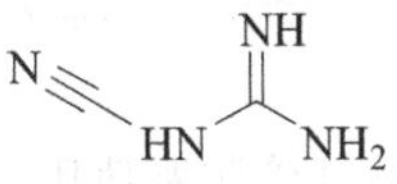

N≡C─NH─C(=NH)─NH$_2$

② 咪唑类，固化温度 150℃左右，可用作双氰胺固化促进剂，其分子结构如下。

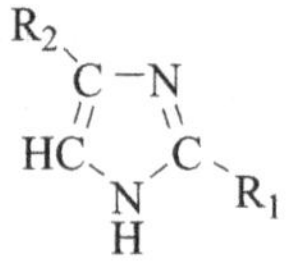

③ 二酰胺，固化温度 160℃左右，也可用双氰胺固化促进剂，其分子结构如下。

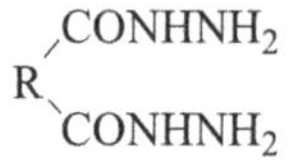

胺类与环氧树脂发生如下反应：

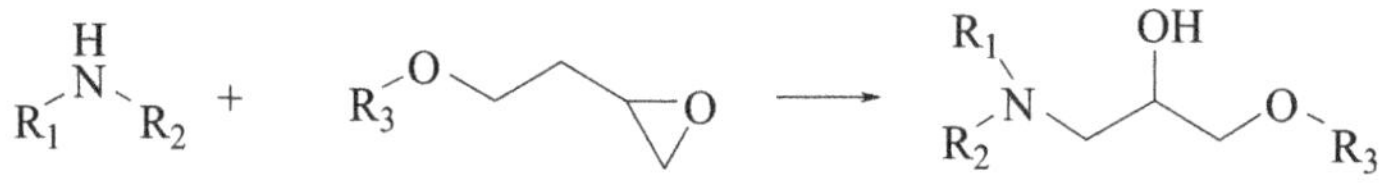

胺类固化剂理论量可用以下公式计算：

$$G = M / H_n \times E$$

式中　G——每 100g 环氧所需胺的质量，g；

　　　M——胺的分子量；

　　　H_n——氨基上的活动氧数。

（2）环氧树脂可用酸酐固化　其反应如下：

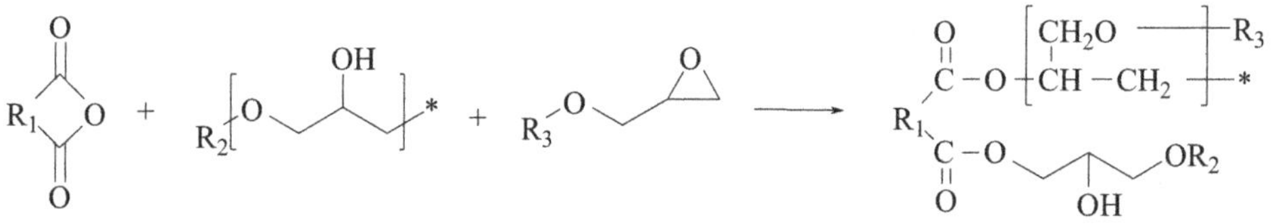

反应时，酸酐先与环氧树脂主链上的羟基反应生成酯和羧酸，再与环氧基反应生成酯。

酸酐类环氧树脂固化剂的理论用量计算公式如下：

$$G = 酸酐分子量 / 酸酐基个数 \times E$$

（3）线性酚醛树脂可用酸酐固化　其反应如下：

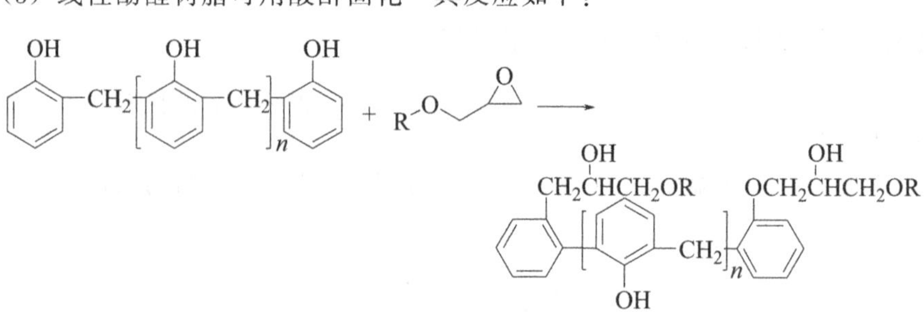

这类涂料通常用于输油管、输气管防腐使用。

五、羟基聚酯树脂（或羟基丙烯酸树脂）+ 封闭型 IPDI 的化学反应

通常用的羟基端聚酯树脂，羟值在 $35\sim45\rm{mg\ KOH/g}$ 之间，IPDI 通常用 ε-己内酰胺封闭，在 $140\sim160℃$ 的分解放出 ε-己内酰胺，游离的—NCO 与羟基发生反应。

$$2HO-R_1-OH + R_2 \overset{NCO}{\underset{NCO}{\diagup}} \longrightarrow R_2 \overset{NH-\overset{O}{\overset{\|}{C}}-OR_1-OH}{\underset{NH-\underset{\|}{\underset{O}{C}}-OR_1-OH}{\diagup}}$$

理论用量的计算可用下式：

例如：

$$\frac{\text{固化剂用量（g）}}{\text{树脂用量（g）}}=\frac{\text{树脂羟值}/56100}{\text{固化剂 NCO}\%^{❶}/42}$$

$\dfrac{\text{树脂羟值}40}{\text{固化剂 NCO}\%15}$时，$\dfrac{\text{固化剂用量}}{\text{树脂用量}}=\dfrac{17}{83}$

通常 80/20 树脂中封闭型 IPDI 过量。

六、丙烯酸缩水甘油酯 + 长碳二元酸的化学反应

丙烯酸缩水甘油酯、聚酯树脂与 IPDI 的反应如下：

上述反应产物可进一步反应生成环氧树脂、聚酯树脂和聚氨酯等。

---

❶指异氰酸酯的质量分数（%）。

第五节 粉末涂料配方设计中的原料选择

一、颜料

由于粉末涂料在 180~200℃ 固化的特殊性，因此对涂料中颜料的选择，首先必须满足耐热性的要求，并且 180~200℃ 左右温度对色差的影响不大。因此通常要求颜料对光的耐候等级 7~8（DIN54003）、对耐热级数 5 以上（DIN54002）、耐过渡烘烤 4~5 级（DIN54002）、耐候等级 4~5 级（DIN54001）。

1. 无机颜料

（1）白色颜料 钛白粉是目前常用也是最好的白色颜料，R 型金红石型在粉末涂料中用量最大。

（2）黑色颜料 炭黑是最重要的黑色颜料，常用日本三菱公司的 MA100，卡博特公司的 4 号、6 号炭黑也常用到。

（3）氧化铁系列颜料 氧化铁系列颜料主要有铁红、铁黄、铁黑等一系列产品，因其价格低廉、无毒、易分散、耐热等的突出优点，在粉末涂料应用非常普遍。

（4）群青系列颜料 群青系列颜料主要有多硫化钠、铝磷酸钠，色相丰富，从粉红到紫色都有，耐热性良好，无迁移性、无毒，易分散，但着色力较差，在户内用粉末涂料中常需着色和微调，由于耐酸、耐碱性差，户外一般不采用。

（5）铅、铬、镉系颜料（含 PbO、CrO_3、CdS） 铅、铬、镉系颜料主要包括铬黄、钼铬红、铬绿、镉黄等，该类颜料颜色鲜艳，耐酸碱性强，着色力强，易分散，曾经在粉末涂料中广泛使用。但近年来，由于环保需要，含铬、铅、镉黄等重金属的颜料已逐步被禁用。

2. 有机颜料

1895 年出现了第一个合成有机颜料（颜料红 1、PR1 对位红），自此，合成有机颜料进入了快速发展的道路。目前全世界每年消耗的有机颜料超过 15 万吨（其中油墨和涂料工业使用量占到四分之三）。

有机颜料色彩鲜明，着色力强，密度小，无毒性。但部分品种的耐光、耐热、耐溶剂和耐迁移性不如无机颜料。

常用有机颜料按化学结构可分为偶氮涂料、酞菁颜料、多环颜料、三芳甲烷颜料等。其中在粉末涂料中常用的有耐热较好的偶氮颜料、酞菁颜料和多环颜料。

3. 金属颜料

（1）铜金粉 又称金粉、铜粉、黄铜粉，主要为 Cu-Zn 合金，呈金黄色的细粉末，主要有红光、青红光及青光三种，可用于粉末涂料中（后添加），呈现各种金黄色外观的表面效果。

（2）铝银粉 又称银粉、铝粉，主要是 Al 粉，用于粉末涂料中，呈现各种银色表面效果。

（3）珠光粉。

4. 填料

常用在不影响性能的情况下降低材料成本。常用填料有沉淀硫酸钡（$BaSO_4$）、重晶石粉（$BaSO_4$）、轻质碳酸钙（$CaCO_3$）、重质碳酸钙（$CaCO_3$）、滑石粉（$3MgO \cdot 4SiO_2 \cdot H_2O$）、石英粉（$SiO_2$）、硅石（$CaSiO_3 \cdot SiO_2 \cdot xH_2O$）、硅藻土（$SiO_2$）、合成石英粉（$SiO_2$）、白炭黑（气相二氧化硅 SiO_2）、高岭土（$Al_2O_3 \cdot 2SiO_2 \cdot 2H_2O$）、云母粉（$K_2O \cdot 3Al_2O_3 \cdot 6SiO_2$）。

二、助剂

粉末涂料的发展，除了成膜物质（树脂、固化剂）的发展外，还离不开各类助剂的研究和技术进步。

粉末涂料常用的助剂有脱气剂、流平剂、消光剂、光亮剂、润湿剂、光稳定剂、疏松剂、紫外线吸收剂、抗氧剂、各种纹理剂等。

1. 流平剂

由于粉末涂料中不存在有助于润湿和改变流动的溶剂（石油溶剂或水），导致粉末涂料表面流平比溶剂型和水性涂料难得多。流平剂的发展促进了粉末涂料的应用发展。流平剂通常用来通过改变表面张力，消除橘皮、缩孔、针孔、缩边等表面缺陷。

常用的流平剂有以下几种。

（1）聚丙烯酸酯类或含硅丙烯酸酯　例如 Modefolw powder（首诺公司）、Powder flow（BYK 公司）。

（2）GLP 流平剂　GLP 流平剂指带活性基团的流平剂，在流平剂中引入—OH和—COOH 等亲水基团，有利于颜料和基材的润湿。

（3）LA 流平剂　LA 流平剂指脂肪酸酯有机聚合物，通过降低体系的黏度来达到流平的目的。

2. 消光剂

粉末涂料的消光是通过在配方组分中加入消光剂而实现的，通常有物理消光和化学消光两大类。

常用的物理消光剂包括①硬脂酸盐类（常用 Zn 盐，悬浮分散在涂膜表面）、②聚烯烃腊类、③聚酰胺＋金属盐复合物、④金属有机络合物。

化学消光是指通过化学反应来破坏涂膜的平整性达到消光的目的，常用的消光剂包括：

① 互穿网络型（IPN）消光剂。例如苯乙烯-马来酸酐共聚物、含羟基或羧基的丙烯酸共聚物。

② 盐类消光剂。例如咪唑与多元醇和酸酐的盐类，以 HardenerB55、HardenerB68 为代表，常用于纯环氧配方。

3. 脱气剂

常用安息香，能使涂膜在足够长的时间保留空气释放通道，使气泡有充足的时间从涂膜中释放出来，通常添加量为 0.5%。

4. 光亮剂

事实上是一种帮助颜料分散的润湿分散剂通常为聚羧酸盐，通常添加量为 1%。

5. 光稳定剂

常用于户外粉末涂料中起抗氧化作用，常用的光稳定剂包括：①紫外线吸收剂；②抗氧剂。

6. 纹理剂

粉末涂料可以一次性形成各种纹理的效果，因而促进了不同纹理剂的发展。常用的纹理剂包括：①砂纹剂；②皱纹剂；③锤纹剂；④绵绵剂。

三、粉末涂料配方设计原则

1. 各国法律、法规、标准的约束

近年来，各国对涂料中重金属的限制的法规、标准越来越多，特别是对粉末涂料常用的家电行业、IT 行业、婴童制品、玩具行业等的要求越来越高（如 RoHS 指令、EN71、AM963 等标准），因此原来在粉末涂料中常用的铅、铬、镉等颜料基本上已经禁用。

2. 涂层表面性能要求的约束

对涂层表面性能的要求基本上决定了我们应选择什么样的体系。如对于户外用的产品，我们一般选用耐候性较好的聚酯-TGIC、聚酯-HAA，丙烯酸-IPDI 体系。对于户内用的产品，我们一般选用聚酯-环氧混合体系。对于耐腐蚀性要求高的，我们通常选用环氧体系。

3. 涂层成膜温度的约束

由于粉末涂料的成膜温度基本在 $180 \sim 200 \, ^\circ\text{C}$ 之间，因此对树脂、颜料在高温下的稳定性有很高的要求，颜料的耐热、耐过度烘烤性能基本上应达到最高的 5 级。

第六节　粉末涂料配方设计示例

下面介绍以下几种常用的典型粉末涂料配方。

1. 高光白色粉末配方（混合型）

高光白色粉末配方见表 11-2。

表 11-2　高光白色粉末配方

原料	用量/%	说明
环氧树脂	30	成膜物质
聚酯树脂	30	成膜物质,5/5 聚酯
流平剂	1	助剂
增光剂	1	助剂

续表

原料	用量/%	说明
安息香	0.5	脱气剂
钛白粉	0～25	着色颜料
其他着色颜料	少量	着色颜料
硫酸钡	0～50	填料

2. 深蓝高光粉末配方（混合型）

深蓝高光粉末配方见表11-3。

表 11-3 深蓝高光粉末配方

原料	用量/%	说明
环氧树脂	24	成膜物质
聚酯树脂	36	成膜物质,6/4聚酯
流平剂	1	助剂
增光剂	1	助剂
安息香	0.5	脱气剂
分散剂	0.5	增加颜料的分散
蜡粉	0.5	增加表面抗刮伤性
钛白粉	2	着色颜料
硫酸钡	40	填料
酞菁蓝 B	0.6	着色颜料
永固紫 RL	0.05	着色颜料

3. 绿色高光粉末配方（聚酯型）

绿色高光粉末配方见表11-4。

表 11-4 绿色高光粉末配方

原料	用量/%	说明
聚酯树脂	60	成膜物质
TGIC	4.5	固化剂
流平剂	1	助剂
增光剂	1	助剂
安息香	0.5	脱气剂
抗黄变剂	0.4	助剂
紫外线吸收剂	0.3	光稳定剂
钛白粉	5	着色颜料
硫酸钡	35	填料
酞菁绿	1	着色颜料

4. 灰色无光粉末配方（化学消光法,环氧型）

灰色无光粉末配方见表11-5。

表 11-5　灰色无光粉末配方

原料	用量	说明
环氧树脂	60kg	成膜物质
消光剂	6kg	消光剂用量一般为环氧的 10%
流平剂	1kg	助剂
增光剂	1kg	助剂
安息香	0kg	脱气剂,无光粉中可以不加安息香
钛白粉	15kg	着色颜料
硫酸钡	25kg	无光粉中填料可以多加而流平仍较好
铁黄	300g	黄色无机颜料
铁红	15g	红色无机颜料
炭黑	30g	黑色无机颜料

5. 灰色亚光粉末配方(化学消光法)

灰色亚光粉末配方见表 11-6。

表 11-6　灰色亚光粉末配方

原料	光泽度 5 度	光泽度 12 度	说明
环氧树脂	50kg	45kg	成膜物质
聚酯树脂	8kg	15kg	7/3 聚酯,酸值 25 左右
消光剂	5kg	4.3kg	消光剂用量一般为环氧的 10%
流平剂	1kg	1kg	助剂
增光剂	1kg	1kg	助剂
安息香	0	0	这类亚光粉中可以不加安息香
钛白粉	15kg	15kg	白色颜料
硫酸钡	25kg	25kg	填料
铁黄	300g	300g	黄色颜料
铁红	15g	15g	红色无机颜料
炭黑	30g	30g	黑色无机颜料

6. 灰色亚光粉末配方(物理消光法,光泽度 50 度左右)

灰色亚光粉末配方见表 11-7。

表 11-7　灰色亚光粉末配方

原料	用量	说明
环氧树脂	20kg	成膜物质
聚酯树脂	30kg	6/4 聚酯,酸值 50 左右
流平剂	1kg	助剂
增光剂	1kg	助剂
安息香	0.5kg	脱气剂
低光蜡粉	1.5kg	消光蜡粉

续表

原料	用量	说明
钛白粉	15kg	白色颜料
消光硫酸钡	35kg	填料,消光剂
中络黄	300g	黄色颜料
铁红	15g	红色颜料
炭黑	30g	黑色颜料

7. 黄色亚光粉末配方(混合型,物理消光,30 度左右)

黄色亚光粉末配方见表 11-8。

表 11-8　黄色亚光粉末配方

原料	用量	说明
环氧树脂	25kg	成膜物质
聚酯树脂	25kg	成膜物质
消光剂	1kg	助剂
流平剂	1kg	助剂
增光剂	1kg	助剂
安息香	0.5kg	脱气剂
通用蜡粉	1kg	消光剂
硫酸钡	40kg	填料
钛白粉	3kg	白色颜料
铁黄	8kg	黄色颜料
炭黑	0.03kg	黑色颜料

8. 白色亚光粉末配方(聚酯型,化学消光)

白色亚光粉末配方见表 11-9。

表 11-9　白色亚光粉末配方

原料	用量	说明
聚酯树脂	50kg	成膜物质,UCB440/450
TGIC	8kg	固化剂
纯聚酯消光剂	4kg	与 TGIC 近似 1∶1 反应
流平剂	1kg	助剂
增光剂	1kg	助剂
安息香	0.5kg	脱气剂
通用蜡粉	1kg	消光剂
硫酸钡	15kg	填料
钛白粉	30kg	白色颜料
其他着色颜料	少许	着色颜料

9. 灰色皱纹粉末配方（混合型）

灰色皱纹粉末配方见表 11-10。

表 11-10　灰色皱纹粉末配方

原料	用量	说明
环氧树脂	27kg	成膜物质
聚酯树脂	27kg	成膜物质
钛白粉	12kg	白色颜料
硫酸钡	20kg	填料
轻质钙	15kg	钙的流动性小对成纹有好处
缩丁醛	0.8kg	对消除露底缩孔现象有帮助
有机膨润土	0.2kg	阻止流动帮助成纹
皱纹剂	0.12kg	起主要作用的纹理剂
铁黄	0.5kg	黄色颜料
炭黑	0.042kg	黑色颜料

10. 灰色皱纹粉末配方（聚酯型）

灰色皱纹粉末配方见表 11-11。

表 11-11　灰色皱纹粉末配方

原料	用量	说明
聚酯树脂	50kg	成膜物质
TGIC	3.5kg	固化剂
钛白粉	12kg	白色颜料
硫酸钡	35kg	填料
缩丁醛	0.8kg	对消除露底缩孔现象有帮助
有机膨润土	0.2kg	阻止流动帮助成纹
皱纹剂	0.12kg	起主要作用的纹理剂
其他着色颜料	少许	着色颜料

11. 白底花纹粉末配方

白底花纹粉末配方见表 11-12。

表 11-12　白底花纹粉末配方

原料	用量			说明
	白底花纹	白底龟纹	白底	
环氧树脂	70kg	70kg	70kg	成膜物质
钛白粉	25kg	25kg	25kg	白色颜料
缩丁醛	3.2kg	4kg	3kg	固化剂
白炭黑	0.5kg	0.5kg	0.5kg	黑色颜料
双氰胺	2.8kg	2.8kg	2.8kg	固化剂

续表

原料	用量			说明
	白底花纹	白底龟纹	白底	
2-甲基咪唑	0.01kg	0.01kg	0.01kg	助剂
流平剂	0.2kg	0.2kg	0.2kg	助剂
增光剂	0.4kg	0.4kg	0.2kg	助剂
硅橡胶	—	0.15kg	0.15kg	增加塑性

原料	用量			说明
	白底红花	白底绿花	白底茶花	
底粉(120目)	100kg	100kg	100kg	
浮花剂	1kg	1kg	0.2kg	80～180目90% 180目以下10%
彩色颜料	大红粉 0.7kg	酞菁绿 1.5kg	酞菁绿 0.3kg	着色颜料
			炭黑 0.2kg	着色颜料
			黄 0.2kg	着色颜料
			大红粉 0.03kg	着色颜料

12. 黑色绵绵粉（使用内挤绵绵剂，环氧双氰胺体系）

黑色绵绵粉配方见表11-13。

表 11-13　黑色绵绵粉配方

原料	用量			说明
	配方一	配方二	配方三	
环氧树脂	60kg	60kg	60kg	成膜物质
聚酯树脂	—	4kg	—	成膜物质,加聚酯可调节纹理
双氰胺	2.5kg	2.5kg	2.5kg	固化剂,双氰胺用量为环氧的4%
绵绵剂	3kg	3kg	3kg	绵绵剂用量为3%左右
硫酸钡	40kg	40kg	40kg	填料
流平剂	0.4kg	0.4kg	0.4kg	加流平可减少亮点
蜡粉	0.5kg	0.5kg	0.5kg	抗划伤
炭黑	1kg	1kg	1kg	黑色颜料

13. 灰色砂纹粉末配方（填料法，混合型）

灰色砂纹粉末配方见表11-14。

表 11-14　灰色砂纹粉末配方

原料	用量	说明
环氧树脂	20kg	成膜物质
聚酯树脂	20kg	成膜物质
钛白粉	10kg	白色颜料

原料	用量	说明
硫酸钡	25kg	填料
碳酸钙	25kg	填料
蜡粉	1kg	抗刮,防水,增加防腐
缩丁醛	1kg	增加黏结性,填孔隙
增电剂	0.3kg	填料太多,加增电剂改善上粉
颜料	适量	无机颜料

14. 黑色砂纹粉末配方(使用内挤砂纹剂生产,混合型)

黑色砂纹粉末配方见表 11-15。

表 11-15　黑色砂纹粉末配方

原料	用量			说明
	配方一	配方二	配方三	
环氧树脂	20kg	20kg	20kg	成膜物质
聚酯树脂	30kg	30kg	30kg	成膜物质,6/4 聚酯
硫酸钡	50kg	50kg	50kg	填料
砂纹剂	0.1kg	0.1kg	0.1kg	纹理剂
有机膨润土	0.5kg	1kg	1.5kg	填料
流平剂	0.5kg	0.5kg	0.5kg	助剂
增光剂	0.5kg	0.5kg	0.5kg	助剂
蜡粉	1kg	1kg	1kg	消光剂,抗刮伤
电荷调整剂	0.3kg	0.3kg	0.3kg	调节喷涂厚度
炭黑	1kg	1kg	1kg	黑色颜料

15. 粗砂纹粉末配方(聚酯型)

粗砂纹粉末配方见表 11-16。

表 11-16　粗砂纹粉末配方

原料	用量	说明
纯聚酯树脂	50kg	成膜物质
TGIC	5kg	固化剂
钛白粉	8kg	白色颜料
碳酸钙	20kg	填料
硫酸钡	20kg	填料
粗砂纹剂	1kg	纹理剂
砂纹剂	0.3kg	纹理剂
蜡粉	1kg	消光剂
无机颜料	适量	着色颜料

16. 高光银灰底粉末配方

高光银灰底粉末配方见表 11-17。

表 11-17　高光银灰底粉末配方

原料	用量		说明
	透明底粉	灰色底粉	
环氧树脂	35kg	35kg	成膜物质,银灰底粉末配方中树脂的含量比一般粉末涂料中的高
聚酯树脂	35kg	35kg	成膜物质
硫酸钡	30kg	25kg	填料
钛白粉	—	5kg	白色颜料
流平剂	1kg	1kg	助剂
增光剂	1kg	1kg	助剂
安息香	0.5kg	0.5kg	脱气剂
银粉增亮剂	1kg	1kg	使银粉浮到表面并排列整齐
银粉耐磨剂	1kg	1kg	提高银粉表面耐磨性
其他着色颜料	—	少许	灰色底色调到与银灰相近

注：Banding 机混合所需银粉。

第十二章
UV涂料配方设计

第一节 概 述

一、UV涂料简介

UV是Ultraviolet的英文缩写，UV涂料即紫外线光固化涂料，也称光引发涂料、光固化涂料，是通过机器设备自动辊涂、淋涂到基材上，在紫外线的照射下促使引发剂分解，产生自由基，引发单体或预聚体发生化学反应，瞬间固化成膜的涂料，是当前最环保的涂料之一。

UV涂料是20世纪60年代才开始发展起来的，德国拜耳（Bayer）1968年研制开发出第一个UV涂料产品，其商品名称为Rosdydalay，主要组成物为不饱和聚酯和苯乙烯。这种类型的光固化树脂固化速率慢，贮存性不好，而且苯乙烯气味、毒性较大。因此，已逐渐被淘汰。但由于其成本低廉，仍有部分市场。20世纪70年代初，美国sun化学公司开发出了丙烯酸酯单体和多官能团丙烯酸酯及各种贮存性良好的光引发剂，光固化涂料得到了迅猛发展。目前UV涂料被应用于家具、地板、手机、随身听外壳的表面涂装处理，在化妆品容器、电视机及电脑等家用电器领域和摩托车等其他领域也有应用。

二、UV涂料的基本组成

UV涂料因应用领域不同而成分各异，但其基本组成可归纳如下。

1. 紫外线光固化的合成树脂

紫外线光固化的合成树脂即UV涂料低聚物（低聚物也称齐聚物或寡聚物），是UV涂料中的基本骨架，在紫外线光子的作用下形成具有立体结构的漆膜，并赋予漆膜的各种特性，例如硬度、柔韧性、附着力、光泽、耐老化等性能。包括不饱和聚酯、聚酯丙烯酸酯、聚醚丙烯酸酯、醇酸丙烯酸酯、聚氨酯丙烯酸酯和环氧丙烯酸酯等。

2. 可紫外线光固化的活性稀释剂

这种稀释剂主要作用是溶解 UV 涂料中的固体组分，调节体系黏度。UV 涂料中的稀释剂不是一般涂料使用的挥发性有机溶剂，而是直接参与固化成膜过程、具有反应能力的无挥发性溶剂。活性稀释剂就化学结构而言，一般是分子量不大而分子内含有可聚合官能团的一类单体，成膜后成为漆膜的一部分。

活性稀释剂分为单官能度与多官能度两类。

① 单官能度活性稀释剂主要是苯乙烯、丙烯酸单酯、烯丙基醚类等。其主要作用是作为降黏剂，对涂层性能也有一定影响。

② 多官能度活性稀释剂有双官能度、三官能度及多官能度等。其作用是在不使体系的黏度增加的前提下，提高涂膜的交联密度。当然，通过选用不同类型的多官能度活性稀释剂，可以部分改变涂膜的性能。

3. 光引发剂

光引发剂也称光敏剂。光敏剂的作用是在近紫外线的激发下产生自由基，它对光敏感而对热稳定，包括芳羰基化合物、有机硫化合物、有机过氧化物等。

UV 涂料光引发剂是 UV 涂料中的关键组成部分，其作用在于传递紫外线光子的能量，迅速引发单体和低聚物的交联聚合，促进体系的液固转换过程。根据引发机理，光引发剂可分为自由基、阳离子光引发体系及双重固化体系三大类型。

（1）自由基光引发体系

① 自由基光引发剂。自由基光引发体系有两类典型的光引发剂：一类是以安息香醚为代表的单分子光解引发剂；另一类是以二苯酮为代表的双分子反应光引发剂。

② 自由基光固化树脂和活性稀释剂。

a. 丙烯酸类乙烯基酯低聚物。低聚物是光固化树脂的主体，决定光固化树脂的主要性质，大多为端丙烯酸酯的低聚物。低聚物分子量越大，固化时收缩小，固化速率也快，分子量大，黏度升高，需要更多的单体稀释。现在工业化的丙烯酸酯化的低聚物主要有四种类型，即丙烯酸酯化的环氧树脂、丙烯酸酯化的氨基甲酸酯、丙烯酸酯化的聚酯、丙烯酸酯化的聚丙烯酸酯，其中尤以前两种最为重要。

b. 活性稀释剂。活性稀释剂用于稀释低聚物，使树脂体系达到期望的黏度。在选用稀释剂时应考虑如下问题：毒性、挥发性、与低聚物的相容性、稀释能力、固化速率、固化收缩率以及对固化涂膜性能的影响等。稀释剂可分为两类：一类是多官能基单体，即具有两个以上官能基的单体，在固化时，它们起交联剂作用；另一类是单官能基单体，它们一般具有较好的稀释能力。多官能基单体大多为多元丙烯酸酯。

③ 硫醇-烯光固化体系。硫醇-烯光固化体系由自由基光引发体系与硫醇-烯树脂组成。硫醇一般为多元硫醇，烯树脂可以是丙烯酸酯类，也可以是烯丙基醚类，包括单官能基单体和多官能基单体。

硫醇-烯光固化体系是基于硫醇氢原子的活泼性而发明的，当光照时，光敏引发剂如二苯酮可成激发态，激发态的二苯酮可夺取硫醇上的氢原子形成烷基硫自由基，烷基硫自由基可与烯发生加成反应，生成烷基自由基，于是可发生再夺氢反应和再加成反应，如此继续进行便形成链式反应。

（2）阳离子光引发体系

① 阳离子光引发剂。

a. 碘鎓盐与硫鎓盐。最重要的阳离子引发剂是超强酸的二苯碘鎓盐和三苯硫鎓盐。这两种鎓盐在受光照时以类似的方式产生超强酸（质子酸或路易斯酸），同时有自由基生成。

二苯碘鎓盐和三苯硫鎓盐的紫外线鎓最大吸收在远紫外区，在近紫外区没有吸收，而一般紫外灯在远紫外区只有很弱的光发射，所以只用简单的二苯碘鎓盐和三苯硫鎓盐为光引发剂，效率很低。为了改善鎓盐的光谱特性，通常有两个方法，一是扩大鎓盐的共轭程度，使其最大吸收向长波方向移动，例如一般的三苯硫鎓盐的商品吸收区可伸展到 $300 \sim 400nm$；另一个方法是添加增感剂进行增感，碘鎓盐和硫鎓盐与增感剂的作用主要是通过电荷转移的方式完成的。增感作用有两种方式：直接电荷转移和间接电荷转移。

b. 芳茂铁盐。芳茂铁盐是一类较新的阳离子光引发剂，在近紫外有较强吸收，在可见光区也有吸收，因此对光固化非常有利。

二茂铁盐对环氧树脂体系的光聚合反应非常有利，在光照下，二茂铁盐的芳香配位被三个环氧基取代，形成配合物，其中的一个环氧化合物可开环形成阳离子，引发阳离子开环聚合反应，形成聚合物。在常温下，由于二茂铁盐-环氧基配合物、环氧化合物阳离子活性种的形成需要时间，光反应很难获得较高的转化率。有必要对光固化体系进行加热，以降低体系的黏度，提高各分子的运动能力及二茂铁盐中芳基的去除速率，有利于二茂铁盐与环氧基的配位络合，提高阳离子活性种的生成速率。通过外界加热的方式，可有效提高聚合物的反应转化率，获得性能优异的涂膜。

② 阳离子光固化体系的树脂。凡能进行阳离子聚合的单体或多官能基单体原则上均可用于阳离子光固化，使用最多的是环氧化合物和乙烯基醚化合物。

a. 环氧化合物。环氧化合物在强酸存在下可发生开环聚合反应。与自由基聚合不同，阳离子间不能发生反应，聚合反应可以一直进行下去。水和醇可终止其反应，但在聚合反应终止的同时，又可产生一个新的阳离子，因此实际上是链转移反应。环氧化合物的聚合反应是开环聚合，聚合时体积收缩很小，其原因在于聚合时既有新的键形成（分子间由范德华距离转变为键长距离），也有键的断裂（由键长距离变为范德华距离）。而自由基聚合的每一步都有键的形成。

环氧化合物用于光固化的低聚物可以直接使用各种环氧树脂。双酚 A 环氧树脂是最常用的树脂之一，但是它的聚合速率较慢，黏度较高。脂肪族环氧化合物一般聚合速率较快，其中 3,4-环氧环己基甲酸-3,4-环氧环己基甲基酯（ECC）是阳离子固化中最常用的脂肪族环氧树脂，它的黏度较低，聚合速率快，可与双酚 A 环氧树脂配合使用。

b. 多环单体。多环化合物可用作光固化组分。它们在聚合时可发生体积膨胀。

c. 乙烯基醚类化合物。乙烯基醚类化合物是富电子的，可以进行阳离子聚合，也可以与环氧树脂配合。二乙烯基醚化的双酚 A 衍生物是一种常用的非环氧的阳离子光固化组分。

（3）双重固化体系

① 阳离子与自由基混合光固化体系。在鎓盐光解时，既可产生阳离子（超强酸），也可产生自由基，故它是一种混合光固化体系。在配方设计时，采用混合聚合有可能形成互穿网络结构，使涂膜性能得到改善。混合光固化体系常用自由基光引发剂与鎓盐匹配。

单分子自由基光引发剂生成活泼的酰基正离子，可引发阳离子聚合。

双分子自由基光引发剂混合聚合的光固化树脂可由丙烯酸系列、乙烯基醚系列和环氧系列的预聚物和单体组成，其组成根据要求予以设计。

利用脂环族环氧化合物 CY179、己内酯三元醇、三芳基硫鎓盐、二苯酮及丙烯酸环氧酯配制成的自由基-阳离子混杂光固化体系具有快的固化反应速率，形成的涂膜体系收缩率低、耐溶剂性好，应用于立体光刻技术中可取得满意效果。

② 光固化与其他固化混杂体系。目前常用的有自由基光固化/热固化、自由基光固化/厌氧固化、自由基光固化/湿固化和自由基光固化/缩聚固化等混杂固化体系。如将丙烯酸单（双酚 A 型）环氧酯、丙烯酸酯单体、光引发剂 Irgacure184 和 2-甲基咪唑混合配制成双重固化体系。该体系经 UV 固化后，再在 120℃/30min 进行热固化。产物的物理力学性能明显提高。由于环氧固化物体积收缩及热固化消除自由基固化时产生的内应力，因而涂膜具有良好的附着性能。环氧树脂、丙烯酸酯低聚物、光引发剂和环氧树脂交联固化剂组成的双重固化体系可以应用于电子元器件的封装和厚涂膜的交联固化。

（4）水性与粉末光固化体系 水性光固化涂料与粉末光固化涂料是两种新开发的光固化体系，它们已日益受到人们的关注，并成为开发应用研究的热点。

4. 固体粉料

包括颜料、消光粉、耐磨粉等。

5. 涂料助剂

顾名思义，涂料助剂是为满足具体使用要求、改善漆膜性能而添加的某些辅助性组分，如流平剂、消泡剂、基材润滑剂、消光剂、分散剂、稳定剂、表面滑爽剂等。这些助剂与溶剂型涂料常规使用的助剂没有什么两样。

6. 有机溶剂

有机溶剂起到调整黏度、光泽度等作用。

第二节　UV 涂料配方设计内容

一、涂料组分选择

选择适宜的 UV 固化丙烯酸酯低聚物（基料）、活性稀释剂、光引发剂、助剂和颜料品种，并合理地确定各基元组分间配比，是设计 UV 涂料的技术关键。

1. 基料

当采用环氧丙烯酸酯低聚物（ERA）和聚氨酯丙烯酸酯低聚物（PUA）作UV固化木器漆的混合基料时，涂膜硬度随着ERA/PUA的增加而提升；涂膜柔韧性随着ERA/PUA的增加而降低。

当UV固化涂料要求涂膜具有耐热、耐化学药品和优良的力学性能时，可以采用改性的丙烯酸酯低聚物、调整活性稀释剂品种及用量、确定合适的固化体系等技术措施。提升UV固化涂料的耐热性和耐化学品性可采用如下基料。

① 用酚醛环氧制造乙烯基酯树脂。如陶氏化学的DERAKANE470-300树脂即是酚醛环氧型乙烯基酯树脂，其热变形温度为150℃，同时增强了耐化学品性。

② 在乙烯基酯树脂分子中增加双键数量。在制造低聚物时，除采用丙烯酸类单体外，还应加入部分的二元不饱和羧酸（如反丁烯二酸等），如DERAKANE411-400树脂的热变形温度为118℃。

③ 采用TDI改性乙烯基酯树脂。改性后的树脂具有良好的耐热性和耐化学品性。

总之，UV涂料应用范围广，性能要求各异，应根据涂料应用性能和涂膜环境，选用适宜的基料品种。

2. 活性稀释剂

活性稀释剂可调节涂料黏度，改善施工性能，参与涂料固化成膜反应，直接影响涂料性能。

二、UV涂料基本性能

1. 涂料性能

产品外观和透明度试验按GB 1721—2008标准进行。常见问题有涂料杂质、结块、起皮、填充物沉底严重等。

2. 涂料颜色

产品颜色试验按GB/T 1722—92标准进行。常见问题有颜色变深、变浑浊等。

3. 涂料黏度

产品黏度试验按GB/T 1723—93标准进行。一般测量的为相对黏度，数值与温度有关，涂料黏度一般根据不同的用途及不同的施工方法来设定。黏度的方法主要通过改变UV树脂与UV稀释剂的比例来调节。由于UV稀释剂同样参与交联成膜，因此，UV涂料的黏度与涂料的固含量没有必然的联系。

4. 涂料细度

产品细度试验按GB/T 1724—79标准进行，是用来衡量填充粉料分散情况的物理量。

5. 涂料酸值

产品酸值按HG-2-569-77标准进行。

6. 涂料固含量

固含量是指涂料不挥发分的含量。其试验方法为：称取0.5g左右样品于培养皿中，铺展成均匀的湿膜，在 3kW 中压汞灯一支、灯距 26cm 的条件下以实干的传输速度固化成膜后，得到固体物质的百分含量。

涂料固含量＝涂料固化的质量/涂料固化前的质量×100％，涂料的固含量与涂料的黏度无关。

7. 涂料固化速率

固化速率是指涂料固化（干燥）的快慢。其试验方法如下。

① 试板制备：在实际使用基材上按本企业"涂装制板规程"方法制板。

② 试验方法：按标准要求开紫外灯，将试板置于传送带上，调整传送带速度，漆膜实干时最大的传送带速度即为固化速度。

漆膜问题与解析：小针眼气泡与涂料的消泡性能、施工黏度、流平温度及时间有关；流挂及厚边与涂料的黏度及涂层厚度有关；黄变、失光、气泡及开裂与涂料本身性能、底层涂料及 UV 固化条件有关；此外，还会出现移印外观不良，如扩散、起皱、胶头印等问题。

8. 光泽度

在实际基材涂装样板上（另有规定除外）按 GB/T 9754—2007 标准进行。不同应用条件对 UV 涂料的光泽度要求不一样。

亚光涂料靠亚光粉增加表面粗糙度来降低光泽度，光泽度与涂料中的亚光粉含量有直接关系。另外，施工方式及施工工艺也可有限地改变涂膜光泽。

需要特别指出的是亚光 UV 涂料的光泽与紫外灯的光强及灯距有很大的关系。一般的规律是紫外线光强越大，则光泽度越高；灯距（灯与板材的距离）越小，相当于光强越大，也使光泽度增加。因此，用户可采用调节灯距的方法来调节所需的光泽。光泽度的测定采用光泽度测定仪。

9. 硬度

硬度由树脂及单体的分子结构及交联密度决定，UV 涂料的硬度普遍好于其他漆种，一般最低均可达 2H 以上。

检测硬度的客观方法是按 GB/T 6739—2006 将 UV 涂料涂布于马口铁板之上，控制漆膜厚度为 $(13\pm3)\mu m$，然后检测其铅笔硬度。但我们常常习惯于用表观硬度来衡量 UV 涂料的硬度。所谓表观硬度是指 UV 涂料涂布于各种材质上的硬度，这往往不太客观，因为即使是同一种涂料，在不同的材质上也表现出不同的表观硬度；同时，当涂膜的厚度不一样时，也表现出不同的硬度，涂膜越厚，表观硬度越高。一般来说，涂膜硬度与柔韧性是两个矛盾的因素，涂膜太硬时，则脆性较大，容易开裂。此外，硬度与耐磨性并不完全成正比。如 UV 固化不完全，将影响涂膜硬度。

10. 附着力

附着力由涂料与基材之间的物理咬和及化学键组成。对于底漆-底材之间的附着，一般来说 UV 涂料与木材、竹材、PVC 塑料、ABS 塑料及某些金属之间有着良好的附着。

三、UV 涂料常见异常原因及解决办法

UV 涂料常见异常原因及解决办法见表 12-1。

表 12-1 UV 涂料常见异常原因及解决办法

问题	原因	解决方法
附着力不好	a. UV-M1 加量过少 b. PU 色漆固化过度	a. 增加 UV-M1 用量 b. 避免色漆固化过度
表面光泽度差，丰满度差	a. 单组分色漆耐溶剂性差，造成咬底 b. UV 涂料中加入过多稀料	a. 提高单组分色漆的耐溶剂性，或采用双组分色漆 b. UV 涂料不宜加入过多稀料，一般不超过 10%
针眼	a. 涂料喷涂过厚 b. 流平时间过短 c. 喷涂气压过低 d. 色漆表面不平整光滑，仍有针眼、细颗粒等缺陷 e. 气温低，涂料黏度过大	a. 一般喷涂 30~50μm b. 保持红外 50 度流平 3min c. 喷涂气压不低于 4kgf/cm²① d. 调整色漆施工工艺，保证色漆面平整光滑 e. 加温 40℃ 或加入 5% 稀料降黏
缩孔	a. 工件表面被油、水、汗迹等污染 b. 压缩空气中油、水含量过高 c. 色漆的表面张力过低	a. 用抹布沾酒精将工件表面清除干净 b. 检查压缩空气除油水系统是否工作 c. 在 UV 涂料中加入流平剂，降低表面张力
橘皮	a. 涂料喷涂过薄 b. 流平时间过短 c. 气温低，涂料黏度过大	a. 一般喷涂 15~30μm b. 保持红外 50 度流平 3min c. 加温 40℃ 或加入 5% 稀料降黏
气泡	a. 流平时间过短 b. 喷涂气压过低，露化效果差 c. 气温低，涂料黏度过大	a. 保持红外 50 度流平 3min b. 喷涂气压不低于 4kgf/cm² c. 加温 40℃ 或加入 5% 稀料降黏
流挂	a. 局部喷涂过厚 b. 流平时间过长 c. 油漆黏度过低	a. 注意喷涂均匀 b. 适当缩短流平时间 c. 换用黏度大的油漆
油漆不干	a. 紫外灯衰减 b. 灯的角度不佳 c. 电压过低 d. 反射罩被氧化或反射率低	a. 更换紫外灯 b. 调整灯的光照角度 c. 保持电压 380V d. 更换反射罩或加装反射膜
漆膜变色	a. 单组分色漆耐溶剂差，咬底严重 b. 变黄，是涂膜固化过度或涂膜过厚	a. 采用双组分色漆 b. 适当固化或保持涂膜厚度 15~30μm
漆膜长期放置后出现失光、起泡、开裂等现象	a. 单组分色漆耐溶剂差，咬底严重 b. 色漆未固化完全 c. 稀料加入过多	a. 采用双组分色漆 b. 将色漆固化完全 c. 稀料加入一般不超过 5%~10%

①kgf/cm²，压力单位，1kgf/cm²=98.0665kPa。

第十三章
艺术涂料配方设计

艺术涂料是一种高装饰性涂料，以各种高品质的具有艺术表现功能的涂料为材料，结合一些特殊工具和施工工艺，制造出各种纹理图案的装修材料。

第一节　真石漆

一、真石漆的特点

真石漆是一种装饰效果酷似大理石、花岗岩的涂料（如图 13-1 所示），主要采用各种颜色的天然石粉配制而成，应用于建筑外墙，具有仿石材效果，因此又称液态石。真石漆装修后的建筑物，具有天然真实的自然色泽，给人以高雅、和谐、庄重之美感，适合于各类建筑物的室内外装修。特别是在曲面建筑物上运用，给人一种回归自然的感受。真石漆具有防火、防水、耐酸碱、耐污染、无毒、无味、黏结力强、永不褪色等特点，能有效地阻止外界恶劣环境对建筑物侵蚀，延长建筑物的寿命，由于真石漆具有良好的附着力和耐冻融性能，因此适合在寒冷地区使用。

图 13-1　真石漆图示

二、涂层组成和作用

真石漆涂层系统一般由封闭底漆、真石漆和罩面清漆组成。

封闭底漆的作用是加固基层，增强真石漆与基层的附着力，降低并均匀基层吸水性，对碱和盐的渗透迁移起封闭作用。

真石漆形成图案和立体质感，并达到足够高的硬度，是赋予涂层天然石材颜色的关键组分。

罩面清漆层处于涂层体系的最外面，它要拒水透气、抗污染、耐紫外线辐射、防霉防藻。

三、配方设计要点

真石漆所用的乳液必须具有很好的耐水性、黏结强度和耐老化性。苯丙乳液、纯丙乳液和硅丙乳液都可选用。无皂乳液耐水性一般较好。据介绍，乳液的最低成膜温度不应低于20℃，其与施工温度之间的矛盾可通过添加成膜助剂来解决。

真石漆以彩色砂、普通石英砂、花岗岩、石粉等为骨料。真石漆的质感和颜色就取决于这些骨料的大小、级配和颜色。彩砂可分为天然石英砂和人工着色石英砂。天然石英砂资源丰富、价格便宜，但颜色一致性较差，色感灰暗，颜色较鲜艳的品种少。人工着色石英砂是采用陶瓷颜料和釉料，经煅烧而使石英砂着色的，色彩丰富，颜色一致性好，粒度均匀。天然花岗岩坚硬，不易粉化，颜色自然，保色性好。

选择不同颜色和不同尺寸的骨料，能配制出丰富多彩的真石漆。骨料大小要搭配使用，形成合适的配比。当粗骨料太多时，会产生大量孔隙，容易积灰；细骨料太多时，会影响真石漆的质感。也有人在填料中选用一些玻璃微珠、云母粉等。玻璃微珠可以提供真石漆透视性和反光效果；云母粉可增加迷彩效果，还有防开裂作用。

真石漆的助剂选择与一般乳胶漆相似，但要特别注意应有助于施工时少掉砂、干燥时不开裂、遇水时不泛白。

真石漆的生产主要是混合均匀，而不是高速分散。因此，生产的设备是混合机，不是高速分散机。

四、配方举例

1. 真石漆胶体的制作

（1）基础配方　真石漆胶体主要由羟乙基纤维素、纯丙乳液和水组成，并且添加消泡剂、杀菌剂、氨水和成膜助剂等调制而成，详细配方如表13-1所示。

表 13-1　真石漆胶体配方

组分	用量/kg	组分	用量/kg
水	900	杀菌剂	2
羟乙基纤维素	4	氨水	2
纯丙乳液	300	成膜助剂	若干
消泡剂	2		

（2）真石漆胶体的制作工艺

① 按照上述配方，称好原材料，按配方将水加入到搅拌罐，开启分散机。

② 将分散机转速调到 $200\sim300r/min$ 左右，然后加入羟乙基纤维素（注意要缓慢加入）。待加完全部纤维素后，将转速调至 $600r/min$ 左右，搅拌至纤维素完全溶解成透明胶体，约需要 $0.5\sim1h$ 的搅拌时间。

③ 待纤维素搅拌好后，加入消泡剂与乳液，继续搅拌 $10min$ 左右，乳液与胶体充分混合后，加入成膜助剂与杀菌剂，搅拌至表面成光亮乳白色的胶体，方可放出。

2. 真石漆的制作

① 按照配方，将真石漆胶体加入搅拌罐，然后开启搅拌罐；

② 投入天然彩砂搅拌 $10\sim15min$ 即可得到真石漆。

3. 真石漆配方举例

真石漆配方见表 13-2、表 13-3。

表 13-2　真石漆配方举例（一）

配方 1		配方 2		配方 3		配方 4	
组分	用量/kg	组分	用量/kg	组分	用量/kg	组分	用量/kg
雪花白(40~80)	8	雪花白(40~80)	9	雪花白(40~80)	10	雪花白(40~80)	10
雪花白(80~120)	9	雪花白(80~120)	7	雪花白(80~120)	4	雪花白(80~120)	4
菊花黄(160)	2	菊花黄(160)	1	雪花白(20~40)	2	雪花白(10~20)	3
真石漆胶体	7	真石漆胶体	7	真石漆胶体	7	真石漆胶体	7
		中国黑(20~40)	1	中国黑(20~40)	1	中国黑(40~80)	0.5
				菊花黄(160)	1	中国黑(20~40)	0.5

表 13-3　真石漆配方举例（二）

配方 5		配方 6		配方 7	
组分	用量/kg	组分	用量/kg	组分	用量/kg
雪花白(40~80)	10	雪花白(40~80)	10	雪花白(40~80)9kg	9
雪花白(80~120)	4	雪花白(80~120)	4	灰玉(40~80)9kg	9
菊花黄(160)	2	菊花黄(80~120)	2	真石漆胶体	7
真石漆胶体	7	真石漆胶体	7		

续表

配方 5		配方 6		配方 7	
组分	用量/kg	组分	用量/kg	组分	用量/kg
中国黑(20~40)	0.5	中国黑(40~80)	0.5		
中国黑(40~80)	0.5	中国黑(20~40)	0.5		
中国红(80~120)	1	中国红(80~120)	1		

4. 施工工艺

① 清理基面：处理基层的凹凸、不平、棱角等位置，清理浮灰。

② 刮腻子：根据基面平整度状况，刮一遍到两遍专用防水腻子。平整度误差控制在 4mm 以内。

③ 涂刷底漆：采用滚筒或者喷枪均匀涂刷底漆一遍，目的是防水封碱、格缝上色。

④ 贴格缝纸：按照设计要求的分格方式测量、划线、贴纸，将格缝的部位用美纹纸贴上。

⑤ 用喷枪喷涂真石漆主材，依据设计要求的花纹大小、起伏感强弱调整喷枪出气量。喷涂次数也根据颜色调整，喷涂 1~3 遍。

⑥ 除去美纹纸。

⑦ 涂刷透明面漆：滚涂或喷涂透明保护面漆 1~2 遍，提高真石漆的自洁性能。

⑧ 结束清理，完成。

五、技术要求

真石漆的性能要求按 JG/T 24—2000 合成树脂乳液砂壁状建筑涂料标准执行（见表 13-4）。

表 13-4　JG/T 24—2000 合成树脂乳液砂壁状建筑涂料

项目	技术指标	
	N 型(内用)	W 型(外用)
容器中状态	搅拌后无结块，呈均匀状态	
施工性	喷涂无困难	
涂料低温贮存稳定性	3 次试验后，无结块、凝聚及组成物的变化	
涂料热贮存稳定性	1 个月试验后，无结块、霉变、凝聚及组成物的变化	
初期干燥抗裂性	无裂纹	

续表

项目		技术指标	
		N 型(内用)	W 型(外用)
干燥时间(表干)/h		≤4	
耐水性		—	96h 涂层无起鼓、开裂、剥落,与未浸泡部分相比,允许颜色轻微变化
耐碱性		48h 涂层无起鼓、开裂、剥落,与未浸泡部分相比,允许颜色轻微变化	96h 涂层无起鼓、开裂、剥落,与未浸泡部分相比,允许颜色轻微变化
耐冲击性		涂层无裂纹、剥落及明显变形	
涂层耐温变性(耐冻融循环性)		—	10 次涂层无粉化、开裂、剥落、起鼓,与标准板相比,允许颜色轻微变化
耐沾污性		—	5 次循环试验后≤2 级
黏结强度/MPa	标准状态	≥0.70	
	浸水后	—	≥0.50
耐人工老化性		—	500h 涂层无开裂、起鼓、剥落粉化 0 级,变色≤1 级

第二节　多彩涂料

多彩涂料主要应用于仿造石材涂料,所以又称液态石,也叫地平线外墙涂料,是由不相溶的两相成分组成,其中一相分散介质为连续相,另一相为分散相。涂装时,多彩涂料通过一次性喷涂,便可得到豪华、美观、多彩的图案。

一、特点

① 可以通过一次喷涂获得多彩花纹,且色彩多异,美感十足,仿真性强;
② 施工完的表面具有立体感和多色装饰美感;
③ 补漆简单易行,且无斑点感;
④ 干燥速率快,而且以水作为溶剂不易燃烧;
⑤ 带电性小,灰尘不易附着,耐油、耐碱性好,可以用肥皂、汽油洗擦;
⑥ 具有优异的防水抗裂性、耐水耐碱性、耐候性、耐洗刷性、耐沾污性、防藻性和耐化学品性。

二、分类

根据构成原理常将多彩涂料分成以下四种（见表13-5）。

表13-5　多彩涂料的分类及特点

涂料类型	分散介质/分散相	分散介质/连续相	特征
O/W（水中油型或水包油型）	溶剂型涂料	含保护胶水溶液	该涂料的连续相是水性的(合成乳液)，分散相是油性的；这种涂料在水溶性的分散介质中，将带色的有机溶剂磁漆分散成肉眼可辨的不连续分散物，该涂料的涂装效率高
W/O（油中水型或油包水型）	水性涂料	溶剂型清漆	该涂料的连续相为油相，分散相用高黏度的各种合成树脂清漆制成，将着色水性分散相分散为不连续的分散物
O/O（油中油型或油包油型）	溶剂型涂料	溶剂型清漆	该涂料是非水性漆料的多彩涂料，它的连续相和分散相都是油相的，但两者的溶剂是不互溶的，连续相是油性介质分散的有机磁漆，分散相是由不互溶的溶剂组成的着色溶胶物质，将不互溶的着色溶胶物在分散介质中分散成不连续的分散相
W/W（水中水型或水包水型）	水性涂料	含保护胶水溶液乳胶涂料	该涂料的分散相和连续相都是水性体系，在水中分散介质中，将水性着色溶胶物分散成不连续的分散物。分散相中主要有成膜物质、成膜助剂、颜料、防霉剂、增稠剂、消泡剂、流平剂等

在这四种类型的多彩涂料中，具有最佳的储存稳定性而且被广泛应用的是O/W和W/W型。下面重点讲解这两种类型的多彩涂料。

三、O/W 体系配方举例

1. 水包油型（O/W）聚乙酸乙烯酯乳液多彩涂料

（1）甲组分　水包油型（O/W）聚乙酸乙烯酯乳液多彩涂料甲组分配方见表13-6。

表13-6　甲组分配方

组分	质量分数/%	组分	质量分数/%	组分	质量分数/%
钛白粉	4~15	中络黄	4~15	氧化铁黑颜料	4~15
聚乙酸乙烯酯乳液(51%~53%)	10~24	聚乙酸乙烯酯乳液(51%~53%)	10~24	聚乙酸乙烯酯乳液(51%~53%)	10~24
甲基纤维素(2%)	86~61	甲基纤维素(2%)	86~61	甲基纤维素(2%)	86~61

（2）乙组分　水包油型（O/W）聚乙酸乙烯酯乳液多彩涂料乙组分配方见表13-7。

表 13-7　乙组分配方

组分	质量分数/%	组分	质量分数/%
有机膨润土	0.5～3	苯乙烯-丁二烯共聚物	3～10
碳酸钙	0～3	二甲苯	84～96.5

（3）多彩涂料　多彩涂料整体配方见表13-8。

表 13-8　多彩涂料整体配方

组分	质量分数/%
甲组分	65
乙组分	35

（4）操作步骤　将上述甲组分、乙组分加入到反应釜中，充分搅拌使其均匀混合即可。

（5）用途　用于内墙面的涂饰。

2. 水包油型（O/W）多彩花纹涂料

水包油型（O/W）多彩花纹涂料配方见表13-9。

表 13-9　水包油型（O/W）多彩花纹涂料配方

组分	质量分数/%	组分	质量分数/%	组分	质量分数/%
钛白粉	12	邻苯二甲酸二丁酯	2	丁醇	4
湿硝化纤维素	15	蓖麻油	2	甲基异丁基乙酸甲酯	13
酯胶	10	乙酸丁酯	8	多甲苯(甲基数目大于2)	17
混合二甲苯	17				

将以上组分加入混合器中进行搅拌混合均匀即可。

四、W/W体系配方举例

水包水多彩涂料的学术名称为液态石。一般行业内的俗称是水包水多彩涂料。水性多彩涂料实际上是一种以水性乳胶涂料为分散水相，以保护胶水溶液为连续相而形成的多相悬浮体。水性多彩涂料主要是由连续相与分散相组成的，连续相有低浓度、低黏度；分散相有高浓度、高黏度。

1. 配方举例一

（1）水分散相（分散相）的配方　水分散相的配方见表13-10。

表 13-10　水分散相的配方

组分	1 号配方（质量比）	2 号配方（质量比）	3 号配方（质量比）	4 号配方（质量比）	5 号配方（质量比）	6 号配方（质量比）	7 号配方（质量比）
合成树脂乳液	90	90	90	90	90	90	90
55%钛白浆	10	8	8	10	8	8	—
红色浆	—	2	—	—	2	—	3
蓝色浆	—	—	2	—	—	2	—
氨水(28%)	—	—	—	0.7	0.7	0.7	0.7
水	—	—	—	6.3	6.3	6.3	6.3
合计	100	100	100	107	107	107	100

配好的水分散相称为浆液。

（2）水分散液（连续相）的配方　水分散液的配方见表 13-11。

表 13-11　水分散液的配方

组分	含量(质量比)	组分	含量(质量比)
具有阳离子性的水溶性聚合物	2	5%羟乙基纤维素水溶液	50
水	200	氨水	4

水分散液的 pH 值：10。

（3）水性多彩涂料的调制　将上述水分散液加入混合器中，边搅拌边滴加浆液 15 份，然后再滴加另一种色彩的浆液，得到白、红、蓝混合的分散粒子表面胶化，粒子内部增黏的水性多彩涂料。

（4）性能　具有鲜明的色彩，涂膜有耐水性和良好的强度及遮盖力，且涂装性能优良。

（5）用途　用于混凝土、金属、木材、布、纸等涂装。

2. 配方举例二

（1）配置漆料　水性多彩涂料漆料配方见表 13-12。

表 13-12　水性多彩涂料漆料配方

组分	含量(质量比)	组分	含量(质量比)
聚丙烯酸酯乳液（固含量 40%）	100	硫酸钴	0.5
聚乙烯醇[聚合度 1780，皂化度 80%（摩尔分数）以上]	3	二甲基硅油	0.5
丁基卡必醇	5	水	50

（2）操作步骤　先将聚乙烯醇加入水中，加热至 90℃，搅拌至聚乙烯醇全部溶解后，停止加热，放冷，加入丁基卡必醇、硫酸钴，搅拌全部溶解后备用。

另取聚丙烯酸酯乳化液加入带搅拌器的混合器中，在不断搅拌下徐徐滴入微量二甲基硅油，然后在继续搅拌下徐徐加入以上配制的聚乙烯醇硫酸钴等混合水溶液，滴加完毕继续搅拌混合均匀备用。

（3）配制色浆 水性多彩涂料色浆配方见表13-13。

表 13-13 水性多彩涂料色浆配方

组分	1号配方（质量比）	2号配方（质量比）	3号配方（质量比）	4号配方（质量比）
苯丙乳液（固含量为50%）	50	50	50	50
甲基纤维素	1	1	1	1
氧化铁红	6	—	—	—
氧化铁黄	—	7	—	—
群青	—	—	8	—
氧化铬绿	—	—	—	7
硼砂	0.1	0.1	0.1	0.1
水	50	50	50	50

按配方量，分别在甲基纤维素和硼砂中添加20份和30份水于混合器中，进行搅拌溶解后，将两种溶液合并，备用。然后，再分别与苯丙乳液、颜料混合，然后，送入辊轧机轧研至粒度达50mm以下，即得。

（4）配置水性多彩涂料 水性多彩涂料配方见表13-14。

表 13-14 水性多彩涂料配方

配方	1号配方（质量比）	2号配方（质量比）	3号配方（质量比）	4号配方（质量比）
漆料	100	100	100	100
色浆1（红色）	20	15	15	12
色浆2（黄色）	20	15	—	12
色浆3（蓝色）	—	—	15	12
色浆4（绿色）	—	15	15	12

（5）操作步骤 分别按配方量，先将漆料放置于冷库中，于0℃以下贮存，使之保存在液体状态，备用。另将色浆分别于-20℃冷库中使之冻结固化后，用切割机切割成条状、块状，或其他形状和大小，或用粉碎机将其粉碎至需要粒度，再将这些经过切割或粉碎的色浆，分别添加于保持在0℃以下的漆料中，缓慢搅拌。呈固体冻结状态的色浆分散后，停止搅拌，少许色浆融化，成为固体或条状于漆料中，于是就制得带有红、黄色斑点或条状水性多彩涂料1，或带有红、黄、绿色斑点条纹的水性多彩涂料2。涂料3、涂料4也是以同样方法制取。

（6）性能 水性多彩涂料不用有机溶剂，在配制和施工过程中无溶臭，不污染环境，一次施工即可得到多彩花纹涂膜。得到的涂料颜色、斑点花纹协调性好，可给人柔和、豪华、优美和舒适的感受。

（7）施工 用喷涂法、刷涂法、辊涂法等方法涂装均可，但涂装前需涂好底漆，自干后即得美观、具有斑点或条纹的效果。

第三节　水性金属漆

一、水性金属漆介绍

水性金属漆是指一类以水为分散介质，采用金属颜料、珠光颜料等作为主要着色颜料，涂膜表面具有一定金属光泽的水性涂料。水性金属漆具有较好的装饰性能、较低的 VOC 含量，且具有一定的透气性，目前在艺术涂装、家装等领域具有广泛的应用。目前，水性金属漆中研究较多的是银铝浆，即以铝粉作为颜料。珠光颜料不但具有金属光泽，还具有特有的柔和的珍珠光泽，同时还兼具独特的功能特性，近年来在水性金属漆中的应用越来越广泛。由于珠光颜料是由数种金属氧化物薄层包覆云母构成的，因此以其为主要颜料的水性金属漆的生产工艺具有一定的特殊性。

二、水性金属漆的特点

水性金属漆有如下特点。

① 无毒无害无刺激性气味，不含苯类有害物质，对环境无污染，对人体无伤害，是真正的绿色环保产品，可满足社会对环保的要求。

② 适合施工于各类钢结构物件，只需清除表面油污、砂土，去掉浮锈即可，可带锈采用喷、刷、浸、滚多种方式施工，简化了施工工序，减轻了劳动强度，降低了生产成本。

③ 水性金属漆阻燃、阻爆，运输、贮存、使用过程中均无燃爆隐患，从而保证了安全生产。

④ 水性金属漆常温下干燥时间短，结膜坚固，附着力强，漆膜耐酸、耐碱、耐候性好，防腐效果和防腐寿命是同档次溶剂型防锈漆的两倍以上，极大降低了养护涂装的施工工费和材料成本。

⑤ 使用水性金属漆严禁加入香蕉水、天那水或汽油等有机、无机溶剂和稀释剂，使用前须将漆料搅拌均匀，如黏度过大，可加入适量自来水稀释。施工结束后各种施工工具、设备、容器等只需用自来水清洗，严禁使用其他溶剂，从而不仅保证了施工环境无污染、施工人员无伤害，又降低了生产成本，节省了能源。

⑥ 水性金属漆不易挥发，固含量高，不仅能使产品在储存过程中质量稳定，而且涂刷面积至少比油漆多出三分之一。

三、水性金属漆配方举例

水性金属漆的配方举例见表 13-15。

表 13-15　水性金属漆配方

组分 A	质量分数/%	组分 B	质量分数/%
水	48	苯丙乳液	38
分散剂	0.07	成膜助剂	0.6
润湿剂	0.03	防腐剂	0.5
消泡剂	0.2	流平剂	0.5
pH 调节剂	0.1	增稠剂	3
珠光颜料	10	香精	适量

基础配方的固含量为 29%，PVC 为 15.2%。

本配方的生产过程分以下几个阶段：A 组组分色浆的生产，即颜料润湿分散阶段；B 组分基础漆的生产；最后是 A 组分与 B 组分混合的调浆阶段。

具体的生产工艺如下。

① A 组分色浆的制备：称量配方总量中的部分水，加入分散剂、润湿剂、消泡剂和 pH 调节剂，用高速分散机在 300r/min 下混合 5min 左右，达到均匀状态。再加入珠光颜料，在 300r/min 下分散 1h，色浆即生产完毕，待用。

② B 组分基础漆的制备：称量总配方中剩下的水量、乳液，于 600r/min 下混合均匀后，依次加入成膜助剂、防腐剂、流平剂、消泡剂，在 600r/min 下混合均匀后待用。

③ 调漆阶段：将 A 组分与 B 组分在 300r/min 下混合均匀，再添加 pH 调节剂、增稠剂、香精等，混合均匀，生产完毕，制得成品。

参 考 文 献

[1] 闫福安. 涂料树脂合成及应用. 北京：化学工业出版社，2008.

[2] 闫福安. 水性树脂与水性涂料. 北京：化学工业出版社，2009.

[3] 朱万章，刘学英. 水性木器漆. 北京：化学工业出版社，2008.

[4] 林宣益. 乳胶漆. 北京：化学工业出版社，2004.

[5] 陆荣，黎冬冬，赵中. 乳胶漆生产实用技术问答. 北京：化学工业出版社，2004.

[6] [美] Zneno W. 威克斯，Frank N 琼斯，S. Peter 柏巴斯. 有机涂料科学与技术. 桴良，姜英涛译. 北京：化学工业出版社，2004.

[7] 石玉梅，越孟彬. 建筑涂料与涂装技术 400 问. 北京：化学工业出版社，1996.

[8] 耿耀宗. 新型建筑涂料的生产与施工. 石家庄：河北科学技术出版社，1996.

[9] 黄健光. 涂料生产技术. 北京：科学出版社，2010.

[10] 武利民. 涂料技术基础. 北京：化学工业出版社，1999.

[11] 武利民. 现代涂料配方设计. 北京：化学工业出版社，2000.

[12] [美] T. C. 巴顿. 涂料流动和颜料分散. 郭隽奎，王长卓译. 北京：化学工业出版社，1988.

[13] 高延敏，李为立，王风平. 涂料配方设计与剖析. 北京：化学工业出版社，2008.

[14] 耿耀宗. 环境友好涂料配方与制造工艺. 北京：化学工业出版社，2006.

[15] 李桂林，马静. 环境友好涂料配方设计. 北京：化学工业出版社，2007.

[16] [美] E. S. 威尔克斯. 工业聚合物手册. 傅志峰译. 北京：化学工业出版社，2006.

[17] 贺英，颜世锋，尹静波. 涂料树脂化学. 北京：化学工业出版社，2007.

[18] 魏杰，金养智. 光固化涂料. 北京：化学工业出版社，2005.

[19] 涂伟萍. 水性涂料. 北京：化学工业出版社，2005.

[20] 杨建文，曾兆华，陈用烈. 光固化涂料及应用. 北京：化学工业出版社，2005.

[21] 林宣益. 涂料助剂. 第 2 版. 北京：化学工业出版社，2006.

[22] 杨春晖，陈兴娟，徐用军. 涂料配方设计与制备工艺. 北京：化学工业出版社，2003.

[23] 周润根. 涂料用溶剂的组成与性能. 电镀与涂饰. 1999，18 (1)：33-37.

[24] 胡志鹏. 水性漆的优势及发展的障碍 [J]. 涂料与应用，2007，37 (3)：7.

[25] 徐龙贵. 外墙用水性金属漆的理论和实践 [J]. 涂料工业，2007，37 (B07)：22.

[26] 王静，闪晓刚，等. 外墙用水性金属闪光漆中铝粉的选择和定向分析 [J]. 上海涂料，2012，50 (1)：47.

[27] 陈美娟. 功能性珠光颜料在涂料中的应用 [J]. 上海涂料，2009，47 (10)：21.

[28] 郭宇靖，王端国. 珠光颜料在涂料中的应用 [J]. 河北化工，2008，31 (9)：38.

[29] 黄之杰，朱焕勤，尚振峰，等. 云母钛珠光颜料的包膜及其在涂料中的使用性能 [J]. 涂料工业，2006，36 (2)：58.